完全自学手册

Excel 2010 公式·函数·图表与数据分析速查手册
第2版

文杰书院　编著

机 械 工 业 出 版 社

本书"完全自学手册"系列的一个分册,以通俗易懂的语言、精挑细选的实用技巧、翔实生动的操作案例全面介绍了 Excel 2010 公式·函数·图表与数据分析的知识及应用,主要内容包括工作簿、工作表和单元格的基本操作,公式与函数的基础知识及相关基本操作,公式审核与错误处理,常见函数分类与应用举例,图和数据处理与分析,使用数据透视表和数据透视图等方面的知识、技巧及应用案例。

本书可以作为有一定基础的 Excel 操作知识的读者学习公式、函数、图表与数据分析的参考用书,也可以作为函数速查工具手册,还可以作为丰富的函数应用案例宝典,适合广大电脑爱好者及各行各业人员作为自学手册使用,同时又可以作为初中级电脑培训班的教材。

图书在版编目(CIP)数据

Excel 2010 公式·函数·图表与数据分析速查手册/文杰书院编著 . —2 版 . —北京:机械工业出版社,2016.4
(完全自学手册)
ISBN 978 - 7 - 111 - 53277 - 4

Ⅰ.①E… Ⅱ.①文… Ⅲ.①表处理软件 - 手册 Ⅳ.①TP391. 13 - 62

中国版本图书馆 CIP 数据核字(2016)第 058421 号

机械工业出版社(北京市百万庄大街 22 号 邮政编码 100037)
策划编辑:丁 诚 责任编辑:丁 诚
责任校对:张艳霞 责任印制:乔 宇
保定市中画美凯印刷有限公司印刷

2016 年 5 月第 2 版·第 1 次印刷
184mm×260mm·24.75 印张·612 千字
0001 - 3500 册
标准书号:ISBN 978 - 7 - 111 - 53277 - 4
定价:75.00 元

Excel 2010 作为一款简单易学、功能强大的数据处理软件已经被广泛地应用于数据管理、财务统计、金融等多个领域，其用户群日益庞大。为了帮助初学者快速掌握 Excel 2010 公式、函数和图表与数据分析，以便在日常的学习和工作中学以致用，我们编写了这本《Excel 2010 公式·函数·图表与数据分析速查手册》。

本书根据初学者的学习习惯采用由浅入深的方式讲解，通过大量的实例讲解全面介绍了 Excel 2010 的公式、函数、图表和数据分析的功能、应用以及一些实用的技巧性操作。全书结构清晰、内容丰富，共分为 14 章，主要包括以下 4 个方面的知识：

1. 基础知识的学习

第 1～3 章是 Excel 的基础知识，主要介绍了 Excel 2010 工作界面、工作簿与工作表的基本操作、Excel 公式与函数基础、公式审核与错误处理方面的知识。

2. 公式与函数的应用

第 4～10 章是公式与函数的使用方法，主要介绍了文本与逻辑函数、日期与时间函数、数学与三角函数、财务函数、统计函数、查找与引用函数和数据库函数方面的知识及应用。

3. 图表与数据分析

第 11～13 章是数据分析与处理方面的知识，主要介绍了如何应用图表、数据的筛选、数据的排序、数据的分类汇总、合并计算、分级显示数据、使用数据透视表和数据透视图分析数据方面的知识及操作方法。

4. 应用案例

第 14 章是人事信息数据统计分析的典型案例，用于帮助读者巩固与拓展本书所学的知识。

本书由文杰书院组织编写，参与本书编写工作的有李军、袁帅、王超、文雪、刘国云、李强、蔺丹、贾亮、安国英、冯臣、高桂华、贾丽艳、李统才、李伟、沈书慧、蔺影、宋艳辉、张艳玲、贾亚军、刘义、蔺寿江。

我们真切地希望读者在阅读本书之后不仅可以开拓视野，同时也可以增长实践操作技能，并从中学习和总结操作的经验和规律，达到灵活运用的水平。鉴于编者水平有限，书中纰漏和考虑不周之处在所难免，热忱欢迎读者予以批评、指正，以便日后能为您编写更好的图书。

编者

目录

第5章 日期与时间函数 ……………………………………………… 131

第7章 财务函数 ··········· 183

第 10 章 数据库函数 ……… 256

第14章　人事信息数据统计分析 ……………………………………… 352

第1章
Excel快速入门与基础操作

本章内容导读

　　本章主要介绍了 Excel 的启动与退出、工作簿的基本操作、工作表的基本操作和单元格的基本操作方面的知识，同时讲解了格式化工作表的操作，在本章的最后还针对实际的工作需要讲解了一些实例的上机操作。通过本章的学习，读者可以掌握 Excel 快速入门与基础操作方面的知识，为进一步学习 Excel 2010 公式·函数·图表与数据分析的相关知识奠定了基础。

本章知识要点

☑ **Excel 的启动与退出**
☑ **工作簿的基本操作**
☑ **工作表的基本操作**
☑ **单元格的基本操作**
☑ **格式化工作表**

本节导读

如果准备使用 Excel 2010 进行函数、图表与数据分析编辑操作，则用户首先需要掌握启动与退出 Excel 2010 的方法，同时还需要熟悉 Excel 的工作界面。本节将详细介绍 Excel 的启动与退出和工作界面的相关知识及操作方法。

1.1.1 启动 Excel

启动 Excel 2010 的方法非常简单，下面将分别详细介绍 Excel 2010 程序的两种常见启动方法。

1. 通过开始菜单启动

在 Windows 7 桌面左下角单击【开始】按钮，在弹出的开始菜单中选择【所有程序】→【Microsoft Office】→【Microsoft Excel 2010】菜单项即可启动并进入 Excel 2010 的工作界面，如图 1-1 所示。

图 1-1

2. 双击桌面快捷方式启动

安装微软的 Office 2010 后，安装程序一般会在桌面上自动创建【Microsoft Excel 2010】快捷方式图标。用户双击【Microsoft Excel 2010】快捷方式图标即可启动并进入 Excel 2010 的工作界面，如图 1-2 所示。

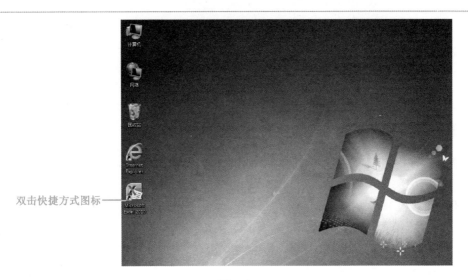

图 1-2

1.1.2　熟悉 Excel 2010 工作界面

　　启动 Excel 2010 后即可显示 Excel 2010 的工作界面，掌握工作界面中的内容有助于用户对表格数据的编辑操作。Excel 2010 的工作界面中包含多种工具，用户通过使用这些工具（菜单或按钮）可以完成多种运算分析工作，下面将详细介绍 Excel 2010 的工作界面，如图 1-3 所示。

图 1-3

1. 快速访问工具栏

　　快速访问工具栏位于窗口顶部左侧，用于显示程序图标和常用命令，例如【保存】按钮和【撤销】按钮等。在使用 Excel 2010 的过程中，用户可以根据工作需要添加或者删除快速访问工具栏中的工具，如图 1-4 所示。

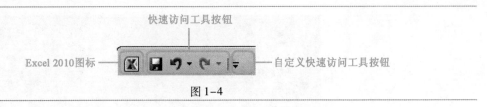

图 1-4

2. 标题栏

标题栏位于窗口的最上方，快速访问工具栏的右侧，左侧显示程序名称和窗口名称，右侧显示 3 个按钮，分别是【最小化】按钮 ▬ 、【最大化】按钮 ▫ /【还原】按钮 ▫ 和【关闭】按钮 ✕ ，如图 1-5 所示。

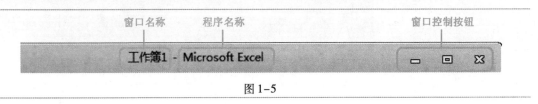

图 1-5

3. 功能区

功能区位于标题栏和快速访问工具栏的下方，工作时需要用到的命令位于此处。选择不同的选项卡即可进行相应的操作，例如在【开始】选项卡中可以使用设置字体、对齐方式、数字和单元格功能等，如图 1-6 所示。

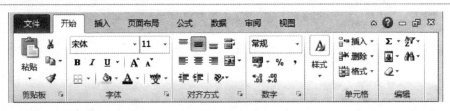

图 1-6

> **知识精讲**
>
> 在功能区的每个选项卡中会将功能类似、性质相近的命令按钮集合在一起，称之为"组"，用户可以快捷地在相应组中选择准备使用的命令。

4. 工作区

工作区位于 Excel 2010 程序窗口的中间，默认呈表格排列状，是 Excel 2010 对数据进行分析对比的主要工作区域，如图 1-7 所示。

5. 编辑栏

编辑栏位于工作区的上方，主要功能是显示或者编辑所选单元格的内容，例如文本或者公式等，用户可以在编辑栏中对单元格进行相应的编辑，如图 1-8 所示。

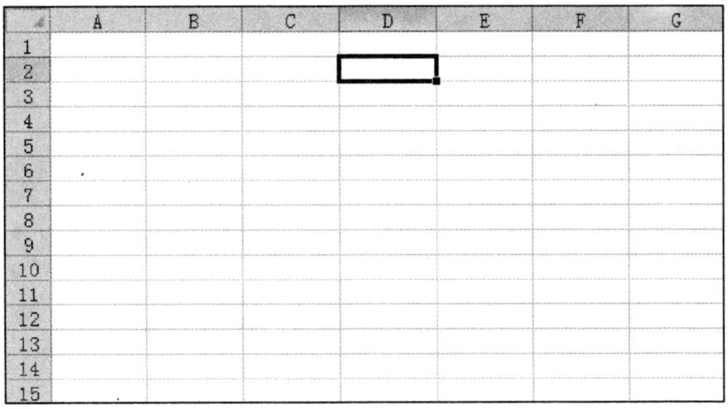

图 1-7

编辑栏

图 1-8

6. 状态栏

状态栏位于窗口的最下方，用户在状态栏中可以看到工作表中单元格以及工作区的状态，通过视图切换按钮可以选择相应的工作表视图模式。在状态栏的最右侧可以通过拖动显示比例滑块或者单击【放大】按钮⊕、【缩小】按钮⊖调整工作表的显示比例，如图1-9所示。

单元格状态　　　视图切换名称　　　调整显示比例

图 1-9

7. 滚动条

滚动条包括垂直滚动条和水平滚动条，分别位于工作区的右侧和下方，用于调节工作区的显示区域，如图1-10所示。

8. 工作表切换区

工作表切换区位于工作表的左下方，其中包括工作表标签和工作表切换按钮两个部分，如图1-11所示。

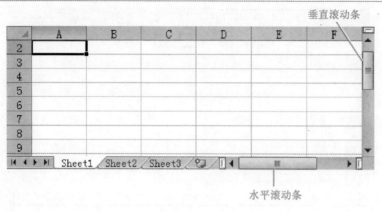

图 1-10

图 1-11

1.1.3 退出 Excel

启动 Excel 2010 程序后，如果暂时不使用该程序，那么可以将其退出，以便节约计算机资源供其他程序正常运行，退出 Excel 2010 程序的方法有多种，下面将分别详细介绍。

1. 单击【关闭】按钮退出

在 Excel 2010 程序窗口中单击标题栏中的【关闭】按钮 ，即可快速地退出 Excel 2010 程序，如图 1-12 所示。

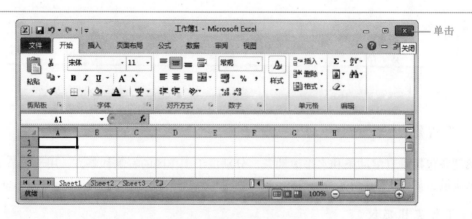

图 1-12

2. 通过 Backstage 视图退出 Excel 2010

在 Excel 2010 程序界面的功能区中选择【文件】选项卡，在打开的 Backstage 视图中选择【退出】选项即可完成退出 Excel 2010 的操作，如图 1-13 所示。

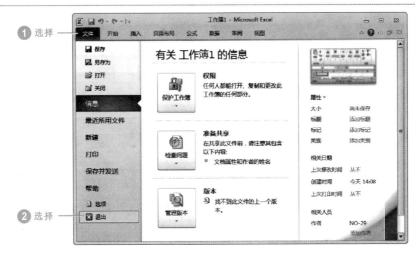

图 1-13

3. 通过程序图标退出 Excel 2010

在 Excel 2010 工作窗口中单击快速访问工具栏左侧的 Excel 图标▣，在弹出的菜单中选择【关闭】菜单项即可完成退出 Excel 2010 的操作，如图 1-14 所示。

4. 使用右键快捷菜单退出

在 Windows 操作系统的桌面上使用鼠标右键单击任务栏中的 Microsoft Excel 2010 缩略图标，在弹出的快捷菜单中选择【关闭窗口】菜单项也可完成退出 Excel 2010 的操作，如图 1-15 所示。

图 1-14

图 1-15

本节导读

　　工作簿是 Excel 管理数据的文件单位，相当于人们日常工作中的"文件夹"，以独立的文件形式存储在磁盘上，所有新建的 Excel 工作表都保存在工作簿中。工作簿的基本操作包括创建新工作簿、输入数据、保存和关闭工作簿、打开保存的工作簿和保护工作簿等。

1.2.1 创建新工作簿

　　如果要使用工作簿，首先应创建一个空白工作簿以供用户编辑使用，创建新工作簿的方法也有多种，下面将分别详细介绍创建新工作簿的操作方法。

1. 利用【新建】菜单项

　　在 Excel 2010 中工作簿是指用来储存并处理工作数据的文件，在一个工作簿中可以包含多个工作表，下面具体介绍利用【新建】菜单项创建工作簿的操作方法。

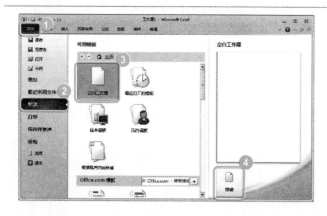

图 1-16

01 打开视图，单击【创建】按钮

No1 启动 Excel 2010 程序，选择【文件】选项卡。

No2 在 Backstage 视图中选择【新建】选项。

No3 在【可用模板】列表框中选择【空白工作簿】选项。

No4 单击【创建】按钮，如图 1-16 所示。

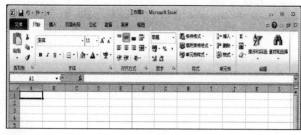

图 1-17

02 完成工作簿的创建

　　此时可以看到系统已经创建了一个新的空白工作簿，这样即可完成新建空白工作簿的操作，如图 1-17 所示。

2. 通过快速访问工具栏

如果用户对新创建的工作簿没有说明特殊要求，可以通过快速访问工具栏非常方便、快捷地创建一个新的空白工作簿，下面将具体介绍此操作方法。

图 1-18

01 选择【新建】菜单项

No1 单击【自定义快速访问工具栏】下拉按钮▼。

No2 在弹出的下拉菜单中选择【新建】菜单项，如图 1-18 所示。

图 1-19

02 单击添加的【新建】按钮

系统会在快速访问工具栏中添加一个【新建】按钮，单击该按钮，如图 1-19 所示。

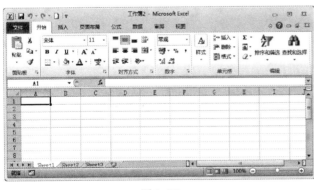

图 1-20

03 完成工作簿的创建

Excel 2010 程序窗口中显示一个名为"工作簿 2"的空白新建工作簿，通过上述方法即可完成通过快速访问工具栏新建空白工作簿的操作，如图 1-20 所示。

1.2.2 开始输入数据

使用 Excel 2010 程序在日常办公中对数据进行处理，用户首先应学会向工作表中的单元格输入各种类型的数据和文本，可以根据具体需要向工作表输入文本、数值、日期与时间及各种专业数据，下面将详细介绍在 Excel 工作表中输入数据的方法。

1. 输入文本

在单元格中输入最多的内容就是文本信息，如输入工作表的标题、图表中的内容等，下面将详细介绍其操作方法。

图 1-21

**01** 选择单元格，输入文本

No1 单击准备输入文本的单元格，例如"A3"单元格。

No2 输入文本，例如"姓名"，如图 1-21 所示。

图 1-22

02 完成文本的输入

按下键盘上的【Enter】键，即可完成在 Excel 2010 工作表中输入文本的操作，效果如图 1-22 所示。

2. 输入数值

在 Excel 2010 工作表的单元格中可以输入正数或负数，也可以输入整数、小数或分数以及科学记数法数值等，下面将分别详细介绍输入数值的操作方法。

（1）输入整数

使用鼠标左键双击准备输入的单元格，然后在该单元格中输入准备输入的数字，如"25"，最后按下键盘上的【Enter】键，即可完成输入整数的操作，如图 1-23 所示。

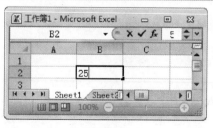

图 1-23

（2）输入分数

在单元格中可以输入分数，如果按照普通方式输入分数，那么 Excel 2010 会将其转换为

日期格式，如在单元格中输入"2/3"，Excel 2010 会将其转换为"2 月 3 日"，在单元格中输入分数时需在分子前面加一个空格键，如"－3/5"（"－"代表键盘上的空格键），这样 Excel 2010 会将该数据作为一个分数处理，如图 1-24 所示。

（3）输入科学记数法数值

当在单元格中输入很大或很小的数值时，输入的内容和单元格显示的内容可能不一样，因为 Excel 2010 系统自动用科学记数法显示输入的数，但是在编辑栏中显示的内容与输入的内容一致，如图 1-25 所示。

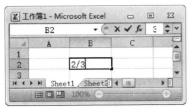

图 1-24　　　　　　　　　　　　　　图 1-25

3. 输入日期和时间

在 Excel 2010 单元格中用户可以手工输入日期和时间，Excel 2010 会自动识别日期和时间格式。在同一单元格中，用户还可以同时输入日期与时间，但日期与时间之间需要使用键盘上的空格键隔开，否则将会被视为文本，如在单元格中输入"2011/5/11 10:46（注意日期与时间之间用键盘上的空格键隔开）"，即可在 Excel 2010 中显示 2011/5/11 10:46，如图 1-26 所示。

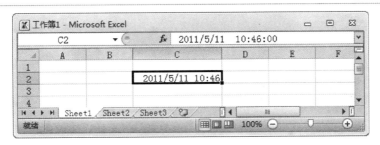

图 1-26

1.2.3　保存和关闭工作簿

在对工作簿进行编辑后应该将其保存，以便再次使用、查阅或者修改。为了节约计算机的内存资源，在工作簿编辑完成并保存后可以将其关闭，下面将分别详细介绍保存和关闭工作簿的操作方法。

1. 保存工作簿

在完成一个工作簿文件的建立、编辑后需要将工作簿保存到磁盘上，以便保存工作结果，保存工作簿的另一个重要意义在于可以避免由于断电等意外事故造成数据丢失的情况，下面将详细介绍保存工作簿的操作方法。

（1）首次保存工作簿

对新创建的工作簿完成编辑，第一次对该工作簿进行保存时，需要选择文档在计算机中的保存路径，下面介绍首次保存工作簿的操作方法。

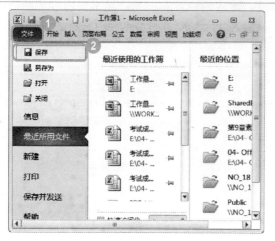

图 1-27

 打开视图，单击【保存】按钮

No1 在功能区中选择【文件】选项卡。

No2 在 Backstage 视图中选择【保存】选项，如图 1-27 所示。

举一反三

在键盘上按下【Ctrl】+【S】组合键可以快速地进行保存操作。

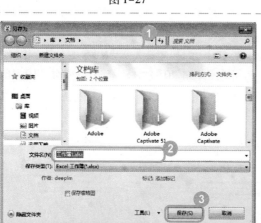

图 1-28

弹出对话框，选择保存位置

No1 弹出【另存为】对话框，选择工作簿保存的位置，如"库→文档"。

No2 在【文件名】文本框中输入工作簿的名称，如"工作簿1"。

No3 单击【保存】按钮，如图 1-28 所示。

图 1-29

完成工作簿的保存

打开【文档】窗口，可以看到工作簿已经被保存到其中，通过上述方法即可完成首次保存工作簿的操作，如图 1-29 所示。

（2）普通保存

首次保存工作簿后，工作簿将被存放在计算机的硬盘中，用户再次保存该工作簿时将不会弹出【另存为】对话框，工作簿将默认保存在首次保存的位置。在 Excel 2010 程序窗口的快速访问工具栏中单击【保存】按钮，即可完成普通保存工作簿的操作，如图 1-30 所示。

图 1-30

（3）另存工作簿

用户对保存过的工作簿进行修改后，如果需要保留原有的文档，可以通过另存为操作将工作簿保存到计算机中的其他位置。

打开准备进行另存的工作簿，在功能区中选择【文件】选项卡，在窗口左侧选择【另存为】选项，如图 1-31 所示。此时将弹出【另存为】对话框，该对话框与保存工作簿时弹出的对话框相同，用户只要根据自己的需要更改工作簿的保存位置、保存名称、保存类型等选项，然后单击【保存】按钮即可。

图 1-31

2. 关闭工作簿

如果用户已经编辑完成一个工作簿并保存，可以将其关闭，但并不退出 Excel 2010 程序，以便再次使用工作簿工作，下面将详细介绍关闭工作簿的操作方法。

图 1-32

01 打开视图，选择【关闭】选项

№1 在功能区中选择【文件】选项卡。

№2 在 Backstage 视图中选择【关闭】选项，如图 1-32 所示。

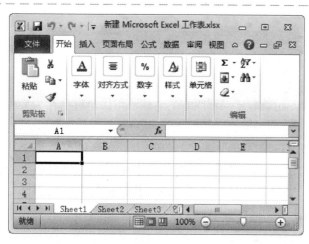

图 1-33

02 完成工作簿的关闭

可以看到工作簿已经被关闭，通过上述方法即可完成关闭工作簿的操作，如图 1-33 所示。

举一反三

用户也可以直接单击工作表右上角的【关闭窗口】按钮关闭工作簿。

 教你一招

隐藏功能区

功能区显示在表格编辑区域的上方，如果用户想在窗口中显示更多的数据内容，可以选择隐藏功能区。隐藏功能区的方法是：在功能区的任意位置右键单击鼠标，然后在弹出的快捷菜单中选择【功能区最小化】菜单项。

1.2.4 打开保存的工作簿

如果准备再次浏览或编辑已经保存的工作簿，那么用户首先应该学会打开工作簿的操作方法，下面介绍打开保存的工作簿的操作方法。

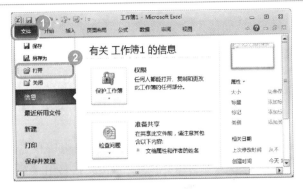

图 1-34

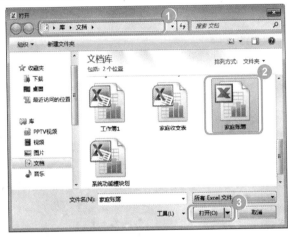

01 打开视图，选择【打开】选项

No1 在功能区中选择【文件】选项卡。

No2 在 Backstage 视图中选择【打开】选项，如图 1-34 所示。

图 1-35

02 弹出对话框，选择目标文件

No1 弹出【打开】对话框，选择准备打开工作簿的目标磁盘。

No2 选择准备打开的工作簿，如"家庭账簿.xlsx"。

No3 单击【打开】按钮 打开(O)，如图 1-35 所示。

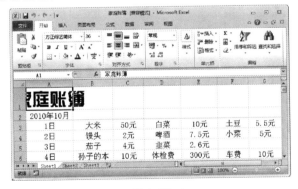

图 1-36

03 完成打开保存的工作簿的操作

可以看到选择的工作簿已被打开，通过上述方法即可完成打开保存工作簿的操作，如图 1-36 所示。

1.2.5 保护工作簿

保护工作簿是指为工作簿设置密码，以限制对工作簿的访问权限和修改权限等，从而防止工作簿内的信息被修改，下面将详细介绍保护工作簿的操作方法。

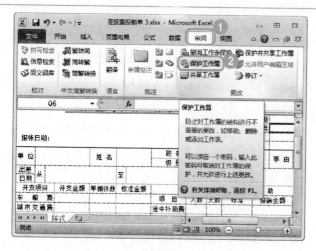

图 1-37

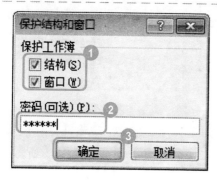

图 1-38

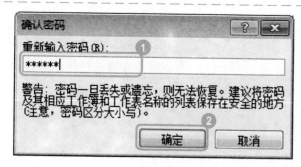

图 1-39

01 单击【保护工作簿】按钮

No1 在 Excel 2010 窗口的功能区中选择【审阅】选项卡。

No2 在【更改】组中单击【保护工作簿】按钮 ，如图 1-37 所示。

02 选择【结构】和【窗口】复选框

No1 弹出【保护结构和窗口】对话框，在【保护工作簿】区域中选择【结构】和【窗口】复选框。

No2 在【密码】文本框中输入准备保护工作簿的密码。

No3 单击【确定】按钮 ，如图 1-38 所示。

03 在文本框中输入刚设置的密码

No1 弹出【确认密码】对话框，在【重新输入密码】文本框中输入刚设置的密码。

No2 单击【确定】按钮 ，如图 1-39 所示。

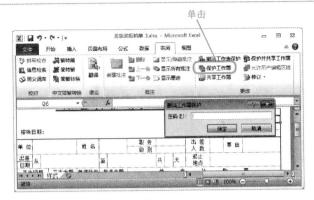

图 1-40

04 **完成对工作簿的保护**

通过上述方法即可完成保护工作簿的操作，如果用户需要解除对工作簿的保护，可以单击【保护工作簿】按钮 保护工作簿 ，系统会弹出一个对话框，输入密码即可解除对工作簿的保护，如图 1-40 所示。

教你一招

切换视图方式

通过工作簿的视图操作，用户可以更加方便地查看工作簿数据以及在几个文件之间进行切换和共享数据。用户可以选择【视图】选项卡，然后在【工作簿视图】组中选择不同的视图方式对工作簿进行查看。

Section
1.3 工作表的基本操作

本节导读

工作表包含在工作簿内，对工作簿的操作实际上是针对工作簿内每张工作表的操作。工作表的基本操作包括选取工作表、重命名工作表、添加与删除工作表、复制与移动工作表和保护工作表等，本节将详细介绍工作表的基本操作的相关知识及操作方法。

1.3.1 选取工作表

在 Excel 2010 中，如果准备在工作表中进行数据的分析处理，首先应选取某一张工作表开始工作。选取工作表一般分为选取单个工作表和选取多个工作表，下面将详细介绍选取工作表的相关操作方法。

1. 选取一张工作表

在 Excel 2010 中，每个工作簿中默认包含 3 张工作表，分别命名为 Sheet1、Sheet2 和 Sheet3，显示在工作表标签区域中。单击准备使用的工作表即可选中该工作表，被选中的工作表显示为活动状态，如图 1-41 所示。

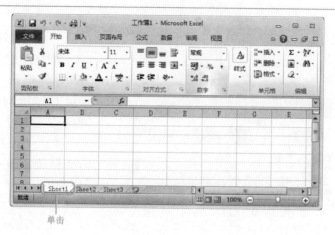

图 1-41

2. 选取两张或者多张相邻的工作表

如果准备选取两张或者两张以上相邻的工作表，可以使用键盘上的【Shift】键来完成，下面详细介绍具体操作方法。

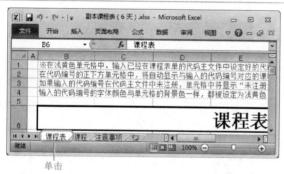

图 1-42

01 **单击第一张工作表标签**

单击准备同时选中的多张工作表中的第一张工作表的标签，如图 1-42 所示。

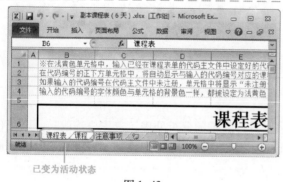

图 1-43

02 **完成工作表的选取**

按住键盘上的【Shift】键，单击准备同时选中的多张工作表中的最后一张工作表的标签，这样即可选取两张或多张相邻的工作表，如图 1-43 所示。

3. 选取两张或者多张不相邻的工作表

如果准备选取两张或者两张以上不相邻的工作表，可以使用键盘上的【Ctrl】键来完成，下面详细介绍具体操作方法。

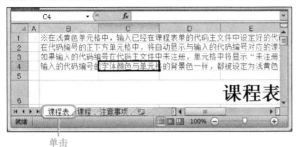

图 1-44

01 单击第一张工作表标签

单击准备同时选中的多张工作表中的第一张工作表的标签，如图1-44所示。

图 1-45

02 完成工作表的选取

按住键盘上的【Ctrl】键，单击准备选择的不相邻工作表的标签，这样即可选取两张不相邻的工作表，如图1-45所示。

4. 选取所有工作表

如果准备选取所有的工作表，可以通过单击鼠标右键来完成，下面详细介绍选取所有工作表的操作方法。

图 1-46

01 右键单击任意一个工作表标签

No1 使用鼠标右键单击任意一个工作表标签。

No2 在弹出的快捷菜单中选择【选定全部工作表】菜单项，如图1-46所示。

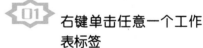

图 1-47

02 完成工作表的选取

可以看到所有的工作表都已变为活动状态，这样即可完成选取所有工作表的操作，如图1-47所示。

1.3.2 重命名工作表

在 Excel 2010 工作簿中，工作表的默认名称为"Sheet + 数字"，如"Sheet1""Sheet2"等，用户可以根据实际工作需要对工作表名称进行修改，下面详细介绍重命名工作表名称的操作方法。

图 1-48

01 用鼠标右键单击工作表标签

No1 使用鼠标右键单击准备重命名的工作表的标签。

No2 在弹出的快捷菜单中选择【重命名】菜单项，如图 1-48 所示。

变为可编辑状态

图 1-49

02 工作表标签显示为可编辑状态

此时可以看到被选中的工作表标签显示为可编辑状态，如图 1-49 所示。

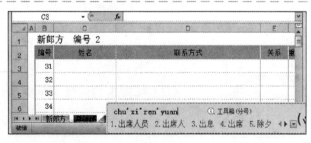

图 1-50

03 输入准备使用的工作表名称

在工作表标签文本框中输入准备使用的工作表名称，如"出席人员"，然后按下键盘上的【Enter】键，如图 1-50 所示。

已重命名

图 1-51

04 完成重命名工作表的操作

可以看到选中的工作表标签已重新命名，这样即可完成重命名工作表的操作，如图 1-51 所示。

1.3.3 添加与删除工作表

在创建一个新的工作簿后，默认情况下工作簿中的工作表数为 3 个，用户可以根据个人需要对工作表进行添加与删除的操作，下面将分别详细介绍操作方法。

1. 添加工作表

工作簿中默认的工作表数为 3 个，为了工作需要，还可以添加新的工作表，下面详细介绍添加新工作表的操作方法。

图 1-52

01 单击【新建工作表】按钮

打开要添加工作表的工作簿，在当前工作表中单击工作表标签区域的【新建工作表】按钮，如图 1-52 所示。

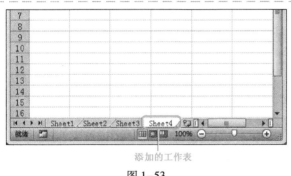

图 1-53

02 完成工作表的添加

在 Excel 2010 标签栏中显示新建的工作表标签，在工作表区域中显示新添加的工作表，通过以上步骤即可完成添加新工作表的操作，如图 1-53 所示。

2. 删除工作表

在工作簿中对于不需要的工作表应及时删除，否则日积月累不仅会使工作簿不方便管理，而且会占用较多的计算机资源，下面将介绍删除工作表的操作方法。

图 1-54

01 用鼠标右键单击工作表标签

No1 使用鼠标右键单击准备删除的工作表的标签。

No2 在弹出的快捷菜单中选择【删除】菜单项，如图 1-54 所示。

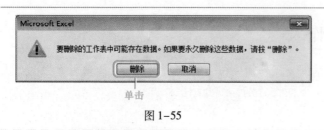

图 1-55

图 1-56

02 弹出对话框，单击【删除】按钮

弹出【Microsoft Excel】对话框，单击【删除】按钮 删除，如图 1-55 所示。

03 完成工作表的删除

返回到工作表界面，可以看到选择的工作表已被删除，这样即可完成删除工作表的操作，如图 1-56 所示。

 教你一招

通过功能区删除工作表

选中准备删除的工作表标签，然后选择【开始】选项卡，在【单元格】组中单击【删除】下拉按钮 删除，在弹出的下拉列表中选择【删除工作表】选项，也可完成删除工作表的操作。

1.3.4 复制与移动工作表

为了工作的需要，有时候对于工作表需要进行一些复制和移动的操作，下面将分别详细介绍工作表的复制和移动的操作方法。

1. 工作表的复制

复制工作表是指在原工作表数量的基础上再创建一个与原工作表具有相同内容的工作表，下面将详细介绍复制工作表的操作方法。

图 1-57

01 用鼠标右键单击工作表标签

No1 右键单击准备复制的工作表的标签。

No2 在弹出的快捷菜单中选择【移动或复制】菜单项，如图 1-57 所示。

图 1-58

选择【建立副本】复选框

No1 弹出【移动或复制工作表】对话框，选择准备复制的工作表。

No2 选择左下方的【建立副本】复选框。

No3 单击【确定】按钮 **确定**，如图 1-58 所示。

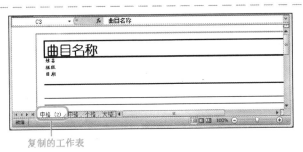

复制的工作表

图 1-59

完成工作表的复制

返回到工作表界面，可以看到已复制一个工作表——中格，这样即可完成复制工作表的操作，如图 1-59 所示。

 教你一招

使用拖动的方法复制工作表

按下键盘上的【Ctrl】键，按住鼠标左键选择准备复制的工作表标签，并按照水平方向拖动鼠标指针，在工作表标签上方会出现黑色的小三角标志，表示可以复制工作表，拖动至目标位置后释放鼠标左键也可完成复制工作表的操作。

2. 工作表的移动

移动工作表是指在不改变工作表数量的情况下对工作表的位置进行调整，下面将详细介绍移动工作表的操作方法。

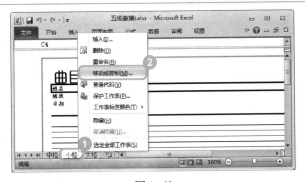

图 1-60

用鼠标右键单击工作表标签

No1 使用鼠标右键单击准备移动的工作表的标签。

No2 在弹出的快捷菜单中选择【移动或复制】菜单项，如图 1-60 所示。

图 1-61

02 **选择【移至最后】选项**

No1 弹出【移动或复制工作表】对话框，选择【移至最后】选项。

No2 单击【确定】按钮 ，如图 1-61 所示。

图 1-62

03 **完成工作表的移动**

返回到工作表界面，可以看到选择的"小格"工作表已被移动到最后，这样即可完成移动工作表的操作，如图 1-62 所示。

 教你一招

使用鼠标移动工作表

在使用鼠标移动工作表时，选中要移动的工作表，拖动鼠标，在鼠标指针右上角会出现一个黑色的下三角形状，当该形状指向工作表要移动到的位置后释放鼠标，就完成了移动操作。

1.3.5 保护工作表

如果需要对当前工作表数据进行保护，可以使用保护工作表功能，保护工作表中的数据不被编辑，下面详细介绍保护工作表的操作方法。

图 1-63

01 **用鼠标右键单击工作表标签**

No1 右键单击需要设置保护的工作表的标签。

No2 在弹出的快捷菜单中选择【保护工作表】菜单项，如图 1-63 所示。

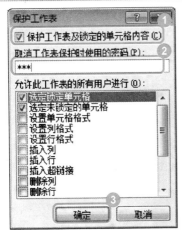

图 1-64

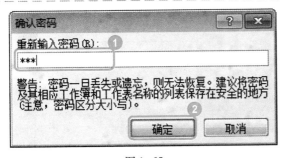

图 1-65

图 1-66

02 弹出对话框，设置相关内容

No1　弹出【保护工作表】对话框，选择【保护工作表及锁定的单元格内容】复选框。

No2　在【取消工作表保护时使用的密码】文本框中输入准备使用的密码。

No3　单击【确定】按钮 确定，如图 1-64 所示。

03 在文本框中输入刚设置的密码

No1　弹出【确认密码】对话框，在【重新输入密码】文本框中输入刚设置的密码。

No2　单击【确定】按钮 确定，如图 1-65 所示。

04 完成工作表的保护

　　返回到工作表界面，可以看到工作表的部分功能被禁用，例如【插入】选项卡中的所有命令被禁用，这样即可完成保护工作表的操作，如图 1-66 所示。

Section
1.4　**单元格的基本操作**

本节导读

　　单元格是表格中行与列的交叉部分，它是组成表格的最小单位，单个数据的输入和修改都是在单元格中进行的。本节将详细介绍单元格的基本操作的相关知识。

1.4.1　选取单元格

在对单元格进行各种设置操作之前，用户首先需要学习如何选取单元格，在工作表中可以选取一个、多个或全部单元格，下面分别详细介绍其操作方法。

1. 选取一个单元格

单击准备选取的单元格，即可完成选取一个单元格的操作，如图 1-67 所示。

2. 选取连续的多个单元格

选取单元格后，在按住【Shift】键的同时选取目标单元格的最后一个单元格，即可完成选取连续的多个单元格的操作，如图 1-68 所示。

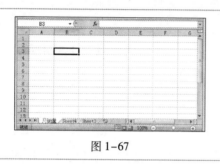
图 1-67

图 1-68

3. 选取不连续的多个单元格

单击准备选取的第一个单元格，然后按住键盘上的【Ctrl】键同时单击其他准备选取的单元格，即可完成选取不连续的多个单元格的操作，如图 1-69 所示。

4. 选取全部单元格

单击 Excel 2010 工作表左上角的【全选】按钮 ，即可完成选取全部单元格的操作，如图 1-70 所示。

图 1-69

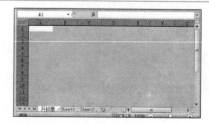
图 1-70

1.4.2　插入单元格

在 Excel 2010 工作表中，插入单元格操作包括插入一个单元格、插入整行单元格和插入整列单元格操作，下面将分别详细介绍。

1. 插入一个单元格

在单元格中输入数据后，用户可以根据自己的需要在单元格周围插入一个单元格，下面介绍插入一个单元格的操作方法。

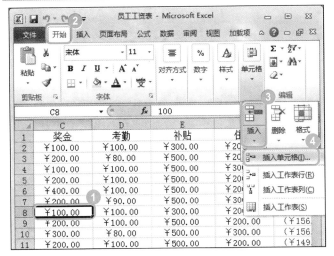

图 1-71

01 选择【插入单元格】菜单项

No1　在 Excel 2010 工作表中选择目标单元格（准备在其上方插入一个单元格的单元格）。

No2　选择【开始】选项卡。

No3　在【单元格】组中单击【插入】下拉箭头 。

No4　在弹出的下拉菜单中选择【插入单元格】菜单项，如图 1-71 所示。

图 1-72

02 选择【活动单元格下移】单选按钮

No1　弹出【插入】对话框，在【插入】区域中选择适合的单选按钮，如选择【活动单元格下移】单选按钮。

No2　单击【确定】按钮 确定，如图 1-72 所示。

图 1-73

03 完成插入一个单元格的操作

选择的单元格已被下移，并在其上方插入一个单元格，这样即可完成插入一个单元格的操作，如图 1-73 所示。

2. 插入整行单元格

插入整行单元格是指在已选单元格的上方插入整行单元格区域，下面具体介绍在 Excel

2010 工作表中插入整行单元格的操作方法。

图 1-74

01 选择【插入】菜单项

No.1 打开 Excel 2010 工作表，选择准备插入整行单元格的起始单元格，如 "A8 单元格"。

No.2 使用鼠标右键单击已选的单元格，在弹出的快捷菜单中选择【插入】菜单项，如图 1-74 所示。

图 1-75

02 选择【整行】单选按钮

No.1 弹出【插入】对话框，在【插入】区域中选择【整行】单选按钮。

No.2 单击【确定】按钮 确定，如图 1-75 所示。

图 1-76

03 完成插入整行单元格的操作

选择的单元格已被下移，并在其上方插入整行单元格，这样即可完成插入整行单元格的操作，如图 1-76 所示。

3. 插入整列单元格

在 Excel 2010 工作表中，用户也可以插入整列单元格，插入整列单元格是指在已选单元格的左侧插入整列单元格，下面介绍插入整列单元格的操作方法。

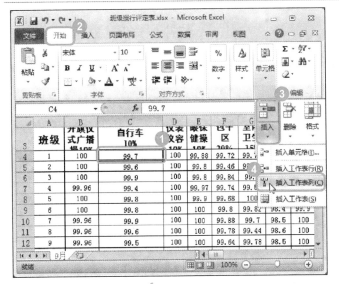

图 1-77

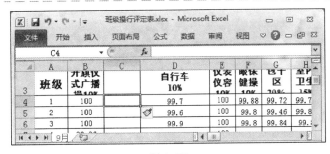

图 1-78

01 选择【插入工作表列】菜单项

No1 在 Excel 2010 工作表中单击目标单元格（准备在其左侧插入列的单元格）。

No2 选择【开始】选项卡。

No3 在【单元格】组中单击【插入】下拉箭头。

No4 在弹出的下拉菜单中选择【插入工作表列】菜单项，如图 1-77 所示。

02 完成插入整列单元格的操作

可以看到选择的单元格左侧已被插入整列单元格，这样即可完成插入整列单元格的操作，如图 1-78 所示。

知识精讲

在工作表的功能区中单击【帮助】按钮，可以弹出【Excel 帮助】对话框，在搜索栏文本框中用户可以输入在使用 Excel 2010 时遇到的疑难问题，然后按下键盘上的【Enter】键，系统会自动解答问题。

1.4.3 清除与删除单元格

在 Excel 2010 工作表中，删除单元格包括删除一个单元格、删除连续的多个单元格、删除不连续的多个单元格、删除整行单元格和删除整列单元格，下面将分别详细介绍。

1. 删除一个单元格

在 Excel 2010 工作表中，如果用户不再使用某单元格数据，可以将其删除，下面介绍删除一个单元格的操作方法。

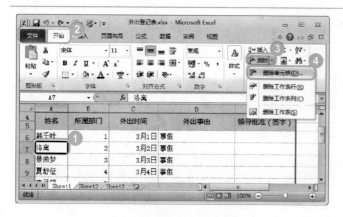

图 1-79

图 1-80

01 选择【删除单元格】菜单项

No1 选择准备删除的单元格。

No2 选择【开始】选项卡。

No3 在【单元格】组中单击【删除】下拉箭头 。

No4 在弹出的下拉菜单中选择【删除单元格】菜单项，如图 1-79 所示。

02 弹出对话框，选择适合的单选按钮

No1 弹出【删除】对话框，在删除区域中选择适合的单选按钮，如选择【右侧单元格左移】单选按钮。

No2 单击【确定】按钮 确定 ，如图 1-80 所示。

	A	B	C	D	E
4 5	姓名	所属部门	外出时间	外出事由	领导批准（签字）
6	韩千叶	1	3月1日	事假	
7		2	3月2日	事假	
8	景茜梦	3	3月3日	事假	
9	夏舒征	4	3月4日	事假	
10	李灵黛	5			
11	冷文卿	6			
12	柳兰歌	7			

图 1-81

03 完成删除一个单元格的操作

选中的单元格内容已被删除，被替换成右侧的单元格内容，这样即可删除一个单元格，如图 1-81 所示。

知识精讲

在 Excel 2010 工作表中单击准备清除其中数据的一个单元格，按下键盘上的【Delete】键，可以快速完成清除一个单元格中数据的操作。

2. 删除连续的多个单元格

如果连续的多个单元格中的数据有误或无用，那么可以删除连续的多个单元格，下面具体介绍删除连续的多个单元格的操作方法。

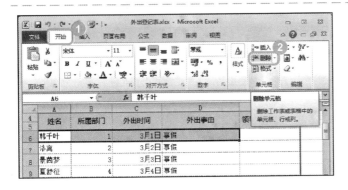

图 1-82

图 1-83

图 1-84

01 选择连续的多个单元格

单击准备删除的连续的多个单元格中的起始单元格,待鼠标指针变为 ✥ 形状时,单击并拖动鼠标指针至准备删除的目标单元格,如图 1-82 所示。

02 在【单元格】组中单击【删除】按钮

No1 选择【开始】选项卡。

No2 在【单元格】组中单击【删除】按钮 ,如图 1-83 所示。

03 完成删除连续的多个单元格的操作

选中的连续的多个单元格已被删除,通过以上步骤即可完成删除连续的多个单元格的操作,如图 1-84 所示。

教你一招

通过右键快捷方式打开【删除】对话框

使用鼠标右键单击准备删除的单元格的起始单元格,然后在弹出的快捷菜单中选择【删除】菜单项,系统会弹出【删除】对话框,用户可以在其中进行删除一个、整行或整列单元格的操作。

3. 删除不连续的多个单元格

在 Excel 2010 工作表中,如果准备删除不连续的多个单元格,那么首先应该选中不连续的多个单元格,下面介绍删除不连续的多个单元格的操作方法。

图 1-85

选择不连续的多个单元格

在工作表中选择准备删除的不连续的多个单元格。单击准备删除的单元格中的一个单元格，然后按住键盘上的【Ctrl】键同时选择其他单元格，如图 1-85 所示。

图 1-86

02 **在【单元格】组中单击【删除】按钮**

No1 选择【开始】选项卡。

No2 在【单元格】组中单击【删除】按钮 ，如图 1-86 所示。

图 1-87

03 **完成删除不连续的多个单元格的操作**

选中的不连续的多个单元格已被删除，通过以上步骤即可完成删除不连续的多个单元格的操作，如图 1-87 所示。

 教你一招

通过功能区删除工作表

在工作表中任意选择一个单元格，然后选择【开始】选项卡，在【单元格】组中单击【删除】按钮 ，系统会弹出一个下拉菜单，在其中选择【删除工作表】菜单项即可通过功能区删除工作表。

4. 删除整行单元格

在 Excel 2010 工作表中，通过【单元格】组中的【删除】按钮 可以删除整行单元格，下面介绍删除整行单元格数据的操作方法。

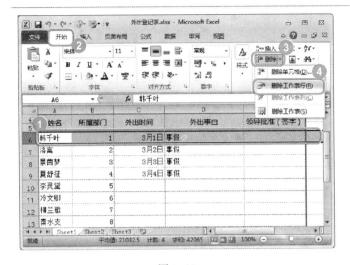

图 1-88

01 选择【删除工作表行】菜单项

No1　将鼠标指针移动到准备删除整行单元格的行标题上，此时鼠标指针变为➡形状，单击选中整行单元格。

No2　选择【开始】选项卡。

No3　在【单元格】组中单击【删除】下拉箭头▾。

No4　弹出下拉菜单，选择【删除工作表行】菜单项，如图 1-88 所示。

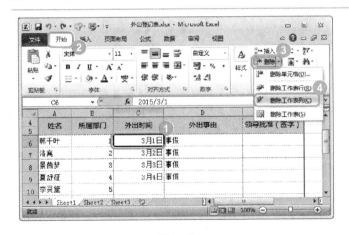

图 1-89

02 完成删除整行单元格的操作

选中的整行单元格数据已被删除，这样即可完成在 Excel 2010 工作表中删除整行单元格数据的操作，如图 1-89 所示。

5. 删除整列单元格

在 Excel 2010 工作表中，用户同样可以通过【单元格】组中的【删除】按钮┊删除┊删除整列单元格，下面将详细介绍删除整列单元格的操作方法。

图 1-90

01 选择【删除工作表列】菜单项

No1　选择准备删除整列单元格中的任意一个单元格。

No2　选择【开始】选项卡。

No3　在【单元格】组中单击【删除】下拉箭头▾。

No4　弹出下拉菜单，选择【删除工作表列】菜单项，如图 1-90 所示。

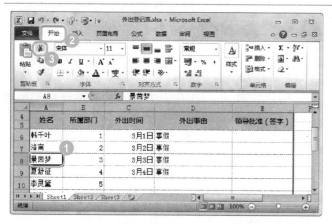

图 1-91

1.4.4 复制与移动单元格

在编辑工作表时经常需要将单元格中的内容进行复制与移动，Excel 2010 程序设置了很多非常实用的按钮，用户可以通过使用这些按钮完成复制与移动数据的操作，下面将详细介绍复制与移动单元格的操作方法。

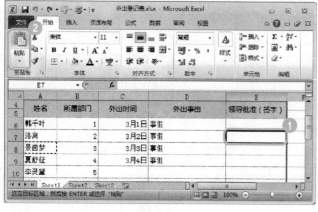

图 1-92

图 1-93

02 完成删除整列单元格的操作

选择的整列单元格已被删除，这样即可在 Excel 2010 工作表中完成删除整列单元格数据的操作，如图 1-91 所示。

01 在【剪贴板】组中单击【剪切】按钮

No1 选择准备移动数据的单元格。

No2 选择【开始】选项卡。

No3 在【剪贴板】组中单击【剪切】按钮，如图 1-92 所示。

02 在【剪贴板】组中单击【粘贴】按钮

No1 选中准备移动表格数据的目标单元格。

No2 在【剪贴板】组中单击【粘贴】按钮，如图 1-93 所示。

图 1-94

03 完成复制与移动单元格的操作

原位置的表格数据已被移动到数据单元格的目标位置，这样即可完成复制与移动单元格的操作，如图 1-94 所示。

Section 1.5 格式化工作表

本节导读

使用 Excel 2010，用户可以根据不同的需要对工作表中的数据设置不同的格式，这些设置包括调整表格的行高与列宽、设置字体格式、设置对齐方式、添加表格边框和自动套用格式等，本节将详细介绍格式化工作表的相关知识及操作方法。

1.5.1 调整表格行高与列宽

当工作表单元格的内容超过单元格的高度和宽度后，工作表就会变得不美观，并且对数据的显示也会造成影响，这时用户可以根据需要适当地调整表格的行高与列宽。下面将分别详细介绍调整表格的行高与列宽的操作方法。

1. 调整表格行高

如果用户知道单元格需要调整的行高的具体数据，那么可以在【行高】对话框中对单元格的行高大小进行精确的调整，下面将详细介绍设置行高的操作方法。

图 1-95

01 选择【行高】菜单项

No1 选择准备设置行高大小的单元格。

No2 选择【开始】选项卡。

No3 在【单元格】组中单击【格式】下拉按钮。

No4 在弹出的下拉菜单中选择【行高】菜单项，如图 1-95 所示。

图 1-96

图 1-97

02 **弹出对话框，设置行高大小值**

No1 弹出【行高】对话框，在【行高】文本框中输入准备设置行高的大小值。

No2 单击【确定】按钮 **确定** ，如图 1-96 所示。

03 **完成调整表格行高的操作**

返回到工作表界面，用户可以看到已经调整了大小的行高，这样即可完成调整表格行高的操作，如图 1-97 所示。

教你一招

通过功能区自动调整单元格行高与列宽

选中要调整行高、列宽的单元格，然后单击【开始】选项卡下【单元格】组中的【格式】按钮，在弹出的下拉菜单中选择【自动调整行高】或【自动调整列宽】菜单项，可以完成自动调整单元格行高与列宽的操作。

2. 调整表格列宽

如果用户知道单元格需要调整的列宽的具体数据，那么可以在【列宽】对话框中对单元格的列宽大小进行精确的调整，下面将详细介绍设置列宽的操作方法。

图 1-98

01 **选择【列宽】菜单项**

No1 选择准备设置列宽大小的单元格。

No2 选择【开始】选项卡。

No3 在【单元格】组中单击【格式】下拉按钮。

No4 在弹出的下拉菜单中选择【列宽】菜单项，如图 1-98 所示。

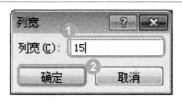

图 1-99

弹出对话框，设置列宽大小值

No1 弹出【列宽】对话框，在【列宽】文本框中输入准备设置列宽的大小值。

No2 单击【确定】按钮 确定 ，如图 1-99 所示。

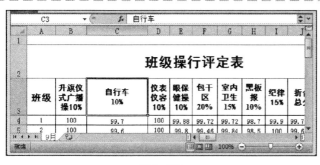

图 1-100

03 **完成调整表格列宽的操作**

返回到工作表界面，用户可以看到已经调整了大小的列宽，通过以上方法即可完成调整表格列宽的操作，如图 1-100 所示。

1.5.2 设置字体格式

在 Excel 2010 中默认的字体为宋体、字号为 "11" 号，用户可以为表格中的不同内容设置不同的字体格式以示区分，还可以设置字形、字号、字体颜色以及其他一些字体效果，下面将详细介绍设置字体格式的操作方法。

图 1-101

01 **选择准备设置的字体格式**

No1 选择准备设置字体的单元格。

No2 选择【开始】选项卡。

No3 在【字体】组中单击【字体】下拉按钮 。

No4 在弹出的下拉列表中选择准备设置的字体格式，如选择 "汉真广标"，如图 1-101 所示。

图 1-102

02 选择准备应用的字号

No1 此时可以看到选择的单元格字体已被改变，继续选择该单元格。

No2 选择【开始】选项卡。

No3 在【字体】组中单击【字号】下拉按钮。

No4 在弹出的下拉列表中选择准备应用的字号，如图 1-102 所示。

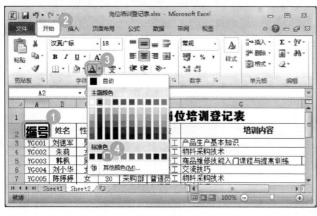

图 1-103

03 选择准备使用的字体颜色

No1 可以看到选择的单元格字号已被改变，继续选择该单元格。

No2 选择【开始】选项卡。

No3 在【字体】组中单击【字体颜色】下拉按钮 ▲·。

No4 在弹出的下拉列表中选择准备使用的字体颜色，如图 1-103 所示。

图 1-104

04 完成设置字体颜色的操作

返回到工作表界面，可以看到已经将选中的单元格中的字体颜色改变，这样即可完成设置字体颜色的操作，效果如图 1-104 所示。

1.5.3 设置对齐方式

为了使表格中的数据排列整齐，增加表格整体的美观性，用户可以为单元格设置对齐方式。文本对齐包括左对齐、右对齐、居中对齐、顶端对齐、底端对齐和垂直居中6种情况，下面以文本左对齐为例介绍设置对齐方式的操作方法。

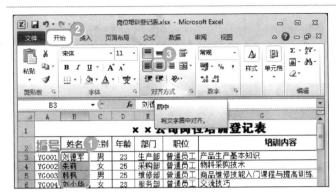

图 1-105

01 选择单元格，单击【居中】按钮

No1 选择准备设置对齐方式的单元格。

No2 选择【开始】选项卡。

No3 在【对齐方式】组中单击【居中】按钮 ，如图1-105所示。

图 1-106

02 完成通过功能区设置对齐方式的操作

返回到工作表界面，可以看到选中的单元格中的文本以居中的方式显示，这样即可完成设置对齐方式的操作，如图1-106所示。

1.5.4　添加表格边框

为了使表格数据层次分明，更易于阅读，用户可以为表格中不同的部分添加边框，下面将详细介绍添加表格边框的操作方法。

图 1-107

01 选择【设置单元格格式】菜单项

No1 选择准备设置表格边框的单元格区域。

No2 选择【开始】选项卡。

No3 在【单元格】组中单击【格式】按钮 。

No4 在弹出的【格式】下拉菜单中选择【设置单元格格式】菜单项，如图1-107所示。

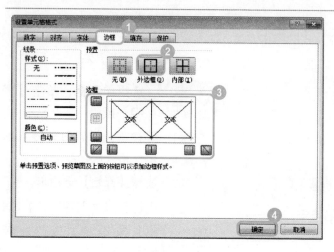

图 1-108

设置的表格边框

图 1-109

02 弹出对话框，设置相关内容

No1 弹出【设置单元格格式】对话框，选择【边框】选项卡。

No2 在【预置】区域中单击【外边框】按钮 ▦。

No3 在【边框】区域中选择准备使用的边框线。

No4 单击【确定】按钮 **确定** ，如图 1-108 所示。

03 完成添加表格边框的操作

　　返回到工作表界面，可以看到已经为选中的单元格区域设置了表格边框，这样即可完成添加表格边框的操作，效果如图 1-109 所示。

教你一招

使用功能区设置边框

　　选择准备设置表格边框的单元格区域，选择【开始】选项卡，在【字体】组中单击【边框】下拉按钮 ▦▾ ，在弹出的下拉菜单中根据需要选择边框线即可快速地利用功能区设置边框。

1.5.5　自动套用格式

　　在 Excel 2010 中通过快速套用表格格式可以在单元格区域中添加多种单元格，快速套用表格格式是指一整套可以快速应用于已选单元格区域或整个工作表的内置格式和设置的集合，下面将详细介绍自动套用格式的操作方法。

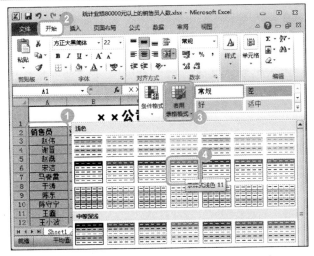

图 1-110

01 选择准备套用的表格格式

No1 选中准备套用表格格式的单元格区域。

No2 选择【开始】选项卡。

No3 单击【样式】组中的【套用表格格式】按钮 。

No4 在弹出的下拉列表中选择准备套用的表格格式，如图 1-110 所示。

图 1-111

02 弹出对话框，单击【确定】按钮

弹出【套用表格式】对话框，单击【确定】按钮 ，如图 1-111 所示。

图 1-112

03 完成套用表格格式的操作

返回到工作表界面，可以看到选中的表格显示为刚刚选择的表格格式，这样即可完成套用表格格式的操作，如图 1-112 所示。

Section

1.6 实践案例与上机操作

本节导读

通过本章的学习，读者可以掌握 Excel 入门与基础操作方面的知识，下面通过几个实践案例进行上机操作，以达到巩固学习、拓展提高的目的。

1.6.1 隐藏与显示工作表

在 Excel 2010 工作簿中可以根据实际工作需要对相应的工作表进行隐藏与显示，下面分别详细介绍。

1. 隐藏工作表

为了确保工作表安全，不会轻易地被别人看到，可以将工作表进行隐藏，下面将详细介绍隐藏工作表的操作方法。

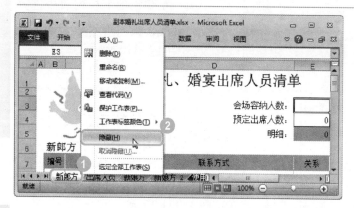

图 1-113

01 用鼠标右键单击工作表标签

No1 使用鼠标右键单击准备隐藏的工作表的标签。

No2 在弹出的快捷菜单中选择【隐藏】菜单项，如图 1-113 所示。

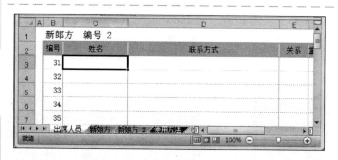

图 1-114

02 完成隐藏工作表的操作

可以看到已经将选中的工作表隐藏起来，这样即可完成隐藏工作表的操作，如图 1-114 所示。

知识精讲

隐藏工作表和删除工作表是不一样的，虽然看起来的效果都是不显示在工作簿中，但隐藏的工作表可以重新恢复，删除的工作表是不可以恢复的。

2. 显示工作表

如果想再次使用或者编辑已经隐藏的工作表，可以取消其隐藏，让工作表显示出来，下面详细介绍显示工作表的操作方法。

图 1-115

01 用鼠标右键单击任意工作表标签

No1 使用鼠标右键单击任意工作表标签。

No2 在弹出的快捷菜单中选择【取消隐藏】菜单项，如图 1-115 所示。

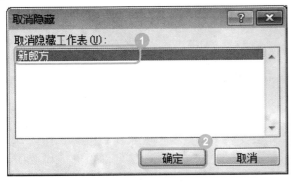

图 1-116

02 选择准备显示的工作表标签

No1 弹出【取消隐藏】对话框，在【取消隐藏工作表】列表框中选择准备显示的工作表标签。

No2 单击【确定】按钮 确定 ，如图 1-116 所示。

图 1-117

03 完成显示工作表的操作

返回到工作表界面，可以看到被隐藏的工作表标签已经显示出来，这样即可完成显示工作表的操作，如图 1-117 所示。

通过【显示比例】对话框进行窗口缩放

单击 Excel 2010 程序右下角的【显示比例】按钮 100% ，系统会弹出【显示比例】对话框，用户可以在该对话框中选择缩放比例，并且可以自定义显示比例。

1.6.2 更改工作表标签颜色

为工作表标签设置颜色，不仅便于查找所需要的工作表，还可以将同类的工作表标签设置成同一个颜色，以区分类别，下面详细介绍设置工作表标签颜色的操作方法。

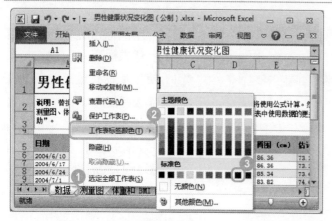

图 1-118

01 使用鼠标右键单击工作表标签

No1 使用鼠标右键单击准备设置颜色的工作表标签。

No2 在弹出的快捷菜单中选择【工作表标签颜色】菜单项。

No3 在弹出的子菜单中选择准备应用的颜色，如图 1-118 所示。

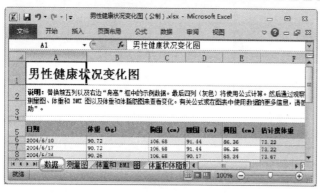

图 1-119

02 完成更改工作表标签颜色的操作

返回到工作表界面，可以看到工作表标签的颜色已经发生了改变，这样即可完成设置工作表标签颜色的操作，如图 1-119 所示。

1.6.3 合并单元格

在 Excel 2010 工作表中，用户可以根据需要将多个连续的单元格合并成一个单元格，下面详细介绍合并单元格的操作方法。

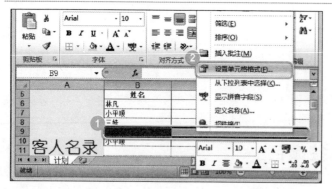

图 1-120

01 选择【设置单元格格式】菜单项

No1 选择需要合并的多个连续的单元格，并使用鼠标右键单击。

No2 在弹出的快捷菜单中选择【设置单元格格式】菜单项，如图 1-120 所示。

图 1-121

02 选择【合并单元格】复选框

No1 弹出【设置单元格格式】对话框，选择【对齐】选项卡。

No2 在【文本控制】选项组中选择【合并单元格】复选框。

No3 单击【确定】按钮 确定 ，如图 1-121 所示。

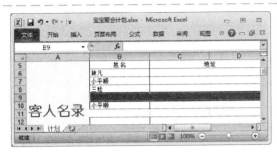

图 1-122

03 完成合并单元格的操作

刚刚选择的多个连续的单元格已被合并成一个单元格，通过以上步骤即可完成合并单元格的操作，如图 1-122 所示。

1.6.4 重命名工作簿

重命名工作簿通常有两种方法，一是通过快捷菜单重命名，二是通过快捷键重命名，下面将分别详细介绍。

1. 通过快捷菜单重命名

使用鼠标右键单击需要重命名的工作簿，在弹出的快捷菜单中选择【重命名】菜单项，即可对工作簿重命名，如图 1-123 所示。

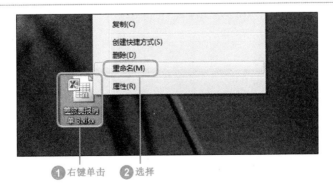

图 1-123

2. 通过快捷键重命名

选中需要重命名的工作簿，然后按下键盘上的【F2】键即可进行重命名操作，如图 1-124 所示。

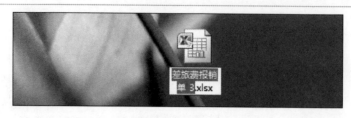

图 1-124

1.6.5 将 Excel 2010 工作簿转换为 .txt 格式

用户可以根据自己的需要将 Excel 2010 工作簿转换为文本文件，从而方便进行一些操作，并且 Excel 软件同样能够将其打开，下面详细介绍其操作方法。

图 1-125

01 打开对话框，选择保存的类型

No1　使用前面介绍的方法打开【另存为】对话框，选择准备保存文件的位置。

No2　在【文件名】文本框中输入保存名称，如输入"转换工作簿"。

No3　在【保存类型】下拉列表中选择【文本文件（制表符分隔）（*.txt）】选项，如图 1-125 所示。

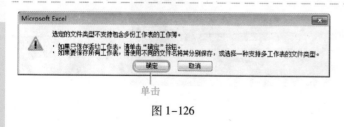

单击

图 1-126

02 弹出对话框，单击【确定】按钮

单击【保存】按钮 保存(S) ，弹出一个对话框，然后单击【确定】按钮 确定 ，如图 1-126 所示。

图 1-127

图 1-128

03 弹出对话框，单击【是】按钮

系统又弹出一个对话框，单击【是】按钮 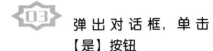，如图 1-127 所示。

04 完成转换操作

打开保存文件所在的位置，此时可以看到转换后的工作簿的扩展名变成了".txt"，这样即可完成转换操作，如图 1-128 所示。

设置更大的字号

在字号列表中显示的最大值为 72 磅，如果还需要更大的值，可以单击【字号】输入框，在其中输入具体的数值，输入的范围为 1~409 磅。

1.6.6 设置背景

在 Excel 中用户可以将图片设置为工作表的背景，工作表背景不会被打印，也不会保留在另存为网页的项目中，下面将详细介绍设置背景的操作方法。

图 1-129

01 选择单元格，单击【背景】按钮

No1 单击工作表中的任意单元格。

No2 选择【页面布局】选项卡。

No3 单击【页面设置】组中的【背景】按钮，如图 1-129 所示。

图 1-130

图 1-131

02 选择准备插入的图片

No1 弹出【工作表背景】对话框，在对话框的导航窗格中选择准备插入图片的目标磁盘。

No2 选择准备插入的图片。

No3 单击【插入】按钮 插入(S)，如图 1-130 所示。

03 完成设置背景的操作

返回到工作表界面，可以看到工作表中显示刚刚插入的背景图案，这样即可完成设置背景的操作，如图 1-131 所示。

1.6.7 复制工作簿

按住【Ctrl】键，同时在桌面上拖动要复制的工作簿，释放鼠标后，用户即可看到复制了一个工作簿的复件，如图 1-132 所示。

图 1-132

第 2 章
Excel公式与函数基础

本章内容导读

本章主要介绍了公式与函数、单元格引用、公式中的运算符及其优先级、输入与编辑公式、函数的结构和种类以及输入函数方面的知识，同时也讲解了定义和使用名称的操作，在本章的最后还针对实际的工作需要讲解了一些实例的上机操作。通过本章的学习，读者可以掌握 Excel 公式与函数方面的基础知识，为进一步学习 Excel 2010 公式·函数·图表与数据分析的相关知识奠定了基础。

本章知识要点

- ☑ **公式与函数**
- ☑ **单元格引用**
- ☑ **公式中的运算符及其优先级**
- ☑ **输入与编辑公式**
- ☑ **函数的结构和种类**
- ☑ **输入函数的方法**
- ☑ **定义和使用名称**

2.1　公式与函数

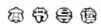

　　在 Excel 中理解并掌握公式与函数的相关概念、选项设置和操作方法是进一步学习和运用公式与函数的基础，同时也有助于用户在实际工作中的综合运用，以提高办公效率，本节将详细介绍公式与函数的相关基础知识及操作。

2.1.1　什么是公式

　　公式是 Excel 工作表中进行数值计算的等式。公式输入是以"="开始的，简单的公式有加、减、乘、除等计算。

　　通常情况下，公式由函数、参数、常量和运算符组成，下面将分别详细介绍公式的组成部分。

> 函数：在 Excel 中包含的许多预定义公式，可以对一个或多个数据执行运算，并返回一个或多个值。函数可以简化或缩短工作表中的公式。

> 参数：函数中用来执行操作或计算单元格或单元格区域的数值。

> 常量：指在公式中直接输入的数字或文本值，不参与运算且不发生改变的数值。

> 运算符：用来连接公式中准备进行计算的符号或标记，运算符可以表达公式内执行计算的类型，有数学、比较、逻辑和引用运算符。

2.1.2　什么是函数

　　在 Excel 中虽然使用公式可以完成各种计算，但是对于一些复杂的运算如果使用函数将会更加简便，而且便于理解。

　　所谓函数是指在 Excel 中包含的许多预定义的公式。函数也是一种公式，可以进行简单或复杂的计算，是公式的组成部分，它可以像公式一样直接输入。不同的是，函数使用一些称为参数的特定数值（每一个函数都有其特定的语法结构、参数类型等）按特定的顺序或结构进行计算。

　　使用函数可以提高工作效率，例如在工作表中常用的 SUM 函数用于对单元格区域进行求和运算。虽然可以通过创建公式"=B3+C3+D3+E3+F3+G3"来计算单元格中的数值的总和，但是利用函数可以编写更加简短的完成同样功能的公式，即"=SUM(B3:G3)"。

　　在 Excel 2010 中调用函数时需要遵守 Excel 对于函数所制定的语法结构，否则将会产生语法错误，函数的语法结构由等号、函数名称、括号、参数组成，下面详细介绍其组成部分，如图 2-1 所示。

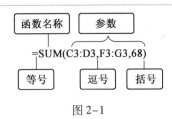

图 2-1

> 等号：函数一般以公式的形式出现，必须在函数名称前面输入"="号。
> 函数名称：用来标识调用功能函数的名称。
> 参数：参数可以是数字、文本、逻辑值和单元格引用，也可以是公式或其他函数。
> 括号：用来输入函数参数，各参数之间需要用逗号（必须是半角状态下的逗号）隔开。
> 逗号：各参数之间用来表示间隔的符号。

Section
2.2 单元格引用

　　单元格引用是 Excel 中的术语，指用单元格在表中的坐标位置的标识。单元格的引用包括绝对引用、相对引用和混合引用3种，本节将详细介绍单元格引用的相关知识及操作方法。

2.2.1 相对引用

　　相对引用是指复制公式时单元格地址随着发生变化，如 C1 单元格有公式"= A1 + B1"，当将公式复制到 C2 单元格时变为"= A2 + B2"，当将公式复制到 D1 单元格时变为"= B1 + C1"，下面将详细介绍相对引用的操作方法。

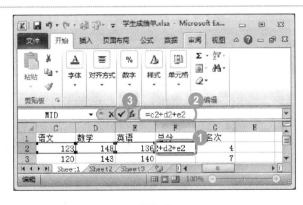

图 2-2

01 输入引用的单元格公式

No1 选择准备引用的单元格，如选择 F2 单元格。

No2 在编辑栏中输入引用的单元格公式。

No3 单击【输入】按钮✔，如图 2-2 所示。

单击

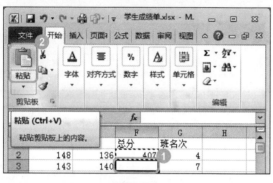

图 2-3

02 单击【剪贴板】组中的【复制】按钮

此时可以看到，在单元格中系统会自动计算结果。单击【剪贴板】组中的【复制】按钮，如图 2-3 所示。

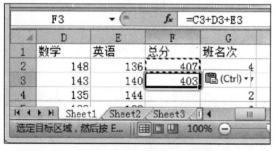

图 2-4

03 单击【剪贴板】组中的【粘贴】按钮

No1 选择准备粘贴引用公式的单元格。

No2 在【剪贴板】组中单击【粘贴】按钮，如图 2-4 所示。

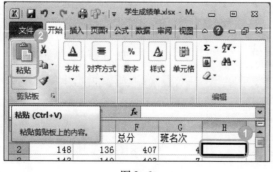

图 2-5

04 计算出结果，并显示公式

此时在已选中的单元格中，系统会自动计算出结果，并且在编辑框中显示公式，如图 2-5 所示。

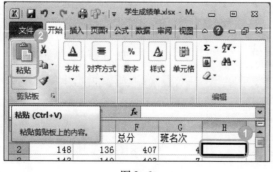

图 2-6

05 单击【剪贴板】组中的【粘贴】按钮

No1 单击准备粘贴相对引用公式的单元格。

No2 单击【剪贴板】组中的【粘贴】按钮，如图 2-6 所示。

图 2-7

06 完成相对引用

此时已经选中的单元格再次发生改变，通过以上操作即可完成相对引用，如图 2-7 所示。

2.2.2 绝对引用

绝对引用是一种不随单元格位置改变而改变的引用形式，并且总是在特定位置引用单元格。如果准备多行或多列地复制或填充公式，绝对引用将不会随单元格位置的改变而改变。注意，加上了绝对地址符"$"的列标和行号为绝对地址，如 C1 单元格有公式" = $A$1 + $B$1"，当将公式复制到 C2 单元格时仍为" = $A$1 + $B$1"，当将公式复制到 D1 单元格时仍为" = $A$1 + $B$1"。下面将具体介绍绝对引用的操作方法。

图 2-8

01 输入准备绝对引用的公式

No1 选择准备绝对引用的单元格，如 H3 单元格。

No2 在编辑栏中输入准备绝对引用的公式" = $C$2 + $D$2 + $E$2"。

No3 单击【输入】按钮✓，如图 2-8 所示。

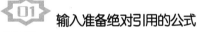

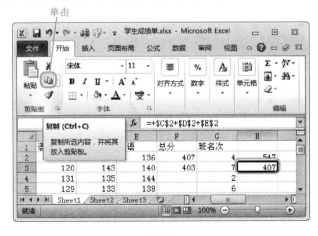

图 2-9

02 单击【剪贴板】组中的【复制】按钮

此时在已选中的单元格中系统会自动计算出结果，单击【剪贴板】组中的【复制】按钮，如图 2-9 所示。

图 2-10

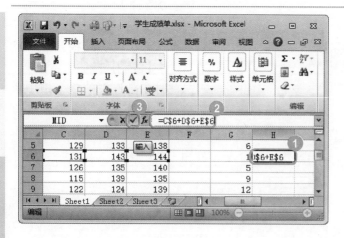

图 2-11

03 输入准备绝对引用的公式

No1 选择粘贴绝对引用公式的单元格。

No2 在【剪贴板】组中单击【粘贴】按钮 📋，如图 2-10 所示。

04 完成绝对引用

可以看到粘贴绝对引用公式的单元格中仍旧是" =$C$2+$D$2+$E$2"，通过以上方法即可完成绝对引用，如图 2-11 所示。

2.2.3 混合引用

混合引用是指引用绝对列和相对行、引用绝对行和相对列，其中引用绝对列和相对行采用$A1、$B1 等表示，引用绝对行和相对列采用 A$1、B$1 等表示。如 C1 单元格有公式" =$A1+B$1"，当将公式复制到 C2 单元格时变为" =$A2+B$1"，当复制到 D1 单元格时变为" =$A1+C$1"。下面将详细介绍混合引用的方法。

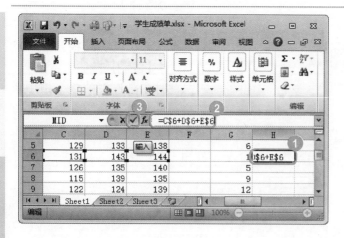

图 2-12

01 输入绝对行和相对列的引用公式

No1 选择准备引用绝对行和相对列的单元格，如 H6 单元格。

No2 在编辑栏中输入绝对行和相对列的引用公式" =C$6+D$6+E$6"。

No3 单击【输入】按钮 ✓，如图 2-12 所示。

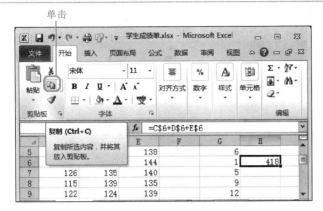

图 2-13

02 **单击【剪贴板】组中的【复制】按钮**

此时在已选中的单元格中，系统会自动计算出结果，单击【剪贴板】组中的【复制】按钮，如图 2-13 所示。

图 2-14

03 **在【剪贴板】组中单击【粘贴】按钮**

No1 选择准备粘贴引用公式的单元格，如选择单元格"I12"。

No2 在【剪贴板】组中单击【粘贴】按钮，如图 2-14 所示。

图 2-15

04 **完成混合引用**

此时公式在已粘贴的单元格中，行标题不变，而列标题发生变化，通过以上方法即可完成混合引用的操作，如图 2-15 所示。

2.2.4 改变引用类型

在 Excel 2010 中输入公式时，正确地使用键盘上的【F4】键，可以在相对引用和绝对引用之间进行切换，下面以计算总分的公式" = B3 + C3 + D3 + E3 + F3"为例介绍改变引用类型的方法。

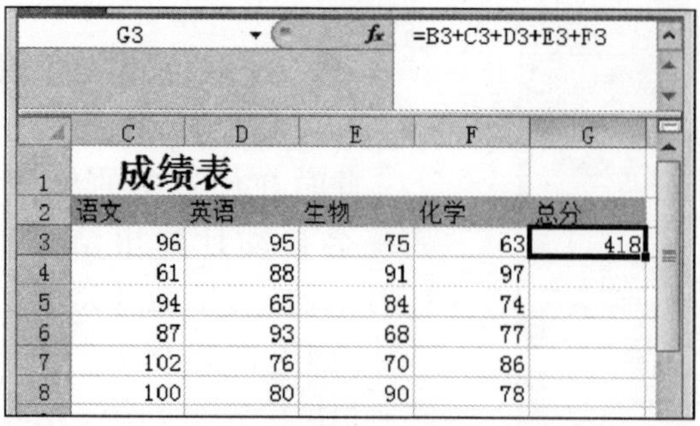

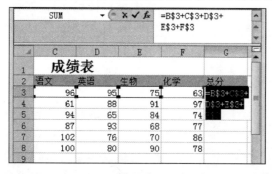

图 2-16

01 双击单元格 G3

在编辑栏中选择单元格 G3，在公式编辑栏中可以看到 G3 单元格的公式为 "= B3 + C3 + D3 + E3 + F3"，双击此单元格，如图 2-16 所示。

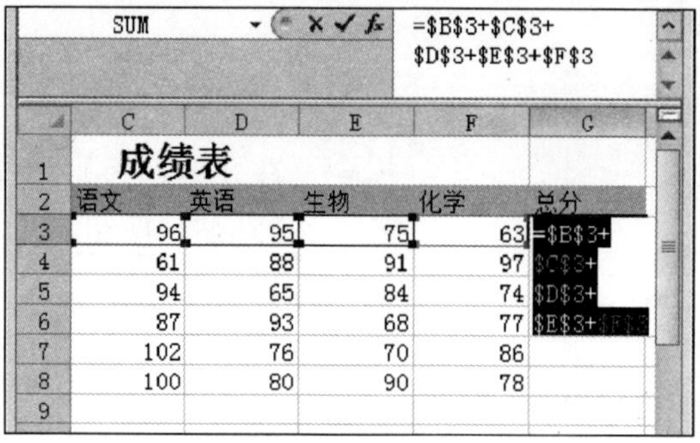

图 2-17

02 选中公式，按下键盘上的【F4】键

选中 G3 单元格中的公式，然后按下键盘上的【F4】键，该公式的内容变为 "= $B$3 + $C$3 + $D$3 + $E$3 + $F$3"，表示对横行、纵行单元格均进行了绝对引用，如图 2-17 所示。

图 2-18

03 第 2 次按下键盘上的【F4】键

第 2 次按下【F4】键，公式的内容变为 "= B$3 + C$3 + D$3 + E$3 + F$3"，表示对横行进行绝对引用、对纵行进行相对引用，如图 2-18 所示。

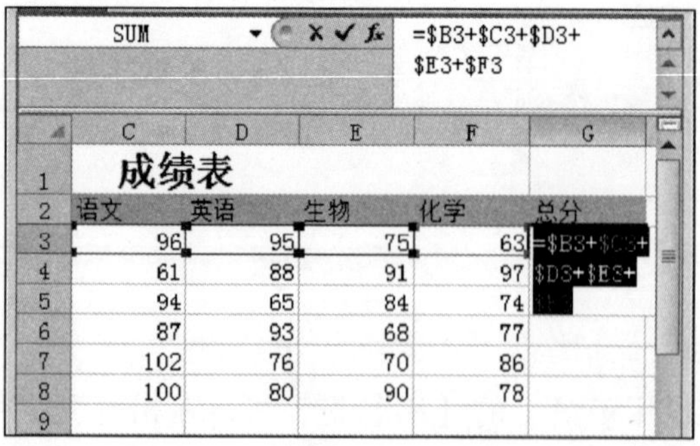

图 2-19

04 第 3 次按下键盘上的【F4】键

第 3 次按下【F4】键，公式的内容变为 "=$B3 + $C3 + $D3 + $E3 + $F3"，表示对横行进行相对引用、对纵行进行绝对引用，如图 2-19 所示。

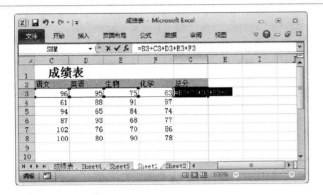

图 2-20

05 第 4 次按下键盘上的
【F4】键

第 4 次按下【F4】键，公式的内容会恢复到初始状态，即" = B3 + C3 + D3 + E3 + F3"，表示对横行、纵行的单元格均进行相对引用，如图 2-20 所示。

Section
2.3 公式中的运算符及其优先级

🎹 本节导读

公式是对工作表中的数值执行计算的等式，公式以等号" = "开头。在输入公式时，用于连接各个数据的符号称作运算符，不同类型的运算符可以对公式和函数中的元素进行特定类型的运算，并且在计算时有一个默认的顺序，但可以通过使用括号来改变运算顺序，本节将详细介绍公式中的运算符及其优先级的相关知识。

2.3.1 算术运算符

运算符可分为算术运算符、比较运算符、文本运算符以及引用运算符 4 种。算术运算符用来完成基本的数学运算，如加、减、乘、除等运算，算术运算符的基本含义如表 2-1 所示。

表 2-1 算术运算符

算术运算符	含 义	示 例
+（加号）	加法	9 + 8
-（减号）	减法或负号	9 - 8；-8
*（星号）	乘法	3 * 8
/（正斜号）	除法	8/4
%（百分号）	百分比	68%
^（脱字号）	乘方	6^2
!（阶乘）	连续乘法	3! = 3 * 2 * 1

2.3.2 比较运算符

比较运算符用于比较两个数值的大小关系，并产生逻辑值 TRUE（真）或 FALSE（假），比较运算符的基本含义如表2-2所示。

表2-2 比较运算符

比较运算符	含 义	示 例
=（等号	等于	A1 = B1
>（大于号）	大于	A1 > B1
<（小于号）	小于	A1 < B1
> =（大于等于号）	大于或等于	A1 > = B1
< =（小于等于号）	小于或等于	A1 < = B1
< >（不等号）	不等于	A1 < > B1

2.3.3 引用运算符

引用运算符是对多个单元格进行合并计算的运算符，如"F1 = A1 + B1 + C1 + D1"，在使用引用运算符后可以将公式变为"F1 = SUM（A1:D1）"，引用运算符的基本含义如表2-3所示。

表2-3 引用运算符

引用运算符	含 义	示 例
:（冒号）	区域运算符，生成对两个引用之间所有单元格的引用	A1:A2
,（逗号）	联合运算符，用于将多个引用合并为一个引用	SUM（A1:A2, A3:A4）
（空格）	交集运算符，生成两个引用中共有的单元格引用	SUM（A1:A6 B1:B6）

2.3.4 文本运算符

文本运算符是可以将一个或多个文本连接为一个组合文本的一种运算符号，文本运算符使用和号"&"连接一个或多个文本字符串，从而产生新的文本字符串，文本运算符的基本含义如表2-4所示。

表2-4 文本运算符

文本运算符	含 义	示 例
&（和号）	将两个文本连接起来产生一个连续的文本值	"漂" & "亮"得到"漂亮"

2.3.5 运算符的优先级顺序

运算优先级是指一个公式中含有多个运算符的情况下 Excel 的运算顺序。如果一个公式中的若干运算符都具有相同的优先顺序，那么 Excel 2010 将按照从左到右的顺序依次进行计算。如果不希望 Excel 从左到右依次进行计算，那么需要更改求值的顺序，如对于"7 + 8 +

6 + 3 ＊ 2"，Excel 2010 将先进行乘法运算，然后再进行加法运算，如果使用括号将公式改为
"（7 + 8 + 6 + 3） ＊ 2"，那么 Excel 2010 将先计算括号里的数值，再进行乘法运算。下面介绍
运算符的优先级，如表 2-5 所示。

表 2-5　运算符优先级

优　先　级	运算符类型	说　　明
1	引用运算符	:（冒号）
2		（空格）
3		,（逗号）
4	算术运算符	－（负数）
5		%（百分比）
6		^（乘方）
7		＊ 和/（乘和除）
8		+ 和 －（加和减）
9	文本连接运算符	&（连接两个文本字符串）
10	比较运算符	=
11		<、>
12		< =
13		> =
14		< >

Section
2.4 输入与编辑公式

本节导读

在 Excel 中，使用公式可以提高在工作表中输入的速度，降低工作强
度，同时可以最大限度地避免在输入过程中可能出现的错误，本节将详细介
绍输入与编辑公式的相关知识及操作方法。

2.4.1　输入公式

在 Excel 2010 工作表中，可以在编辑栏中输入公式，也可以直接在单元格中输入公式，
下面分别详细介绍。

1. 在编辑栏中输入公式

在 Excel 2010 工作表中，用户可以通过编辑栏输入公式，下面详细介绍在编辑栏中输入
公式的操作方法。

	A	B	C	D	E	F	
	考号	姓名	语文	数学	英语	总分	
1							
2	70601	沙龙x	123	148	136	407	
3	70602	刘x帅	120	143	140	403	
4	70603	王x雪	131	135	144	410	
5	70604	韩x萌	129	133	138		
6	70605	杨x	131	143	144	418	
7	70606	李x学	126	135	140		
8	70607	刘x嫆	115	139	135		

图 2-21

01 单击准备输入公式的单元格

No 1 单击准备输入公式的单元格，如 F5 单元格。

No 2 单击编辑栏文本框，如图 2-21 所示。

输入公式

MID　=C5+D5+E5

	A	B	C	D	E	F
	考号	姓名	语文	数学	英语	总分
1						
2	70601	沙龙x	123	148	136	407
3	70602	刘x帅	120	143	140	403
4	70603	王x雪	131	135	144	410
5	70604	韩x萌	129	133	138	j+D5+E5
6	70605	杨x	131	143	144	418
7	70606	李x学	126	135	140	

图 2-22

02 在编辑栏文本框中输入公式

在编辑栏文本框中输入准备使用的公式，如 " = C5 + D5 + E5"，如图 2-22 所示。

单击

MID　=C5+D5+E5

	A	B	C	D	E	F
	考号	姓名		数学	英语	总分
1			输入			
2	70601	沙龙x	123	148	136	407
3	70602	刘x帅	120	143	140	403
4	70603	王x雪	131	135	144	410
5	70604	韩x萌	129	133	138	j+D5+E5
6	70605	杨x	131	143	144	418

图 2-23

03 单击【输入】按钮

单击编辑栏中的【输入】按钮，如图 2-23 所示。

F5　=C5+D5+E5

	A	B	C	D	E	F
	考号	姓名	语文	数学	英语	总分
1						
2	70601	沙龙x	123	148	136	407
3	70602	刘x帅	120	143	140	403
4	70603	王x雪	131	135	144	410
5	70604	韩x萌	129	133	138	400
6	70605	杨x	131	143	144	418
7	70606	李x学	126	135	140	
8	70607	刘x嫆	115	139	135	

Sheet1 Sheet2 Sheet3

图 2-24

04 完成在编辑栏中输入公式的操作

通过以上方法即可完成在编辑栏中输入公式的操作，效果如图 2-24 所示。

知识简述

在完成准备使用的公式的输入后，用户可以直接按下键盘上的【Enter】键完成公式的计算操作。

2. 直接在单元格中输入公式

在 Excel 2010 工作表中，用户也可以直接在单元格中进行公式的输入，下面将详细介绍在单元格中输入公式的操作方法。

01 双击准备输入公式的单元格

双击准备输入公式的单元格，如双击 F7 单元格，如图 2-25 所示。

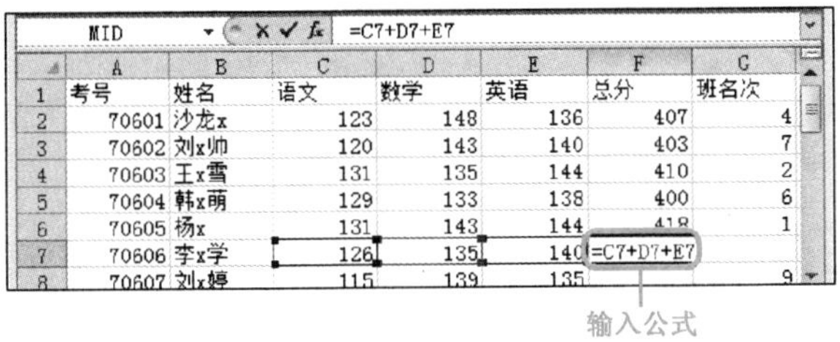

图 2-25

02 在单元格内输入公式

在 F7 单元格内输入公式"= C7 + D7 + E7"，如图 2-26 所示。

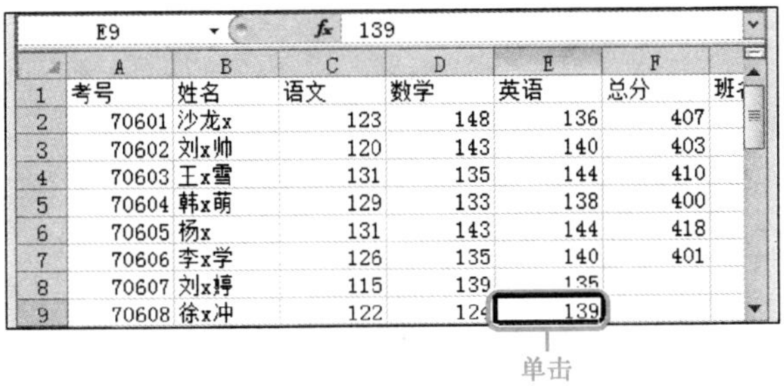

图 2-26

03 单击其他单元格

单击工作表中除 F7 外的任意单元格，如图 2-27 所示。

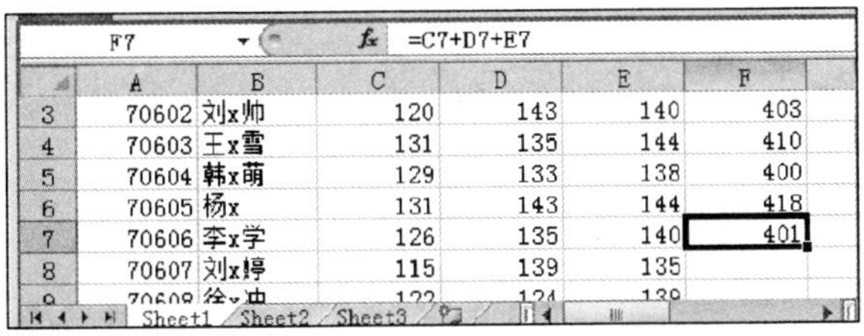

图 2-27

04 完成在单元格中输入公式的操作

通过以上方法即可完成在单元格中输入公式的操作，效果如图 2-28 所示。

图 2-28

2.4.2　修改公式

在 Excel 2010 工作表中，如果错误地输入了公式，可以在编辑栏中将其修改为正确的公式，下面介绍具体操作方法。

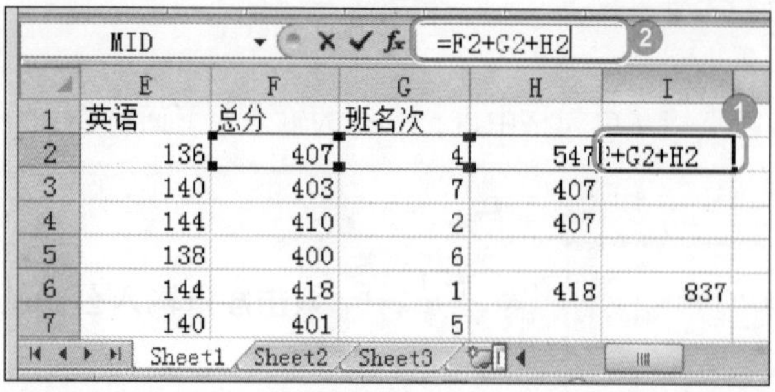

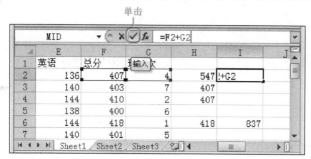

图 2-29

No1 选择准备修改公式的单元格。

No2 单击编辑栏文本框，使包含公式的单元格显示为选中状态，如图 2-29 所示。

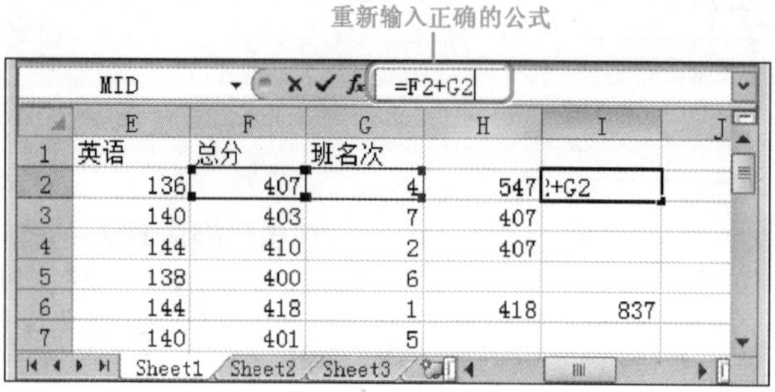

重新输入正确的公式

图 2-30

02 重新输入正确的公式

使用【Backspace】键删除错误的公式，然后重新输入正确的公式，如图 2-30 所示。

单击

图 2-31

03 单击编辑栏中的【输入】按钮

正确的公式输入完成后，单击编辑栏中的【输入】按钮，如图 2-31 所示。

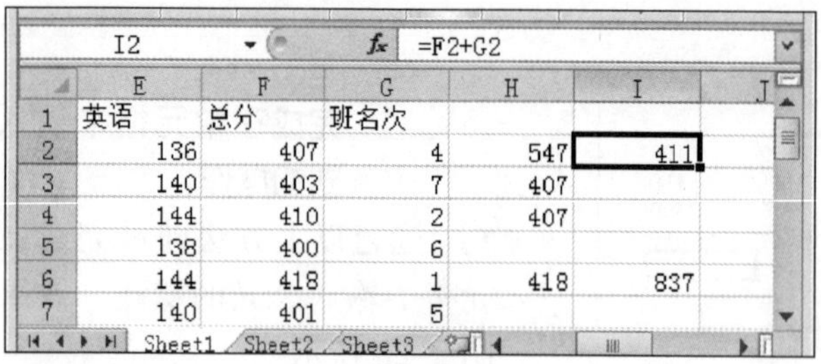

图 2-32

04 完成修改公式的操作

可以看到正确公式所表达的数值显示在单元格内，这样即可完成修改公式的操作，如图 2-32 所示。

2.4.3 公式的复制与移动

在 Excel 2010 工作表中可以将指定的单元格及其所有属性移动或者复制到其他目标单元格，下面分别详细介绍复制和移动公式的操作方法。

1. 复制公式

复制公式是把公式从一个单元格复制到另一个单元格，原单元格中包含的公式仍被保留，下面介绍复制公式的操作方法。

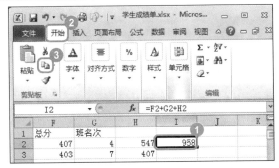

图 2-33

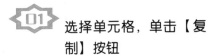 **选择单元格，单击【复制】按钮**

No1 选择准备复制公式的单元格。

No2 选择【开始】选项卡。

No3 单击【剪贴板】组中的【复制】按钮，如图 2-33 所示。

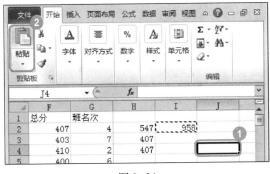

图 2-34

02 选择单元格，单击【粘贴】按钮

No1 选择准备粘贴公式的目标单元格，如 J4 单元格。

No2 单击【剪贴板】组中的【粘贴】按钮，如图 2-34 所示。

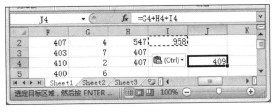

图 2-35

03 完成复制公式的操作

通过以上方法即可完成复制公式的操作，如图 2-35 所示。

 教你一招

通过填充柄复制公式

选择准备复制公式的单元格，然后将鼠标指针移动到已选单元格右下角的填充柄上，单击并拖动鼠标至目标位置，即可完成通过填充柄复制公式的操作。鼠标指针变为"+"字形。

2. 移动公式

移动公式是把公式从一个单元格移动到另一个单元格，原单元格中包含的公式不被保留，下面介绍移动公式的操作方法。

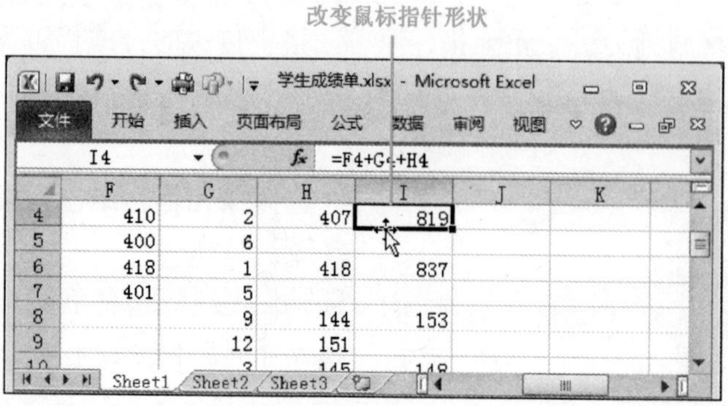

改变鼠标指针形状

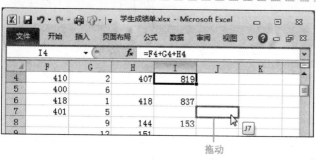

图 2-36

01 将鼠标指针变为 ⊕ 形状

No1 选择准备移动公式的单元格。

No2 将鼠标指针移动到单元格的边框上，鼠标指针会变为 ⊕ 形，如图 2-36 所示。

图 2-37

02 将单元格公式拖拽至目标单元格

按住鼠标左键将单元格公式拖拽至目标单元格，例如 J7 单元格，如图 2-37 所示。

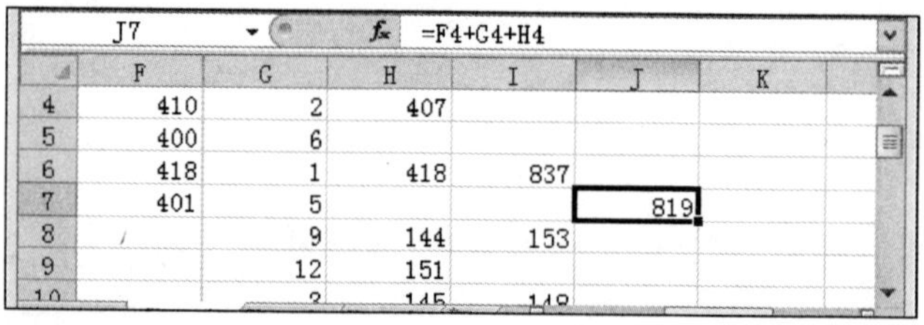

拖动

图 2-38

03 完成移动公式的操作

释放鼠标左键，这样即可完成移动公式的操作，如图 2-38 所示。

知识精讲

在 Excel 2010 工作表中，公式中使用的是相对引用的单元格，复制公式中引用的单元格将随着目标单元格位置的变化而发生变化，如果不希望引用的单元格发生变化，那么应使用绝对引用单元格。

2.4.4 公式的显示与隐藏

为了不让其他人看到某个计算结果的公式，可以隐藏该公式。选择隐藏公式后的单元格，其中的公式也不会显示在编辑栏中，下面将详细介绍公式的显示与隐藏的操作方法。

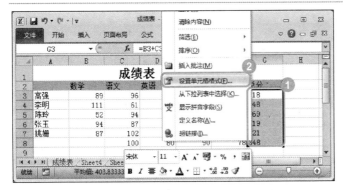

图 2-39

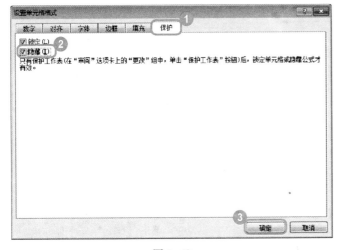

图 2-40

图 2-41

01 选择【设置单元格格式】菜单项

No 1 选择要隐藏公式的单元格或单元格区域。

No 2 右键单击选择的区域，在弹出的快捷菜单中选择【设置单元格格式】菜单项，如图 2-39 所示。

02 选择【隐藏】复选框

No 1 弹出【设置单元格格式】对话框，选择【保护】选项卡。

No 2 选择【隐藏】复选框。

No 3 单击【确定】按钮 ，如图 2-40 所示。

举一反三

可以单击【开始】选项卡中【对齐方式】组右下角的【启动器】按钮打开【设置单元格格式】对话框。

03 单击【更改】组中的【保护工作表】按钮

No 1 返回到工作表界面中，选择【审阅】选项卡。

No 2 单击【更改】组中的【保护工作表】按钮 ，如图 2-41 所示。

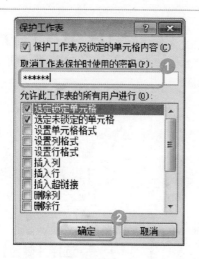

图 2-42

04 弹出对话框，输入密码

No1 弹出【保护工作表】对话框，在【取消工作表保护时使用的密码】文本框中输入密码。

No2 单击【确定】按钮 确定 ，如图 2-42 所示。

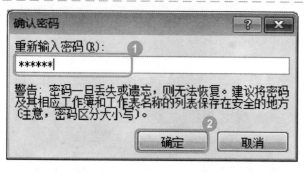

图 2-43

05 弹出对话框，再次输入密码

No1 弹出【确认密码】对话框，在【重新输入密码】文本框中再次输入刚才的密码。

No2 单击【确定】按钮 确定 ，如图 2-43 所示。

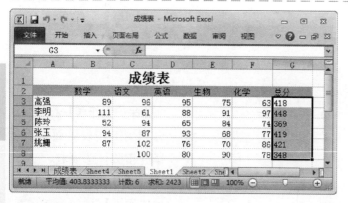

图 2-44

06 完成公式的隐藏

在 Excel 工作表中，选择刚才设置的包含公式的单元格，此时在编辑栏中将不显示其相应的公式，这样即可完成隐藏公式的操作，如图 2-44 所示。

知识精讲

如果需要显示隐藏的公式，则需要首先撤销对工作表的保护，然后在【设置单元格格式】对话框的【保护】选项卡中取消选择【隐藏】复选框。

2.4.5 删除公式

如果用户在处理数据的时候只需保留单元格内的数值，而不需要保留公式格式，可以将公式删除，下面介绍删除单个单元格公式和删除多个单元格公式的方法。

1. 删除单个单元格公式

在 Excel 2010 工作表中，如果用户需要删除单个单元格中的公式，可以使用键盘上的【F9】键完成，下面详细介绍操作方法。

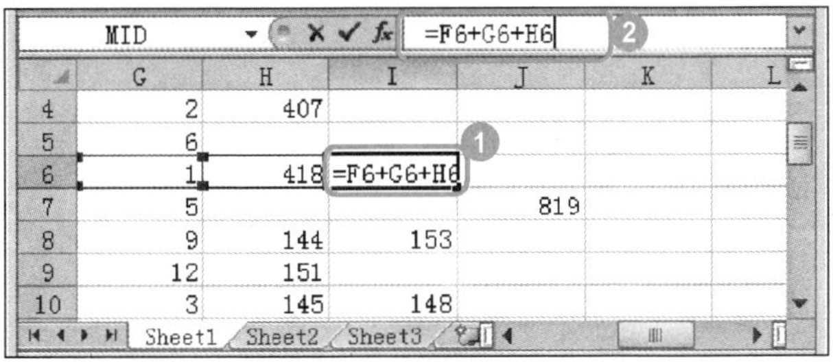

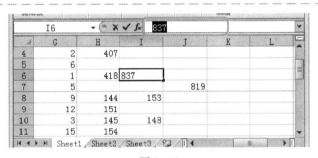

图 2-45

01 选择准备删除公式的单元格

No1 选择准备删除公式的单元格。

No2 单击编辑栏文本框，使包含公式的单元格显示为选中状态，如图 2-45 所示。

图 2-46

02 按键盘上的【F9】键

按下键盘上的【F9】键，可以看到选中的单元格中的公式已经被删除，这样即可完成删除单个单元格公式的操作，如图 2-46 所示。

2. 删除多个单元格公式

在 Excel 2010 工作表中，还可以对多个单元格同时进行公式删除，下面详细介绍删除多个单元格公式的操作。

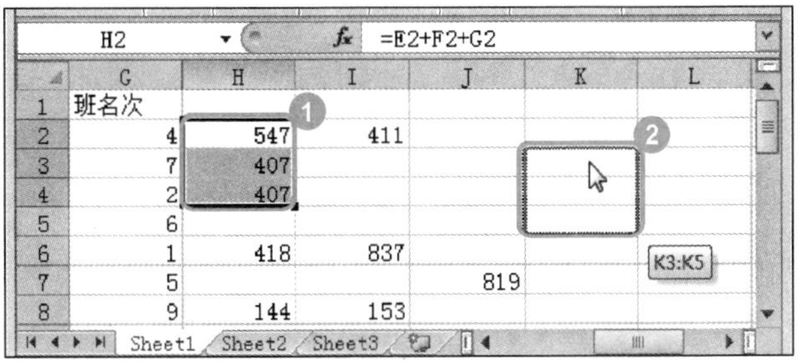

图 2-47

01 选择准备删除公式的多个单元格

No1 选择准备删除公式的多个单元格。

No2 使用鼠标左键将选中的多个单元格移动到空白处，如图 2-47 所示。

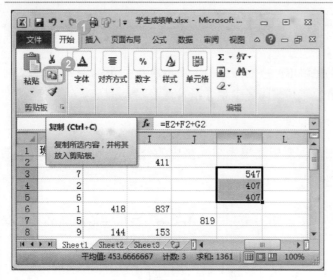

图 2-48

02 单击【剪贴板】组中的【复制】按钮

No1 选择【开始】选项卡。

No2 单击【剪贴板】组中的【复制】按钮，如图 2-48 所示。

举一反三

用户也可以直接按下键盘上的【Ctrl】+【C】组合键进行复制。

图 2-49

03 选中之前所在的单元格位置，选择【值】菜单项

No1 选中多个单元格之前所在的单元格位置。

No2 单击【剪贴板】组中的【粘贴】下拉按钮。

No3 在弹出的下拉菜单中选择【值】菜单项，如图 2-49 所示。

图 2-50

04 完成删除多个单元格公式的操作

可以看到选中的多个单元格中包含的公式已经被删除，通过以上方法即可完成删除多个单元格公式的操作，如图 2-50 所示。

2.5 函数的结构和种类

本节导读

在 Excel 2010 中，可以使用内置函数对数据进行分析和计算，使用函数计算数据的方式与公式计算数据的方式大致相同，函数的使用不仅简化了公式，而且节省了时间，从而提高了工作效率。本节将详细介绍有关函数的基础知识。

2.5.1 函数的结构

在 Excel 中使用公式可以完成各种计算，但是对于一些复杂的运算如果使用函数将会更加简便，而且便于理解。所谓函数是指在 Excel 中包含的许多预定义的公式。函数也是一种公式，可以进行简单或复杂的计算，是公式的组成部分，它可以像公式一样直接输入。不同的是，函数使用一些称为参数的特定数值（每一个函数都有其特定的语法结构、参数类型等）按特定的顺序或结构进行计算。

使用函数可以提高工作效率，例如在工作表中常用的 SUM 函数用于对单元格区域进行求和运算。虽然可以通过创建公式 "＝B3＋C3＋D3＋E3＋F3＋G3" 来计算单元格中的数值的总和，但是利用函数可以编写更加简短的完成同样功能的公式，即 "＝SUM（B3:G3）"。

在 Excel 2010 中，调用函数时需要遵守 Excel 对于函数所制定的语法结构，否则将会产生语法错误，函数的语法结构由等号、函数名称、括号、参数组成，下面详细介绍其组成部分，如图 2-51 所示。

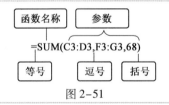

图 2-51

➢ 等号：函数一般以公式的形式出现，必须在函数名称前面输入 "＝" 号。

➢ 函数名称：用来标识调用功能函数的名称。

➢ 参数：参数可以是数字、文本、逻辑值和单元格引用，也可以是公式或其他函数。

➢ 括号：用来输入函数参数，各参数之间需要用逗号（必须是半角状态下的逗号）隔开。

➢ 逗号：各参数之间用来表示间隔的符号。

2.5.2 函数的种类

Excel 函数一共有 11 类，分别是数据库函数、日期与时间函数、工程函数、财务函数、信息函数、逻辑函数、查询和引用函数、数学和三角函数、统计函数、文本函数以及用户自定义函数，下面分别详细介绍。

1. 数据库函数

当需要分析数据清单中的数值是否符合特定条件时可以使用数据库工作表函数。例如，在一个包含销售信息的数据清单中可以计算出所有销售数值大于1000且小于2500的行或记录的总数。

Microsoft Excel 中共有12个工作表函数用于对存储在数据清单或数据库中的数据进行分析，这些函数的统一名称为"Dfunctions"，也称为"D函数"，每个函数均有3个相同的参数，即"database""field"和"criteria"。这些参数指向数据库函数所使用的工作表区域。

其中，参数 database 为工作表上包含数据清单的区域，参数 field 为需要汇总的列的标志，参数 criteria 为工作表上包含指定条件的区域。

2. 日期与时间函数

顾名思义，通过日期与时间函数可以在公式中分析和处理日期的值和时间的值。

3. 工程函数

工程函数用于工程分析，这类函数大致可以分为3种类型，即对复数进行处理的函数、在不同的数制（如十进制、十六进制、八进制和二进制）间进行数值转换的函数、在不同的度量系统中进行数值转换的函数。

4. 财务函数

使用财务函数可以进行一般的财务计算，如确定贷款的支付额、投资的未来值或净现值，以及债券或息票的价值。财务函数中常见的参数如表2-6所示。

表2-6　财务函数中常见的参数

财务函数的常见参数	作　　用
未来值（fv）	在所有付款发生后的投资或贷款的价值
期间数（nper）	投资的总支付期间数
付款（pmt）	对于一项投资或贷款的定期支付数额
现值（pv）	在投资期初的投资或贷款的价值
利率（rate）	投资或贷款的利率或贴现率
类型（type）	付款期间内进行支付的间隔，如在月初或月末

5. 信息函数

信息函数包含一组称为 IS 的工作表函数，在单元格满足条件时返回 TRUE。例如，如果单元格中包含一个偶数值，ISEVEN 工作表函数返回 TRUE。

如果需要确定某个单元格区域中是否存在空白单元格，可使用 COUNTBLANK 工作表函数对单元格区域中的空白单元格进行计数，或者使用 ISBLANK 工作表函数确定区域中的某个单元格是否为空。

6. 逻辑函数

使用逻辑函数可以进行真假值判断，或者进行复合检验。例如，可以使用 IF 函数确定条件是真还是假，并由此返回不同的数值。

7. 查找和引用函数

当需要在数据清单或表格中查找特定数值或者需要查找某一单元格的引用时，可以使用查询和引用工作表函数。例如，如果需要在表格中查找与第一列中的值相匹配的数值，可以使用 VLOOKUP 工作表函数。

8. 数学和三角函数

通过数学和三角函数可以处理简单的计算。例如对数字取整、计算单元格区域中的数值总和或复杂计算。

9. 统计函数

统计工作表函数用于对数据区域进行统计分析。例如，统计工作表函数可以提供由一组给定值绘制出的直线的相关信息，如直线的斜率和 Y 轴截距，或构成直线的实际点数值。

10. 文本函数

通过文本函数可以在公式中处理文字串。例如可以改变大小写或确定文字串的长度，可以将日期插入文字串或连接在文字串上。下面的公式为一个示例，借以说明如何使用函数 TODAY 和函数 TEXT 来创建一条信息，该信息包含着当前日期并将日期以 "dd – mm – yy" 的格式表示。

11. 用户自定义函数

如果要在公式或计算中使用特别复杂的计算，而工作表函数又无法满足需要，则需要创建用户自定义函数，这些函数称为用户自定义函数，可以通过使用 Visual Basic for Applications 来创建。

Section
2.6 输入函数的方法

专家导读

在 Excel 2010 中输入函数的方法也有多种，用户可以像输入公式一样直接在单元格或编辑栏中输入，也可以通过"插入函数"对话框选择需要输入的函数，本节将介绍输入函数方面的相关知识。

2.6.1 直接输入函数

如果用户知道 Excel 中某个函数的使用方法或含义，可以直接在单元格或编辑栏中进行输入。与输入公式相同，输入函数首先在单元格中输入"＝"，然后输入函数的主体，最后在括号中输入参数，在输入的过程中还可以根据参数工具提示保证参数输入的正确性，下面将详细介绍直接输入函数的操作方法。

图 2-52

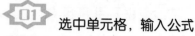

01 选中单元格，输入公式

No1　选中准备输入函数的单元格。

No2　在编辑栏中输入公式"＝SUM(F7:F12)"。

No3　单击【输入】按钮✓，如图 2-52 所示。

图 2-53

02 完成手动输入函数的操作

此时在选中的单元格内系统自动计算出结果，通过以上方法即可完成手动输入函数的操作，如图 2-53 所示。

2.6.2　通过"插入函数"对话框输入

如果用户对 Excel 中的内置函数不熟悉，可以通过"插入函数"对话框来输入函数，因为在"插入函数"对话框中将显示用户所选择函数的说明信息，通过说明信息即可判断该函数的类型以及作用，下面将详细介绍其操作方法。

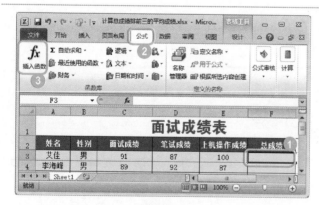

图 2-54

01 单击【插入函数】按钮

No1　选中准备输入函数的单元格。

No2　选择【公式】选项卡。

No3　单击【函数库】组中的【插入函数】按钮 fx，如图 2-54 所示。

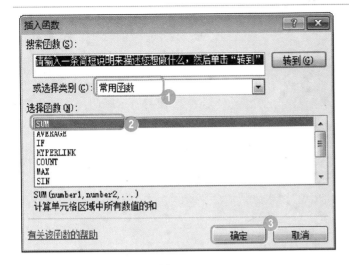

图 2-55

02 选择准备应用的函数

No1　弹出【插入函数】对话框，在【或选择类别】下拉列表中选择【常用函数】选项。

No2　在【选择函数】列表框中选择准备应用的函数，例如"SUM"。

No3　单击【确定】按钮 确定，如图 2-55 所示。

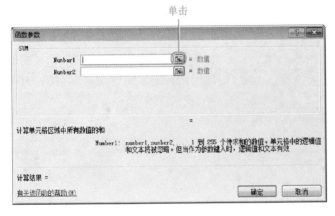

图 2-56

03 弹出对话框，单击【压缩】按钮

弹出【函数参数】对话框，在【SUM】区域中单击【Number1】文本框右侧的【压缩】按钮，如图 2-56 所示。

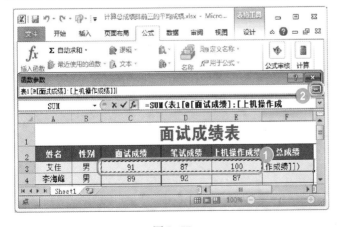

图 2-57

04 选中准备求和的单元格区域

No1　返回到工作表界面，在工作表中选中准备求和的单元格区域。

No2　单击【函数参数】对话框右侧的【展开】按钮，如图 2-57 所示。

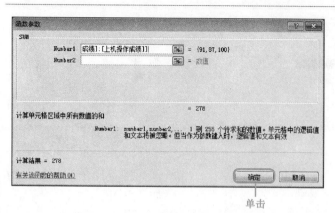

图 2-58

05 返回对话框，单击【确定】按钮

在【函数参数】对话框中可以看到在【Number1】文本框中已经选择好了公式计算区域，单击【确定】按钮 确定 ，如图 2-58 所示。

	A	B	C	D	E	F
1	**面试成绩表**					
2	姓名	性别	面试成绩	笔试成绩	上机操作成绩	总成绩
3	艾佳	男	91	87	100	278
4	李海峰	男	89	92	87	268
5	钱堆堆	男	81	90	93	264
6	汪恒	男	79	84	94	257
7	陈小利	男	83	79	99	261
8	欧阳明	男	92	95	91	278
9	高慈	女	87	96	83	266
10	李有煜	女	83	89	88	260
11	周鹏	女	83	91	95	269

F3 =SUM(表1[@[面试成绩]:[上机操作成绩]])

图 2-59

06 选择准备应用的函数

返回到工作表界面，可以看到选中的单元格已经计算出了结果，并且在编辑栏中已经输入了函数，通过以上方法即可完成使用插入函数向导输入函数的操作，如图 2-59 所示。

Section **2.7** 定义和使用名称

本节导读

使用名称可以使公式更加容易理解和维护，用户可为单元格区域、函数、常量或表格定义名称，一旦采用了在工作簿中使用名称的做法，便可轻松地更新、审核和管理这些名称，本节将详细介绍定义和使用名称的相关知识及操作方法。

2.7.1 定义名称

在 Excel 2010 中用户可以通过 3 种方法来定义单元格或单元格区域的名称，下面将分别详细介绍几种定义名称的方法。

1. 使用【名称框】定义名称

在 Excel 2010 中用户可以直接使用工作表中的【名称框】快速地为需要定义名称的单

元格或单元格区域定义名称，下面将具体介绍使用【名称框】定义名称的操作方法。

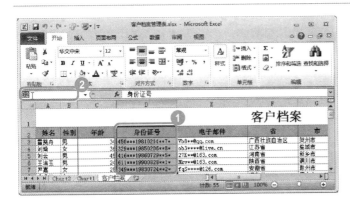

图 2-60

01 选中准备创建名称的单元格区域

No1　选中准备创建名称的单元格区域。

No2　拖动鼠标将光标移动到【名称框】中，然后单击进入编辑状态，如图 2-60 所示。

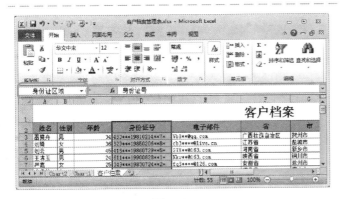

图 2-61

02 在【名称框】文本框中输入准备定义的名称

　　在【名称框】文本框中输入准备定义的名称，如输入"身份证区域"，按下键盘上的【Enter】键即可完成定义名称的操作，如图 2-61 所示。

2. 使用【定义名称】按钮定义名称

　　在 Excel 2010 中除了可以使用【名称框】定义单元格名称外，用户还可以使用【定义名称】按钮 定义名称定义名称。

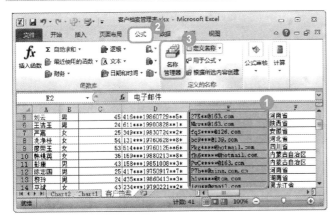

图 2-62

01 单击【定义的名称】组中的【定义名称】按钮

No1　选中准备创建名称的单元格区域。

No2　选择【公式】选项卡。

No3　单击【定义的名称】组中的【定义名称】按钮 定义名称，如图 2-62 所示。

图 2-63

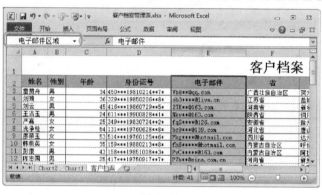

图 2-64

02 弹出对话框，输入准备定义的名称

No1 弹出【新建名称】对话框，在【名称】文本框中输入准备定义的名称，如输入"电子邮件区域"。

No2 单击【确定】按钮 确定，如图 2-63 所示。

03 完成使用【定义名称】按钮定义名称的操作

可以看到选择的单元格区域已被定义名称为"电子邮件区域"，通过以上步骤即可使用【定义名称】按钮定义名称，如图 2-64 所示。

3. 使用【名称管理器】定义名称

在 Excel 2010 中用户还可以使用【名称管理器】定义名称，下面将具体介绍使用【名称管理器】定义名称的操作方法。

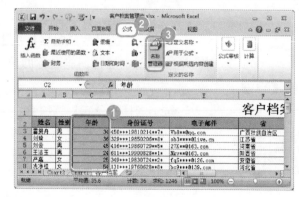

图 2-65

01 在【定义的名称】组中单击【名称管理器】按钮

No1 选中准备创建名称的单元格区域。

No2 选择【公式】选项卡。

No3 在【定义的名称】组中单击【名称管理器】按钮，如图 2-65 所示。

单击

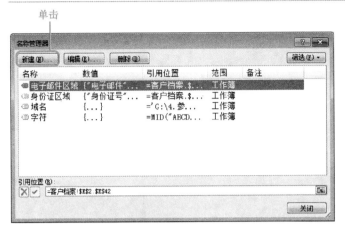

图 2-66

02 弹出对话框，单击【新建】按钮

弹出【名称管理器】对话框，在工作区中间会列出已定义的名称，单击对话框左上角的【新建】按钮，如图 2-66 所示。

图 2-67

03 弹出对话框，输入准备定义的名称

No1　弹出【新建名称】对话框，在【名称】文本框中输入准备命名单元格区域的名称，如 "年龄区域。

No2　单击【确定】按钮，如图 2-67 所示。

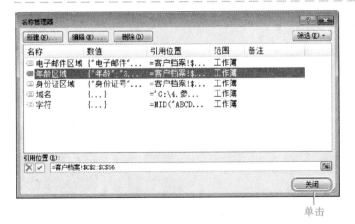

图 2-68

04 返回对话框，单击【关闭】按钮

返回【名称管理器】对话框，此时对话框中出现了刚命名的单元格区域名称——年龄区域，单击对话框右下角的【关闭】按钮，如图 2-68 所示。

单击

图 2-69

05 完成使用【名称管理器】定义名称的操作

返回工作表界面中，可以看到选择的单元格区域已被定义名称为"年龄区域"，通过上述方法即可完成使用【名称管理器】定义名称的操作，如图 2-69 所示。

2.7.2 根据所选内容一次性定义多个名称

用户可以一次性定义多个名称，但在这种方式下只能使用工作表中默认的行标识或列标识作为名称，下面具体介绍其操作方法。

图 2-70

01 单击【根据所选内容创建】按钮

No1 选中准备创建名称的单元格区域。

No2 选择【公式】选项卡。

No3 在【定义的名称】组中单击【根据所选内容创建】按钮，如图 2-70 所示。

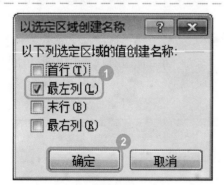

图 2-71

02 选择作为标记命名的复选框

No1 弹出【以选定区域创建名称】对话框，在【以下列选定区域的值创建名称】区域中选择作为标记命名的复选框。

No2 单击【确定】按钮，如图 2-71 所示。

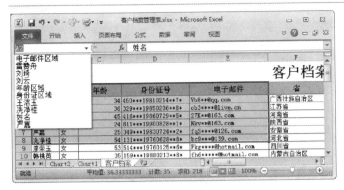

图 2-72

03 完成根据所选内容一次性定义多个名称的操作

完成设置后，在【名称框】下拉列表中可以看到一次性定义的多个名称，这样即可完成根据所选内容一次性定义多个名称的操作，如图 2-72 所示。

2.7.3 让定义的名称只应用于当前工作表

定义只适用于某张工作表的名称（即工作表级的名称）是可以实现的，而且在工作中经常需要使用这种方式进行定义，下面将介绍其操作方法。

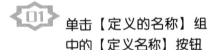

图 2-73

01 单击【定义的名称】组中的【定义名称】按钮

No1 选中准备定义名称的单元格区域。

No2 选择【公式】选项卡。

No3 单击【定义的名称】组中的【定义名称】按钮 ，如图 2-73 所示。

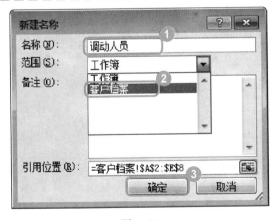

图 2-74

02 弹出对话框，设置相关内容

No1 弹出【新建名称】对话框，在【名称】文本框中输入准备应用的名称，如"调动人员"。

No2 单击【范围】下拉按钮，选择【客户档案】选项。

No3 单击【确定】按钮 ，如图 2-74 所示。

图 2-75

03 完成让定义的名称只应用于当前工作表的操作

返回到工作表中，可以看到选择的区域已经被定义为"调动人员"名称，并且此名称只应用于当前工作表（即"客户档案"），如图 2-75 所示。

知识精讲

在【新建名称】对话框的【引用位置】文本框中，如果使用默认选中的单元格的位置，系统会使用绝对引用；如果在文本框中输入的是公式或者函数，则会使用相对引用。

Section

2.8 实践案例与上机操作

本节导读

通过本章的学习，读者可以掌握 Excel 公式与函数基础方面的知识，下面通过几个实践案例进行上机操作，以达到巩固学习、拓展提高的目的。

2.8.1 引用当前工作簿其他工作表的单元格

在引用当前工作簿其他工作表的单元格时需要在单元格引用地址前面加上工作表和一个感叹号（!）。例如，"Sheet3! B2:D4"表示引用 Sheet3 工作表中的 B2:D4 单元格区域，下面将详细介绍引用当前工作簿其他工作表的单元格的操作方法。

图 2-76

01 选择单元格，输入"="

No1 选择 Sheet1 工作表。

No2 选择要在其中输入公式的单元格。

No3 在编辑栏中输入"="，如图 2-76 所示。

图 2-77

02 选择另一个工作表，输入公式

No1　选择 Sheet2 工作表。

No2　在该工作表中选择准备进行引用的单元格，如选择 B3 单元格，输入加号，选择 C3 单元，再输入加号，选择 D3 单元格。

No3　单击【输入】按钮☑，如图 2-77 所示。

图 2-78

03 完成引用当前工作簿其他工作表的单元格的操作

返回到 Sheet1 工作表中，可以看到编辑栏中显示的公式为"= Sheet2!B3 + Sheet2!C3 + Sheet2!D3"，这样即可完成引用当前工作簿其他工作表的单元格的操作，如图 2-78 所示。

知识精讲

在 Excel 中单元格引用和相应的单元格的边框会用颜色进行标记，以使其更加易于处理。

2.8.2　引用其他工作簿中的单元格

使用 Excel 2010，用户还可以引用其他工作簿中的单元格。例如在处理一些复杂工作时可能需要对多个工作簿的数据进行引用，下面将详细介绍引用其他工作簿中的单元格的操作方法。

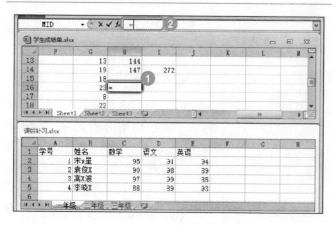

图 2-79

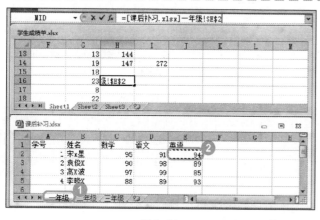

图 2-80

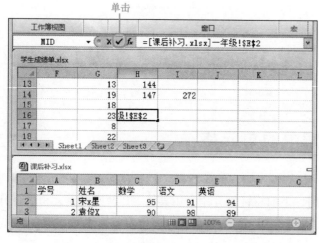

图 2-81

01 打开两个工作簿，输入"="

No1 分别打开两个工作簿，例如打开"学生成绩单.xlsx"和"课后补习.xlsx"，然后在"学生成绩单"工作簿中单击准备引用的单元格。

No2 在编辑栏中输入"="，如图 2-79 所示。

02 选择一个工作簿，单击单元格

No1 选择"课后补习"工作簿，单击准备引用的工作表的标签。

No2 单击准备进行引用的单元格，如选择 E2 单元格，如图 2-80 所示。

03 选择另一个工作簿，单击【输入】按钮

选择"学生成绩单"工作簿，然后单击编辑栏中的【输入】按钮 ，如图 2-81 所示。

举一反三

直接按键盘上的【Enter】键也会起到【输入】按钮的作用。

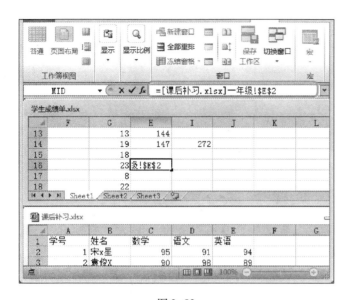

图 2-82

04 完成引用其他工作簿中单元格的操作

此时，在"学生成绩单"工作簿中可以看到编辑栏中显示的内容为"=［课后补习.xlsx］一年级！$E$2"，表示引用"课后补习"工作簿中的"一年级"工作表中的E2单元格，这样即可完成引用其他工作簿中单元格的操作，如图2-82所示。

知识精讲

在引用单元格数据后，公式的运算值将随着被引用单元格数据的变化而变化。在被引用的单元格数据被修改后，公式的运算值也将自动修改。

2.8.3 多单元格的引用

多单元格引用是将单元格内的公式引用至多个不相邻的单元格，下面详细介绍多单元格引用的操作方法。

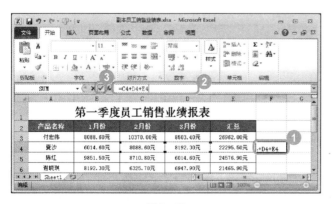

图 2-83

01 选择单元格，输入公式

No1 选择准备多单元格引用的单元格，如F4单元格。

No2 在编辑栏中输入公式"=C4＋D4＋E4"。

No3 单击【输入】按钮☑，如图2-83所示。

单击

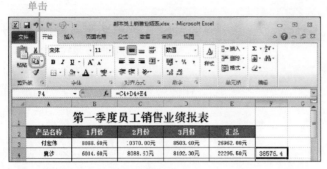

图 2-84

02 单击【剪贴板】组中的【复制】按钮

此时在已经选中的单元格中系统会自动计算出结果，单击【剪贴板】组中的【复制】按钮，如图 2-84 所示。

图 2-85

03 选择多个单元格，单击【粘贴】按钮

No1 按住键盘上的【Ctrl】键，选择准备粘贴引用公式的多个单元格。

No2 在【剪贴板】组中单击【粘贴】按钮，如图 2-85 所示。

	第一季度员工销售业绩报表				
	1月份	2月份	3月份	汇总	
3	8088.60元	10370.00元	8503.40元	26962.00元	35465.4
4	6014.60元	8088.60元	8192.30元	22295.50元	38576.4	69064.2
5	9851.50元	8710.80元	6014.60元	24576.90元	30591.5
6	8192.30元	6325.70元	6947.90元	21465.90元	28413.8

图 2-86

04 完成多单元格引用的操作

通过以上方法即可完成多单元格引用的操作，如图 2-86 所示。

 教你一招

用户自定义函数

如果要在公式中使用特别复杂的计算，而工作表函数又无法提供相应的功能，则用户可以自己创建这些函数，称为用户自定义函数。自定义函数需要使用 Excel 提供的 Visual Basic Application（VBA）代码进行编写。

2.8.4 使用"函数库"组中的功能按钮插入函数

在 Excel 2010"函数库"组中将函数分成几个大的类别，单击任意类别下拉按钮，即可在下拉列表中选择准备使用的函数，下面详细介绍使用"函数库"组中的功能按钮插入函数的操作方法。

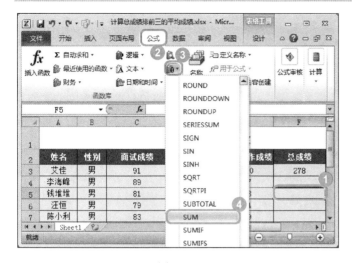

图 2-87

01 选择准备应用的函数列表项

No1 选中准备输入函数的单元格。

No2 选择【公式】选项卡。

No3 单击【函数库】组中的【数字和三角函数】下拉按钮。

No4 在弹出的下拉列表中选择准备应用的函数列表项，如图 2-87 所示。

图 2-88

02 弹出对话框，单击【压缩】按钮

弹出【函数参数】对话框，在【SUM】区域中单击【Number1】文本框右侧的【压缩】按钮，如图 2-88 所示。

图 2-89

03 选中准备求和的单元格区域

No1 返回到工作表界面，选择准备求和的单元格区域。

No2 单击【函数参数】对话框中右侧的【展开】按钮，如图 2-89 所示。

图 2-90

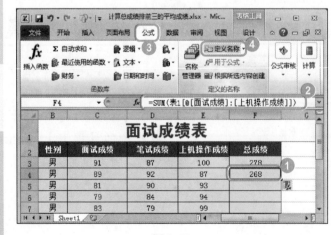

图 2-91

04 返回对话框，单击【确定】按钮

返回到【函数参数】对话框，可以看到在【Number1】文本框中已经选择好了公式计算区域，单击【确定】按钮 ____确定___，如图 2-90 所示。

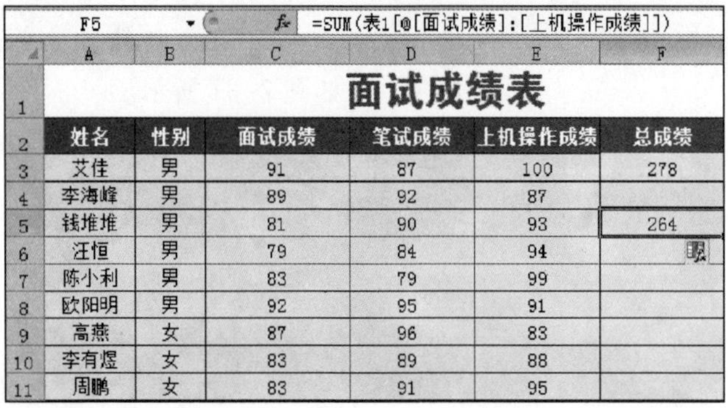

05 完成插入函数的操作

返回工作表中，可以看到选中的单元格已经计算出了结果，并且在编辑栏中已经输入了函数，这样即可使用"函数库"组中的功能按钮插入函数，如图 2-91 所示。

2.8.5 将公式定义为名称

使用 Excel 中的定义名称功能还可以将公式定义为名称，方便用户再次输入，但其方法与定义普通单元格的方法有所区别，下面介绍将公式定义为名称的方法。

图 2-92

01 单击【定义名称】按钮

| No1 | 选中准备定义公式名称的单元格。 |

| No2 | 在键盘上按【Ctrl】+【C】组合键，复制编辑栏中的公式。 |

| No3 | 选择【公式】选项卡。 |

| No4 | 单击【定义的名称】组中的【定义名称】按钮 ___定义名称___，如图 2-92 所示。 |

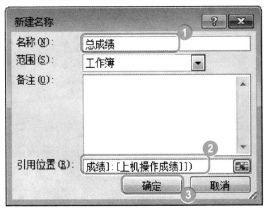

图 2-93

02 设置公式名称与引用位置

No1 弹出【新建名称】对话框，在【名称】文本框中输入准备使用的公式名称。

No2 在【引用位置】区域中粘贴刚刚复制的公式。

No3 单击【确定】按钮 确定 ，如图 2-93 所示。

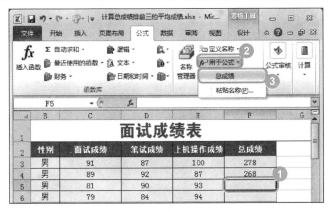

图 2-94

03 选择新建的公式名称

No1 返回工作表中，选择准备使用公式的单元格。

No2 在【定义的名称】组中单击【用于公式】下拉按钮 用于公式 。

No3 在弹出的下拉菜单中选择新建的公式名称"总成绩"，如图 2-94 所示。

图 2-95

04 显示新建的公式名称

在选中的单元格内会显示新建的公式名称，如图 2-95 所示。

图 2-96

05 完成将公式定义为名称的操作

单击任意其他单元格，系统会自动计算出结果，这样即可完成将公式定义为名称的操作，如图 2-96 所示。

2.8.6 修改函数

在 Excel 2010 工作表中,如果输入了错误的函数或者要对函数进行编辑,用户可以执行修改函数的操作,下面详细介绍修改函数的操作方法。

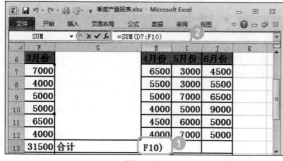

图 2-97

01 选中准备修改函数的单元格

No1 选中准备修改函数的单元格。

No2 单击编辑栏文本框,使其变为可编辑状态,如图 2-97 所示。

输入正确的函数

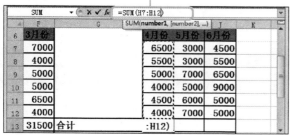

图 2-98

02 重新输入正确的函数

使用键盘上的退格键删除错误的函数,然后重新输入正确的函数,如图 2-98 所示。

单击

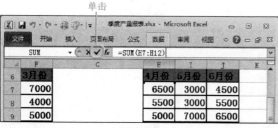

图 2-99

03 单击编辑栏中的【输入】按钮

在输入正确的函数后单击编辑栏中的【输入】按钮☑,如图 2-99 所示。

图 2-100

04 完成修改函数的操作

可以看到正确函数所表达的数值显示在单元格内,这样即可完成修改函数的操作,如图 2-100 所示。

第 3 章
公式审核与错误处理

本章内容导读

本章主要介绍了审核公式和公式返回错误及解决办法方面的知识，同时讲解了处理公式中常见的错误，在本章的最后还针对实际的工作需要讲解了一些实例的上机操作。通过本章的学习，读者可以掌握公式审核与错误处理方面的知识，为进一步学习 Excel 2010 公式·函数·图表与数据分析的相关知识奠定了基础。

本章知识要点

☑ 审核公式
☑ 公式返回错误及解决办法
☑ 处理公式中常见的错误

3.1 审核公式

在使用公式进行计算时经常会出现一些问题，为了使公式能够正常计算，需要采取一些措施来解决这些问题，利用 Excel 2010 提供的审核功能可以检查出工作表与单元格之间的关系，并找到错误原因，本节将详细介绍审核公式方面的相关知识及操作方法。

3.1.1 使用公式错误检查功能

在一个较大的工程中查找公式的错误是比较难的，使用公式错误检查功能可以快速地查找出工作表内存在的错误，以方便修改为正确的公式，下面详细介绍使用公式错误检查功能的操作方法。

图 3-1

01 单击【错误检查】按钮

No1 打开需要使用公式错误检查功能的工作表，选择【公式】选项卡。

No2 在【公式审核】组中单击【错误检查】按钮，如图 3-1 所示。

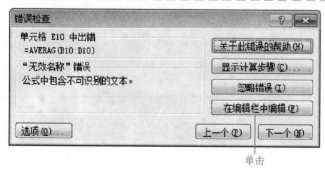

图 3-2

02 单击【在编辑栏中编辑】按钮

弹出【错误检查】对话框，单击【在编辑栏中编辑】按钮，如图 3-2 所示。

图 3-3

输入公式，单击【继续】按钮

No1 编辑栏文本框显示为可编辑状态，输入正确的公式。

No2 单击【错误检查】对话框中的【继续】按钮 继续(R)，如图 3-3 所示。

图 3-4

04 **完成使用公式错误检查功能的操作**

弹出【Microsoft Excel】对话框，提示"已完成对整个工作表的错误检查"信息，单击【确定】按钮，通过以上方法即可完成使用公式错误检查功能的操作，如图 3-4 所示。

知识精讲

如果用户不能直观地看出错误的准确位置，可以在打开的【错误检查】对话框中单击【显示计算步骤】按钮 显示计算步骤(C)，系统将弹出【公式求值】对话框，会提示用户相关的错误信息。

3.1.2 添加追踪箭头追踪引用和从属单元格

在 Excel 2010 中可以追踪公式中引用的单元格并以箭头的形式标识引用的单元格，追踪单元格可分为追踪引用单元格和追踪从属单元格两种类型，如果不需要使用追踪单元格还可以将其删除，下面将分别详细介绍。

1. 追踪引用单元格

追踪引用单元格是使用箭头形式指出影响当前所选单元格值的所有单元格，下面详细介绍使用追踪引用单元格的操作方法。

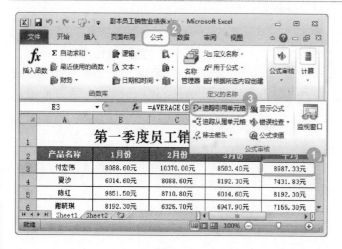

图 3-5

单击【追踪引用单元格】按钮

No1 选择任意包含公式的单元格。

No2 选择【公式】选项卡。

No3 在【公式审核】组中单击【追踪引用单元格】按钮 追踪引用单元格，如图 3 - 5 所示。

图 3-6

02 **完成追踪引用单元格的操作**

系统会自动以箭头的形式指出影响当前所选单元格值的所有单元格，这样即可完成追踪引用单元格的操作，如图 3-6 所示。

2. 追踪从属单元格

追踪从属单元格是指在追踪引用单元格的基础上再进行追踪，下面将详细介绍追踪从属单元格的操作方法。

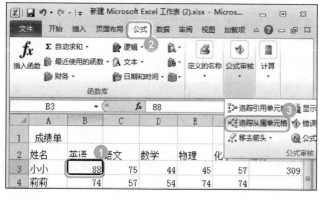

图 3-7

01 **单击【追踪从属单元格】按钮**

No1 单击任意一个被公式包含的单元格。

No2 选择【公式】选项卡。

No3 在【公式审核】组中单击【追踪从属单元格】按钮 追踪从属单元格，如图 3 - 7 所示。

	A	B	C	D	E	F	G
1	成绩单						
2	姓名	英语	语文	数学	物理	化学	总分
3	小小	88	75	44	45	57	309
4	莉莉	74	57	54	74	74	
5	王刚	54	54	75	75	45	
6	李丽	84	78	21	47	78	
7	赵会	76	65	57	56	64	
8	橙橙	57	85	71	74	38	
9	周云	28	84	31	77	85	
10	周一	89	52	55	54	64	
11		216					

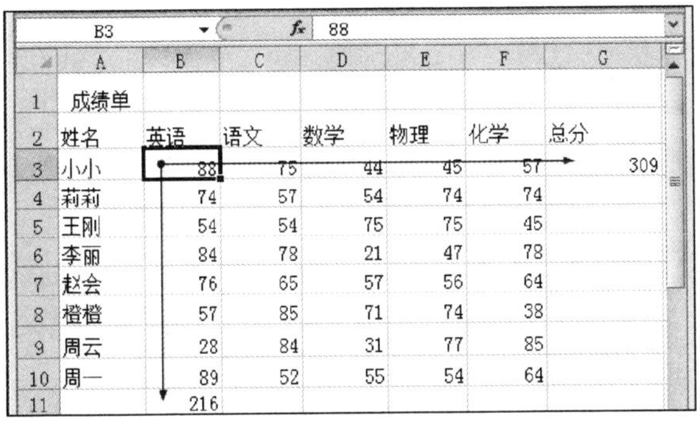

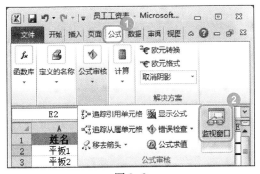

图 3-8

02 **完成追踪从属单元格的操作**

系统会自动以箭头的形式指出当前单元格被哪些单元格中的公式所引用，通过以上步骤即可完成追踪从属单元格的操作，如图 3-8 所示。

3.1.3 监视单元格内容

单元格监视一般用于追踪距离较远的单元格，例如跨工作表的单元格，下面将详细介绍使用监视单元格内容的方法。

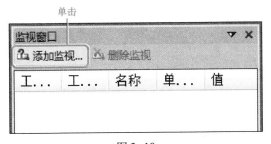

图 3-9

01 **单击【监视窗口】按钮**

№1 选择【公式】选项卡。

№2 在【公式审核】组中单击【监视窗口】按钮，如图 3-9 所示。

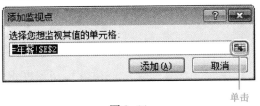

图 3-10

02 **单击【添加监视】按钮**

弹出【监视窗口】对话框，单击【添加监视】按钮 添加监视...，如图 3-10 所示。

图 3-11

03 **单击【压缩】按钮**

弹出【添加监视点】对话框，单击【压缩】按钮，如图 3-11 所示。

图 3-12

04 选择准备监视的单元格区域

No1 返回到工作表界面，在工作表中选择准备监视的单元格区域。

No2 在【添加监视点】对话框中单击【展开】按钮，如图 3-12 所示。

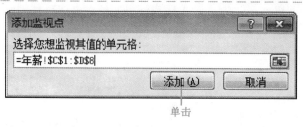

单击

图 3-13

05 返回对话框，单击【添加】按钮

返回到【添加监视点】对话框，单击【添加】按钮 添加(A)，如图 3-13 所示。

06 完成监视单元格内容的操作

在【监视窗口】对话框中将显示监视点所在的工作簿和工作表名称以及单元格地址、数据和应用的公式，这样即可完成监视单元格内容的操作，如图 3-14 所示。

图 3-14

3.1.4 定位特定类型的数据

如果准备检查工作表中的某一特定类型数据，可以通过【定位条件】对话框来进行定位，下面将详细介绍其操作方法。

图 3-15

01 打开【定位】对话框，单击【定位条件】按钮

打开准备定位特定条件的工作表，按键盘上的【F5】键，弹出【定位】对话框，单击【定位条件】按钮 定位条件(S)...，如图 3-15所示。

图 3-16

02 选择准备定位的类型

No1 弹出【定位条件】对话框，选择准备定位的类型，如选择【公式】单选按钮。

No2 单击【确定】按钮 确定 ，如图 3-16 所示。

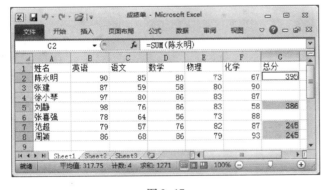

图 3-17

03 完成定位特定类型的操作

返回工作表界面，系统会自动选中当前工作表中符合指定类型的所有单元格，即选中包含公式的单元格，如图 3-17 所示。

3.1.5 使用公式求值

在计算公式的结果时，对于复杂的公式可以利用 Excel 2010 提供的公式求值命令，按计算公式的先后顺序查看公式的结果，下面详细介绍使用公式求值的操作方法。

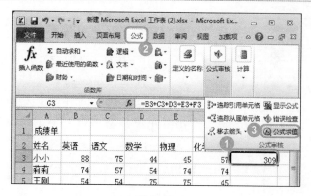

图 3-18

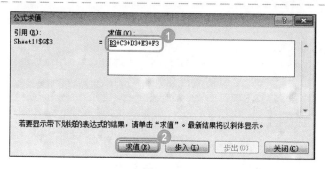

图 3-19

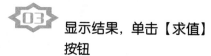

图 3-20

图 3-21

01 单击【公式求值】按钮

No1 单击准备进行公式求值的单元格。

No2 选择【公式】选项卡。

No3 在【公式审核】组中单击【公式求值】按钮，如图 3-18 所示。

02 弹出对话框，单击【求值】按钮

No1 弹出【公式求值】对话框，在【求值】文本框中将显示公式内容，其中带下划线的部分是下次将计算的部分。

No2 单击【求值】按钮，如图 3-19 所示。

03 显示结果，单击【求值】按钮

No1 弹出【公式求值】对话框，显示上次下划线的部分的计算结果"88"。

No2 单击【求值】按钮，如图 3-20 所示。

04 完成使用公式求值的操作

完成最终的计算结果后单击【关闭】按钮，即可完成使用公式求值的操作，如图 3-21 所示。

3.2 公式返回错误及解决办法

本节导读

在使用公式计算的过程中经常会因为公式输入不正确、引用参数不正确或引用数据不匹配而出现公式返回错误值的情况，如"#DIV/0!""#N/A""#NAME?""#NULL""#NUM!""#REF!""#VALUE!"和"#####"等错误值，本节将详细介绍公式返回错误的相关知识及解决方法。

3.2.1 #DIV/0! 错误及解决方法

在进行公式计算时，如果运算结果为"#DIV/0!"错误值，说明在公式中有除数为 0 或者除数为空白的单元格，如图 3-22 所示。

	A	B	C	D	E	F	G	H
1	销 量 报 表							
2	编号	姓名	性别	单价	销售额	销售量		
3	1	李×	男	0	68,200	#DIV/0!		
4	2	张×	男	124	59,520	480		
5	3	白×	男	0	80,000	#DIV/0!		
6	4	黄×	男	120	78,000	650		
7	5	王×	男	121	43,560	360		

图 3-22

解决方法是检查输入的公式中是否包含除数为 0 的情况，如果除数为一个空白单元格，则 Excel 会将其当作 0 来处理，可以通过修改该单元格的数据或单元格的引用来解决问题。

3.2.2 #N/A 错误及解决方法

在进行公式计算时，如果运算结果为"#N/A"错误值，说明其在公式中引用的数据源不正确或者不可用，此时用户需要重新引用正确的数据源，下面具体介绍解决"#N/A"错误值的方法。

本例中在使用 VLOOKUP 函数或其他查找函数查找数据时找不到匹配的值就会返回"#N/A"错误值。在公式中引用了 B10 单元格的值作为查找源，而在 A2：A7 单元格区域中找不到 B10 单元格中指定的值，所以返回了错误值，如图 3-23 所示。

	C10	▼	fx	=VLOOKUP(B10,A2:E7,5,FALSE)	
	A	B	C	D	E	F
1	员工姓名	出生日期	性别	学历	年龄	
2	蒋为明	1987/1/5	男	本科	24	
3	罗晓权	1978/6/8	男	本科	33	
4	朱蓉	1976/8/21	女	本科	35	
5	胡兵	1988/6/7	男	本科	23	
6	李劲松	1983/9/4	女	本科	28	
7	商军	1986/4/7	男	本科	25	
8						
9		员工姓名	年龄			
10		胡兵松 ⓘ	#N/A			

图 3-23

解决方法是选中 B10 单元格，将错误的员工姓名更改为正确的"胡兵"，这样即可解决"#N/A"错误值的问题，如图 3-24 所示。

	B10	▼	fx	胡兵	
	A	B	C	D	E	F
1	员工姓名	出生日期	性别	学历	年龄	
2	蒋为明	1987/1/5	男	本科	24	
3	罗晓权	1978/6/8	男	本科	33	
4	朱蓉	1976/8/21	女	本科	35	
5	胡兵	1988/6/7	男	本科	23	
6	李劲松	1983/9/4	女	本科	28	
7	商军	1986/4/7	男	本科	25	
8						
9		员工姓名	年龄			
10		胡兵	23			

图 3-24

3.2.3 #NAME? 错误及解决方法

在进行公式计算时，如果运算结果为"#NAME?"错误值，一般是因为在公式中输入了错误的函数，如图 3-25 所示。

	D2	▼	fx	=SVMSQ(A2,B2)	
	A	B	C	D	E
1	数值A	数值B	数值C	平方和	
2	1	2	ⓘ	#NAME?	
3	-2	3		13	
4	-1	-3	5	35	
5					
6					

图 3-25

产生此错误是因为输入的函数名称拼写有误，双击 D2 单元格，进入公式编辑状态，将"SVMSQ"改成"SUMSQ"，然后按下键盘上的【Enter】键即可得到正确的运算结果，从而解决该问题，如图 3-26 所示。

D2 =SUMSQ(A2,B2)

	A	B	C	D	E
1	数值A	数值B	数值C	平方和	
2	1	2		5	
3	-2	3		13	
4	-1	-3	5	35	

图 3-26

3.2.4 #NULL！错误及解决方法

在进行公式计算时，如果运算结果为“#NULL”错误值，原因是在公式中使用了不正确的区域运算符，如图 3-27 所示。

B9 =SUM(B3:B8 C3:D8 D3:D8)

	A	B	C	D	E	F
1	销 量 报 表					
2	月份	长春店	沈阳店	哈尔滨店		
3	1月销售量	500	550	480		
4	2月销售量	480	468	490		
5	3月销售量	700	720	690		
6	4月销售量	650	680	650		
7	5月销售量	360	500	650		
8	6月销售量	700	702	705		
9	总销售	#NULL!				

图 3-27

使用鼠标双击 B9 单元格，将公式“=SUM(B3:B8 C3:D8 D3:D8)”更改为“=SUM(B3:B8,C3:D8,D3:D8)”，然后按下键盘上的【Enter】键，即可得到正确的运算结果，从而解决该问题，如图 3-28 所示。

B9 =SUM(B3:B8,C3:D8,D3:D8)

	A	B	C	D	E	F
1	销 量 报 表					
2	月份	长春店	沈阳店	哈尔滨店		
3	1月销售量	500	550	480		
4	2月销售量	480	468	490		
5	3月销售量	700	720	690		
6	4月销售量	650	680	650		
7	5月销售量	360	500	650		
8	6月销售量	700	702	705		
9	总销售量	14340				

图 3-28

3.2.5 #NUM! 错误及解决方法

产生"#NUM！"错误值的原因是公式中使用的函数引用了一个无效的参数。例如求某数的算术平均值，SQRT 函数引用的 A3 单元格中的数值为负数，所以在单元格 B3 中会返回"#NUM！"错误值，如图 3-29 所示。

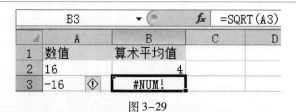

图 3-29

解决方法是正确地引用函数的参数。

3.2.6 #REF! 错误及解决方法

产生"#REF！"错误值的原因是在公式中引用了无效的单元格。在本例的 C 列中建立的公式使用了 B 列的数据，当将 B 列删除时，公式找不到可以用于计算的数据就会出现错误值"#REF！"，如图 3-30 所示。

C2		fx	=B2/SUM($B$3:$B$8)			A	B
	A	B	C	D		姓名	占总销售额比例
1	姓名	总销售额	占总销售额比例		2	蒋为明	#REF!
2	蒋为明	561	27.04%		3	罗晓权	#REF!
3	罗晓权	231	11.13%		4	朱蓉	#REF!
4	朱蓉	123	5.93%		5	胡兵	#REF!
5	胡兵	313	15.08%		6	李劲松	#REF!
6	李劲松	561	27.04%		7	商军	#REF!
7	商军	231	11.13%				

图 3-30

对于此错误值，其解决方法是保留引用的数据，若不需要显示，将其隐藏即可。

3.2.7 #VALUE! 错误及解决方法

如果产生"#VALUE！"错误值，其主要原因是文本类型的数据参与了数值运算，此时要检查公式中各个元素的数据类型是否一致，如图 3-31 所示。

F9		fx	=D5*E5			
	A	B	C	D	E	F	G
1	销 量 报 表						
2	编号	姓名	性别	销售里	单价	销售额	
3	1	李×	男	500	120	60,000.00	
4	2	张×	男	480	120	57,600.00	
5	3	白×	男	700	120元	#VALUE!	
6	4	黄×	男	650	120	78,000.00	

图 3-31

在本例 F5 单元格中显示 "#VALUE!" 错误值，用鼠标双击 E5 单元格，将 "元" 字删除，然后按下键盘上的【Enter】键，这样即可得到正确的运算结果，如图 3-32 所示。

	E5			fx	120	
	A	B	C	D	E	F
1	销　量　报　表					
2	编号	姓名	性别	销售量	单价	销售额
3	1	李×	男	500	120	60,000.00
4	2	张×	男	480	120	57,600.00
5	3	白×	男	700	120	84,000.00
6	4	黄×	男	650	120	78,000.00

图 3-32

3.2.8 #####错误及解决方法

在进行公式计算时，有时会出现 "#####" 错误值，主要原因是由于列宽不够，导致输入的内容不能完全显示，如图 3-33 所示。

	D2			fx	=TRUNC(B2*C2,2)	
	B	C	D	E	F	G
1	销售件数	每件利润	利润额			
2	453	213.65	####			
3	375	254.36	####			
4	345	278.94	####			
5	354	231.63	####			
6	354	213.94	####			
7	387	222.16	####			
8	838	276.64	####			

图 3-33

解决 "#####" 错误值的方法是选择 F 列，将鼠标指针移到 F 列与 G 列之间的分割线上，当鼠标指针变成┿形状时双击鼠标即可得到正确的运算结果，如图 3-34 所示。

	D2			fx	=TRUNC(B2*C2,2)	
	B	C	D	E	F
1	销售件数	每件利润	利润额		
2	453	213.65	96783.45		
3	375	254.36	95385		
4	345	278.94	96234.3		
5	354	231.63	81997.02		
6	354	213.94	75734.76		
7	387	222.16	85975.92		
8	838	276.64	231824.32		

图 3-34

Section
3.3 处理公式中常见的错误

本节导读

　　在工作表中，用户经常需要使用公式来计算一些数据，有时在计算时会出现错误。本节将详细介绍可能在公式中出现的错误，同时介绍避免这些错误的方法和技巧。

3.3.1 括号不匹配

　　此类错误最为常见的是在输入公式并按下【Enter】键后收到 Excel 的错误信息，同时公式不允许被输入到单元格中，如图 3-35 所示。

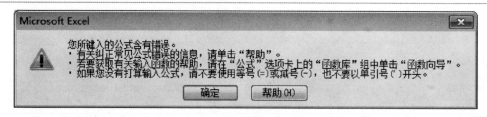

图 3-35

　　产生该错误的主要原因是用户只输入了左括号或右括号。但是如果用户输入函数时只输入了左括号，那么在按下【Enter】键后 Excel 会自动补齐缺少的右括号，并在单元格中显示公式的结果。

3.3.2 循环引用

　　如果单元格的公式中引用了公式所在的单元格，当按下键盘上的【Enter】键输入公式时会弹出【Microsoft Excel】对话框，表示当前公式正在循环引用其自身，如图 3-36 所示。

图 3-36

　　单击【确定】按钮 确定 后，公式会返回 0，然后用户可以重新编辑公式，以解决公式循环引用的问题，如果公式中包含了间接循环引用，Excel 将会使用箭头标记，以便指出产生循环引用的根源。

使用 Excel，在大多数情况下循环引用是一种公式错误，然而有时也可以利用循环引用来巧妙地解决一些问题，如果准备使用循环引用，则首先需要开启迭代计算功能。下面将详细介绍其操作方法。

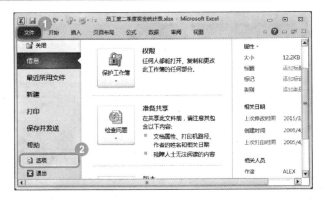

图 3-37

01 打开视图，选择【选项】

No1 启动 Excel 2010，选择【文件】选项卡。

No2 在打开的 Backstage 视图中选择【选项】，如图 3-37 所示。

图 3-38

02 弹出对话框，设置相关内容

No1 弹出【Excel 选项】对话框，选择左侧的【公式】选项卡。

No2 在对话框右侧选择【启用迭代计算】复选框。

No3 在【最多迭代次数】微调框中输入准备修改的数字，该数字表示要进行循环计算的次数。

No4 在【最大误差】文本框中输入修改的数值。

No5 单击【确定】按钮 确定 ，即可完成开启迭代计算功能的操作，如图 3-38 所示。

知识简讲

在【Excel 选项】对话框中，用户可以通过指定【最大误差】来控制迭代计算的精确度，数字越小，说明要求的精确度越高。

3.3.3 空白但非空的单元格

有些单元格中看似并无任何内容，但是使用 ISBLANK 函数或 COUNTA 函数进行判断或统计时，这些看似空白的单元格仍被计算在内。例如，将公式"=IF(A1<>"","有内容","")"输入单元格 B1 中，用于判断单元格 A1 是否包含内容，如果包含内容，则返回"有内容"，否则返回空字符串，如图 3-39 所示。

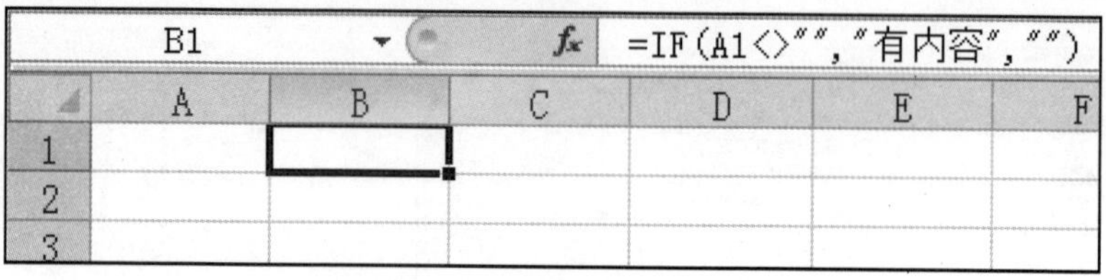

图 3-39

当单元格 A1 中无任何内容时，单元格 B1 显示空白。用户也许会认为单元格 B1 是空的，但其实不是。如果使用 ISBLANK 函数测试，就会发现该函数返回 FALSE，说明单元格 B1 非空，如图 3-40 所示。

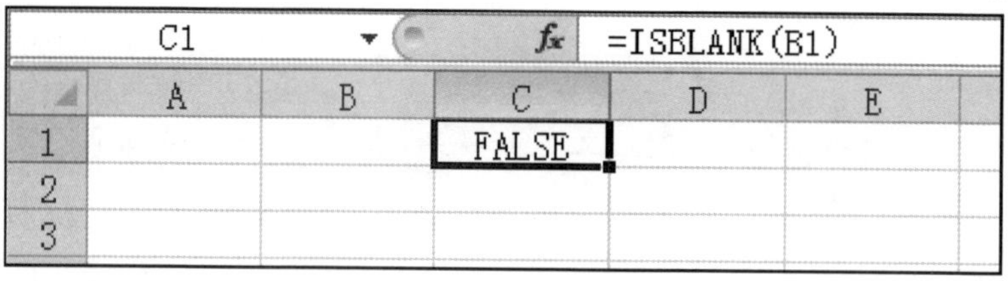

图 3-40

3.3.4 显示值与实际值

本例将单元格 A1、A2、A3 中的值设置为保留 5 位小数，然后在单元格 A4 中输入一个求和公式，用于计算单元格 A1:A3 的总和，但是发现得到了错误的结果，如图 3-41 所示。

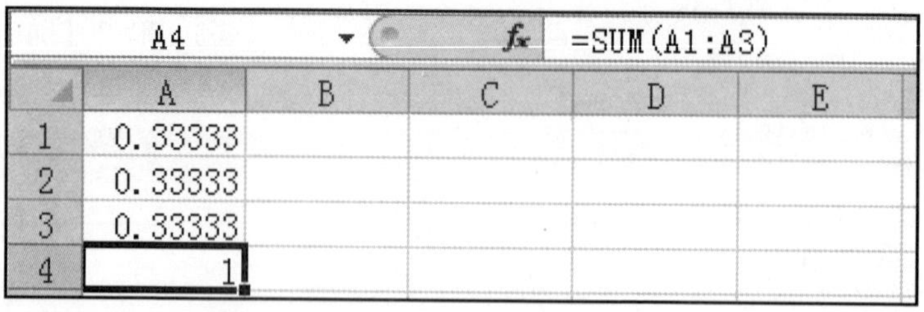

图 3-41

这是由于公式使用的是区域 A1:A3 中的真实值而非显示值所致。用户可以打开【Excel 选项】对话框，选择【高级】选项卡，然后在【计算此工作簿时】区域下方选中【将精度设为所显示的精度】复选框，此后 Excel 将使用显示值进行计算，如图 3-42 所示。

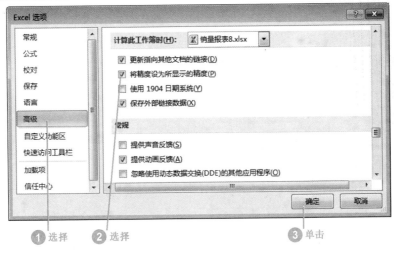

图 3-42

3.3.5 返回错误值

用户不可能保证在 Excel 中输入的公式永远正确，当出现问题时应该首先了解导致问题的主要原因，以便找出解决问题的方法，表 3-1 列出了 Excel 中的 8 种错误值。

表 3-1　Excel 中的错误值

错　误　值	发　生　原　因
#N/A	当数值对函数或公式不可用时出现该错误
#NAME?	当 Excel 无法识别公式中的文本时出现该错误
#NULL!	如果指定两个并不相交的区域的交点，出现该错误
#NUM!	如果公式或函数中使用了无效的数值，出现该错误
#REF!	当单元格引用无效时出现该错误
#VALUE!	当在公式或函数中使用的参数或操作数类型错误时出现该错误
#####	由于列宽不够，导致输入的内容不能完全显示
#DIV/0!	当数字除以 0 时出现该错误

Section
3.4 实践案例与上机操作

本节导读

通过本章的学习，读者可以掌握公式审核与错误处理方面的知识，下面通过几个实践案例进行上机操作，以达到巩固学习、拓展提高的目的。

3.4.1　使用公式的分步计算

在 Excel 2010 工作表中，分步计算就是按部就班地将所需的数值计算出来，并显示在相应的单元格内，下面以求平均分数为例详细介绍使用公式分步计算的方法。

图 3-43

01 选中单元格，输入公式

No1　打开工作表，选中 E3 单元格。

No2　在编辑栏中输入公式"= AVERAGE（B3：D3）"。

No3　单击【输入】按钮☑，如图 3-43 所示。

第一位员工的平均值

图 3-44

02 在 E3 单元格内显示平均值

可以看到，在 E3 单元格内显示的是第一位员工 3 个月的平均值，如图 3-44 所示。

图 3-45

03 按住鼠标左键不放进行拖动

将鼠标指针停留在 E3 单元格的右下方，鼠标指针变为+形状，按住鼠标左键不放进行拖动，拖动至 E10 单元格，如图 3-45所示。

拖动

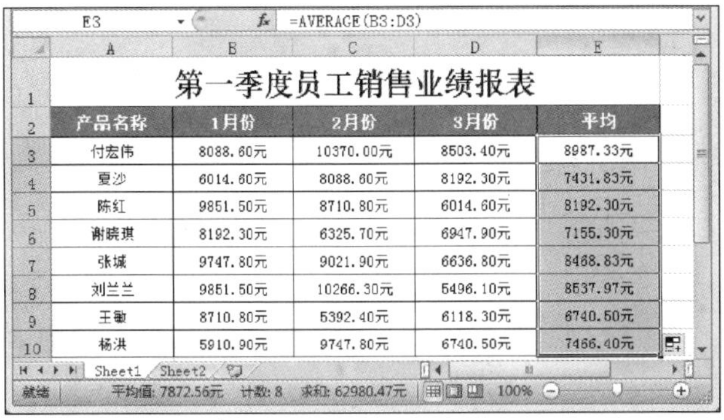

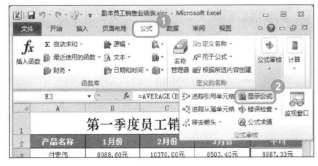

图 3-46

04 完成使用公式的分步计算

释放鼠标左键，即可得到其他员工分数的平均值，通过以上方法即可完成使用公式进行分步计算的操作，如图 3-46 所示。

3.4.2 持续显示单元格中的公式

在 Excel 2010 工作表中，用户可以将工作表内的所有公式显示在单元格内，而不显示结果值，以方便查看公式，下面详细介绍持续显示单元格中的公式的操作方法。

图 3-47

01 单击【显示公式】按钮

No1 选择【公式】选项卡。

No2 在【公式审核】组中单击【显示公式】按钮显示公式，如图 3-47 所示。

图 3-48

02 完成追踪引用单元格的操作

系统会自动将工作表内所有的公式显示在各个单元格内，这样即可完成持续显示单元格中公式的操作，如图 3-48 所示。

教你一招

将单元格内的公式隐藏，只显示数值

如果用户需要将单元格内的数值显示出来，可以在【公式审核】组中再次单击【显示公式】按钮显示公式，这样即可将单元格内的公式隐藏，只显示数值。

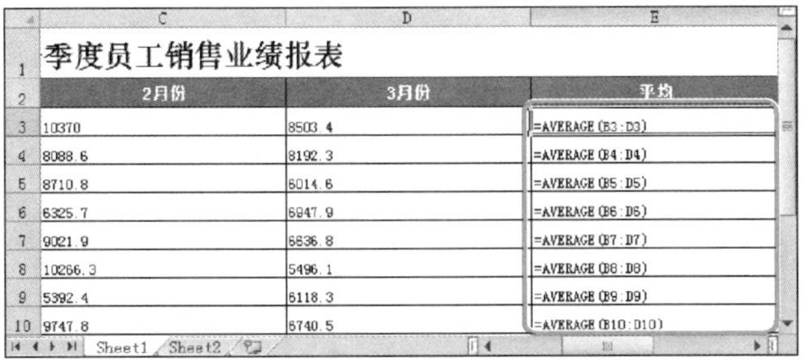

3.4.3 查看长公式中的某一步计算结果

在一个复杂的公式中，如果准备调试其中某部分的运算公式，用户可以按照以下操作方法查看该部分的运算结果。

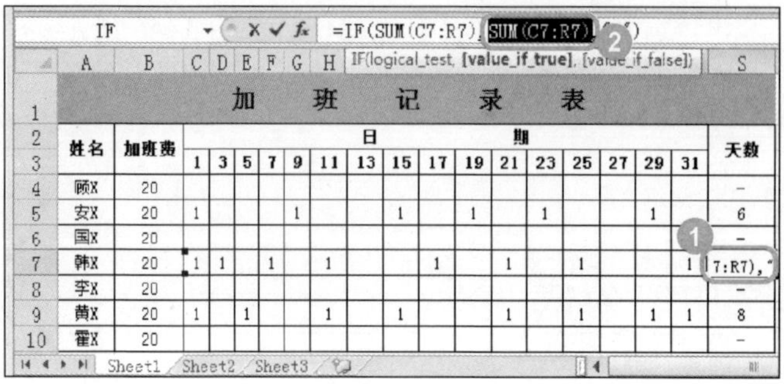

图 3-49

01 选中准备查看结果的部分公式

No1 在 Excel 工作表中选中含有公式的单元格。

No2 在编辑栏中选中准备查看结果的部分公式，如图 3-49 所示。

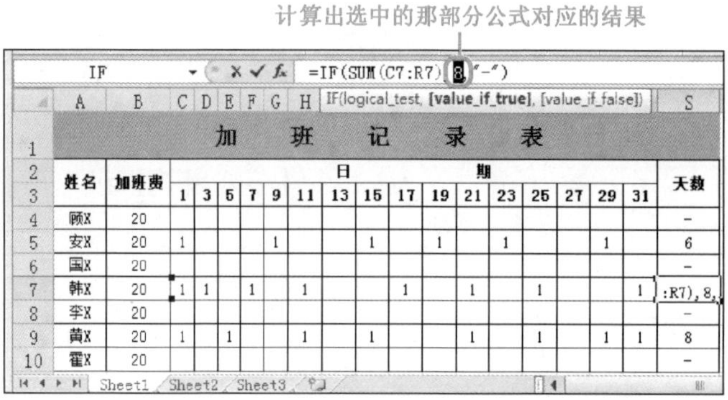

计算出选中的那部分公式对应的结果

图 3-50

02 计算出选中的那部分公式对应的结果

按下键盘上的【F9】键，即可计算出选中的那部分公式对应的结果，如图 3-50 所示。查看后，按下键盘上的【Esc】键即可还原公式。

知识精讲

被选中的部分公式必须是一个完整的、可以得出运算结果的公式，否则不能得到正确的结果，并且还会显示错误的提示信息。

3.4.4 快速选中公式中引用的单元格

在 Excel 2010 中，如果要查看某一单元格中的公式是引用了哪些单元格进行计算的，那么可以按照以下操作方法快速选中。

启动 Excel 2010，选中要查看的单元格，然后在英文输入状态下按下键盘上的【Ctrl】+【[ ]】组合键，这样即可快速选中公式中引用的所有单元格，如图 3-51 所示。

B3 fx 115

	A	B	C	D	E	F	G	H	I
1	学 生 成 绩 表								
2	姓名	语文	数学	英语	化学	物理	历史	政治	总成绩
3	高×	115	106	98	95	95	98	95	702
4	顾×	105	110	88	85	85	95	85	653
5	国×	116	106	89	94	94	100	94	693
6	黄×	113	110	100	98	98	99	98	716
7	金×	111	99	100	86	86	99	86	667
8	李×	104	100	115	98	98	100	98	713
9	田×	108	98	113	88	88	100	88	683
10	张×	115	120	101	89	89	100	89	703

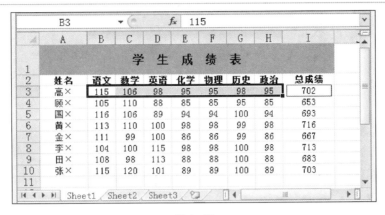

图 3-51

3.4.5 自动显示计算结果

在 Excel 2010 工作表中，系统提供了在状态栏中显示选中单元格区域的平均值、计数以及求和的功能，下面详细介绍自动显示计算结果的操作方法。

	A	B	C	D	E
1	考号	姓名	语文	数学	英语
2	70601	沙龙x	123	148	136
3	70602	刘x帅	120	143	140
4	70603	王x雪	131	135	144
5	70604	韩x萌	129	133	138
6	70605	杨x	131	143	144
7	70606	李x学	126	135	140
8	70607	刘x婷	115	139	135
9	70608	徐x冲	122	124	139

平均值: 134.5 计数: 18 求和: 2421 100%

图 3-52

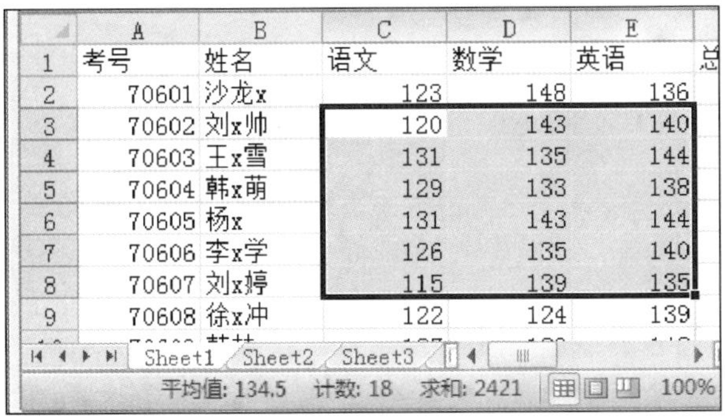

01 选中准备显示计算结果的单元格区域

选中准备显示计算结果的单元格区域，如图 3-52 所示。

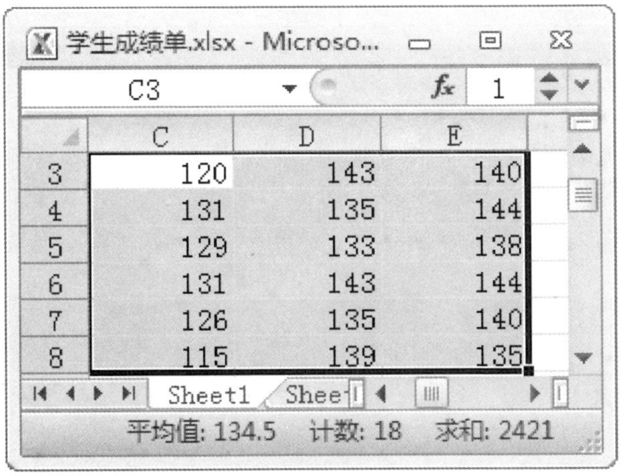

学生成绩单.xlsx - Microso...

C3 fx 1

	C	D	E
3	120	143	140
4	131	135	144
5	129	133	138
6	131	143	144
7	126	135	140
8	115	139	135

平均值: 134.5 计数: 18 求和: 2421

图 3-53

02 完成自动显示计算结果的操作

此时，在工作簿下方的状态栏中可以看到系统会自动显示出选中的单元格区域的平均值、计数以及求和，通过以上方法即可完成自动显示计算结果的操作，如图 3-53 所示。

3.4.6 自动求和

在 Excel 2010 中，使用【自动求和】按钮可以快速地对指定单元格区域求和，以方便操作，下面将详细介绍自动求和的操作方法。

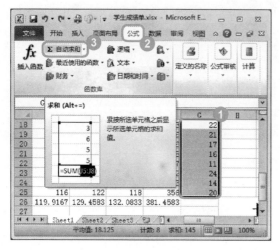

图 3-54

01 单击【自动求和】按钮

No1 选中准备进行自动求和的单元格区域。

No2 选择【公式】选项卡。

No3 在【函数库】组中单击【自动求和】按钮 Σ 自动求和，如图 3-54 所示。

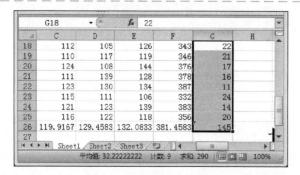

图 3-55

02 完成自动求和的操作

系统会自动将选择的单元格区域向下扩展一格，用来显示求和结果，通过以上方法即可完成自动求和的操作，如图 3-55 所示。

第 4 章
文本与逻辑函数

本章内容导读

　　本章主要介绍了文本函数和逻辑函数的相关知识，同时讲解了文本函数和逻辑函数的一些应用举例，在本章的最后还针对实际的工作需要讲解了一些上机操作实例。通过本章的学习，读者可以掌握文本与逻辑函数方面的知识，为进一步学习 Excel 2010 公式·函数·图表与数据分析的相关知识奠定了基础。

本章知识要点

　　☑ 文本函数
　　☑ 文本函数应用举例
　　☑ 逻辑函数
　　☑ 逻辑函数应用举例

文本函数

本节导读

　　文本函数主要用于工作表中文本方面的计算。使用不同的文本函数，用户既可以在一个文本值中查找另一个文本值，还可以将一个文本字符串中的所有大写字母转换为小写字母，本节将详细介绍文本函数的相关知识及操作方法。

　　文本函数可以分为两类，即文本转换函数和文本处理函数，使用文本转换函数可以对字母的大小写、数字的类型和全角/半角等进行转换，而文本处理函数则用于提取文本中的字符、删除文本中的空格、合并文本和重复输入文本等操作，如表4-1所示。

表4-1　文本函数名称及其功能

函　　数	功　　能
ASC	将字符串中的全角（双字节）英文字母转换为半角（单字节）字符
BAHTTEXT	使用β（泰铢）货币格式将数字转换为文本
CHAR	返回由代码数字指定的字符
CLEAN	删除文本中的所有非打印字符
CODE	返回文本字符串中第一个字符的数字代码
CONCATENATE	将几个文本项合并为一个文本项
DOLLAR	使用$（美元）货币格式将数字转换为文本
EXACT	检查两个文本值是否相同
FIND、FINDB	在区分大小写的状态下，在一个文本值中查找另一个文本值
FIXED	将数字格式设置为带有固定小数位数的文本
JIS	将字符串中的半角（单字节）英文字母转换为全角（双字节）字符
LEFT、LEFTB	返回文本值中最左边的字符
LEN、LENB	返回文本字符串中的字符个数
LOWER	将文本转换为小写
MID、MIDB	从文本字符串中的指定位置起返回特定个数的字符
PHONETIC	提取文本字符串中的拼音（汉字注音）字符
PROPER	将文本值的每个字的首字母大写
REPLACE、REPLACEB	替换文本中的字符
REPT	按给定次数重复文本
RIGHT、REPLACEB	返回文本值中最右边的字符
SEARCH、SEARCHB	在一个文本值中查找另一个文本值（不区分大小写）
SUBSTITUTE	在文本字符串中用新文本替换旧文本

（续）

函　数	功　能
T	将参数转换为文本
TEXT	设置数字格式并将其转换为文本
TRIM	删除文本中的空格
UPPER	将文本转换为大写形式
VALUE	将文本参数转换为数字

Section
4.2　文本函数应用举例

本节导读

　　在处理工作表中的数据时经常需要从单元格中取出部分文本或查找文本，或者需要计算字符串的长度，返回特定的字符等，这时就需要使用文本函数。　本节将列举一些常用的文本函数应用案例，并对其进行详细讲解。

4.2.1　使用 CONCATENATE 函数自动提取序号

　　CONCATENATE 函数用于将几个单元格中的字符串合并到一个单元格中，下面将分别详细介绍 CONCATENATE 函数的语法结构和使用 CONCATENATE 函数进行自动提取序号的方法。

1. 语法结构

　　　CONCATENATE（text1,［text2］,…）

CONCATENATE 函数具有下列参数。

text1：要连接的第一个文本项。

text2、……：可选，其他文本项，最多为 255 项。项与项之间必须用逗号隔开，也可以用与号（&）计算运算符代替 CONCATENATE 函数来连接文本项。

例如："＝A1 & B1"与"＝CONCATENATE（A1,B1）"返回的值相同。

2. 应用举例

　　本例应用 CONCATENATE 函数自动提取当前工作表中的序号，下面详细介绍其操作方法。

　　选中 E3 单元格，在编辑栏中输入公式"＝CONCATENATE（A3,B3,C3）"，然后按下键盘上的【Enter】键，即可合并 A3、B3、C3 单元格的内容，从而提取序号。选中 E3 单元格，向下拖动复制公式，这样即可快速提取其他各项序号，如图 4-1 所示。

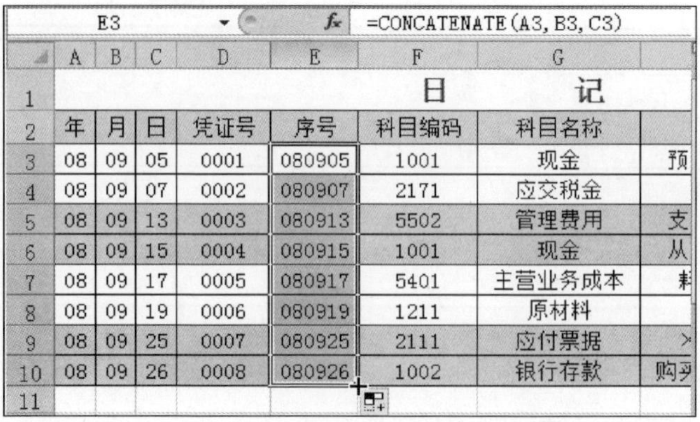

E3 =CONCATENATE(A3,B3,C3)

	A	B	C	D	E	F	G	
1						日	记	
2	年	月	日	凭证号	序号	科目编码	科目名称	
3	08	09	05	0001	080905	1001	现金	预
4	08	09	07	0002	080907	2171	应交税金	
5	08	09	13	0003	080913	5502	管理费用	支
6	08	09	15	0004	080915	1001	现金	从
7	08	09	17	0005	080917	5401	主营业务成本	耗
8	08	09	19	0006	080919	1211	原材料	
9	08	09	25	0007	080925	2111	应付票据	>
10	08	09	26	0008	080926	1002	银行存款	购买
11								

图 4-1

4.2.2 使用 ASC 函数将全角字符转换为半角字符

对于双字节字符集（DBCS）语言，ASC 函数将全角（双字节）字符更改为半角（单字节）字符，下面将分别详细介绍 ASC 函数的语法结构和使用 ASC 函数将全角字符转换为半角字符的方法。

1. 语法结构

ASC（text）

ASC 函数具有下列参数。

text：文本或对包含要更改的文本的单元格的引用。如果文本中不包含任何全角字母，则文本不会更改。

2. 应用举例

本例应用 ASC 函数将全角字符转换为半角字符，下面详细介绍其方法。

选择 B2 单元格，在编辑栏文本框中输入公式“ = ASC(A2)”并按下键盘上的【Enter】键，系统会在 B2 单元格中显示转换为半角字符的书名。选中 B2 单元格，向下拖动复制公式，即可完成将全角字符转换为半角字符的操作，如图 4-2 所示。

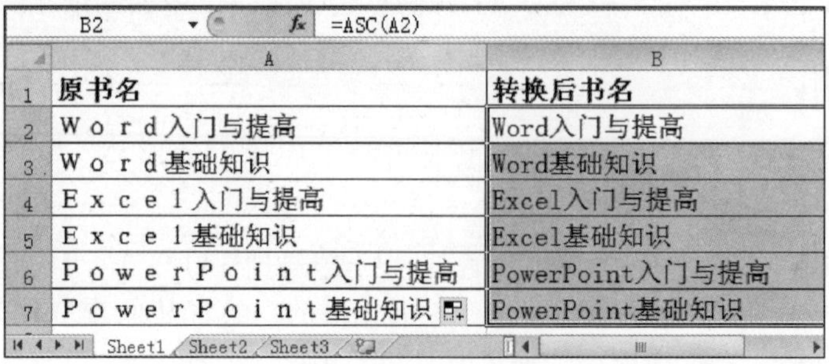

B2 =ASC(A2)

	A	B
1	原书名	转换后书名
2	Ｗｏｒｄ入门与提高	Word入门与提高
3	Ｗｏｒｄ基础知识	Word基础知识
4	Ｅｘｃｅｌ入门与提高	Excel入门与提高
5	Ｅｘｃｅｌ基础知识	Excel基础知识
6	ＰｏｗｅｒＰｏｉｎｔ入门与提高	PowerPoint入门与提高
7	ＰｏｗｅｒＰｏｉｎｔ基础知识	PowerPoint基础知识

Sheet1 Sheet2 Sheet3

图 4-2

4.2.3 使用 CHAR 函数返回对应于数字代码的字符

CHAR 函数用于返回对应数字代码的字符，CHAR 函数可将其他类型计算机文件中的代码转换为字符，下面将分别详细介绍 CHAR 函数的语法结构和使用 CHAR 函数返回对应数字代码字符的方法。

1. 语法结构

CHAR(number)

CHAR 函数具有下列参数。

number：介于 1 到 255 之间用于指定所需字符的数字。字符是计算机所用字符集中的字符，当参数大于 255 时返回错误值#VALUE!。

2. 应用举例

本例应用 CHAR 函数返回对应数字代码的字符，下面详细介绍其方法。

选择 A1 单元格，在编辑栏中输入函数 "＝CHAR（65）" 并按下键盘上的【Enter】键，系统会返回相应的字母 A，如果输入 "＝CHAR（66）"，则返回字母 B，如图 4-3 所示。

A1	▼		f_x	=CHAR(65)	
	A	B	C	D	E	F
1	A					
2						
3						
4						
5						

图 4-3

 教你一招

创建小写字母的方法

在 CHAR 函数的参数 65 的基础上加 32，正好是小写字母 a 的代码，在填充公式时就可以产生从小写字母 a 开始到小写字母 z 介绍顺序。

4.2.4 使用 DOLLAR 函数转换货币格式

DOLLAR 函数可将数字转换为文本格式，并应用货币符号，函数的名称及其应用的货币符号取决于语言的设置。

此函数依照货币格式将小数四舍五入到指定的位数，并转换成文本，使用的格式为 "￥#,##0.00_"、"￥#,##0.00"，下面将分别详细介绍 DOLLAR 函数的语法结构和使用 DOLLAR 函数转换货币格式的方法。

1. 语法结构

RMB(number,[decimals])

RMB 函数具有下列参数。

number：数字、对包含数字的单元格的引用或是计算结果为数字的公式。

decimals，可选，小数点右边的位数。如果 decimals 为负数，则 number 从小数点往左按相应位数四舍五入；如果省略 decimals，则假设其值为 2。

2. 应用举例

本例应用 DOLLAR 函数转换货币格式，下面详细介绍其方法。

选择 C2 单元格，在编辑栏文本框中输入公式"＝DOLLAR（B2/6.05,2）"并按下键盘上的【Enter】键，系统会自动在 C2 单元格内计算出结果，选择 C2 单元格并向下拖动填充公式至其他单元格，即可完成转换货币格式的操作，如图 4-4 所示。

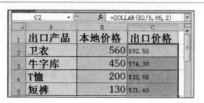

图 4-4

4.2.5 将文本中每个单词的首字母转换为大写

PROPER 函数是指将文本字符串的首字母及任何非字母字符之后的首字母转换成大写，将其余的字母转换成小写，下面将分别详细介绍 PROPER 函数的语法结构和使用 PROPER 函数将文本中每个单词的首字母转换为大写的方法。

1. 语法结构

PROPER（text）

PROPER 函数具有下列参数。

text：用引号括起来的文本、返回文本值的公式或是对包含文本（要进行部分大写转换）的单元格的引用。

2. 应用举例

选择 B2 单元格，在编辑栏文本框中输入公式"＝PROPER（A2）"并按下键盘上的【Enter】键，系统会将 A2 单元格中所有单词的首字母以大写的形式显示在 B2 单元格中，按住鼠标左键向下填充公式，这样即可完成将文本中每个单词的首字母转换为大写的操作，如图 4-5 所示。

图 4-5

4.2.6 使用 UPPER 函数将英文句首字母大写

UPPER 函数用于将文本转换成大写形式，下面将分别详细介绍 UPPER 函数的语法结构和使用 UPPER 函数将英文句首字母大写的方法。

1. 语法结构

UPPER（text）

UPPER 函数具有下列参数。

text：需要转换成大写形式的文本，text 可以为引用或文本字符串。

2. 应用举例

本例使用 UPPER 函数将英文句首字母大写，下面详细介绍其方法。选择 C2 单元格，在编辑栏文本框中输入公式"＝UPPER(LEFT(B2,1))&LOWER(RIGHT(B2,LEN(B2)−1))"并按下键盘上的【Enter】键，系统会将 B2 单元格中的文本首字母以大写的形式显示在 C2 单元格中，选择 C2 单元格并按住鼠标左键向下拖动填充公式，即可完成英文句首字母大写的操作，如图 4-6 所示。

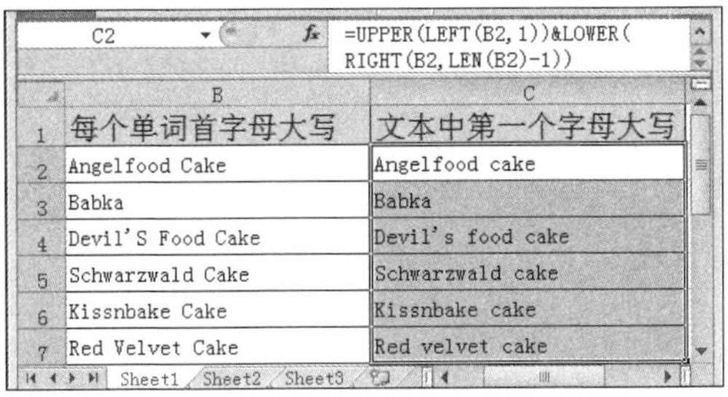

图 4-6

4.2.7 使用 CLEAN 函数清理非打印字符

CLEAN 函数用于删除文本中不能打印的字符，对从其他应用程序中输入的文本使用 CLEAN 函数将删除其中含有的当前操作系统无法打印的字符。

CLEAN 函数被设计为删除文本中 7 位 ASCII 码的前 32 个非打印字符（值为 0 到 31）。在 Unicode 字符集中有附加的非打印字符（值为 127、129、141、143、144 和 157），CLEAN 函数自身不删除这些附加的非打印字符。下面将分别详细介绍 CLEAN 函数的语法结构和使用 CLEAN 函数清理非打印字符的方法。

1. 语法结构

CLEAN（text）

CLEAN 函数具有下列参数。

text（必需）：要从中删除非打印字符的任何工作表信息。

2. 应用举例

本例使用 CLEAN 函数清理非打印字符,下面详细介绍其方法。

打开素材文件,选择 B2 单元格,在编辑栏中输入公式" = CLEAN(A2)"并按下键盘上的【Enter】键,系统在 B2 单元格内将 A2 单元格中的数据排成一行,按住鼠标左键向下拖动填充公式,即可完成清理非打印字符的操作,如图 4-7 所示。

图 4-7

4.2.8 使用 TRIM 函数删除多余空格

TRIM 函数除了用于删除单词之间的单个空格外,还用于删除文本中所有的空格,下面将分别详细介绍 TRIM 函数的语法结构和使用 TRIM 函数删除多余空格的方法。

1. 语法结构

TRIM(text)

TRIM 函数具有下列参数。

text(必需):需要删除其中空格的文本。

2. 应用举例

本例使用 TRIM 函数删除多余空格,下面详细介绍其方法。

选择 C2 单元格,在编辑栏文本框中输入公式" = TRIM(CLEAN(B2))"并按下键盘上的【Enter】键,则系统在 C2 单元格内显示 B2 单元格中删除多余空格后的数据效果,按住鼠标左键向下拖动填充公式,即可完成删除多余空格的操作,如图 4-8 所示。

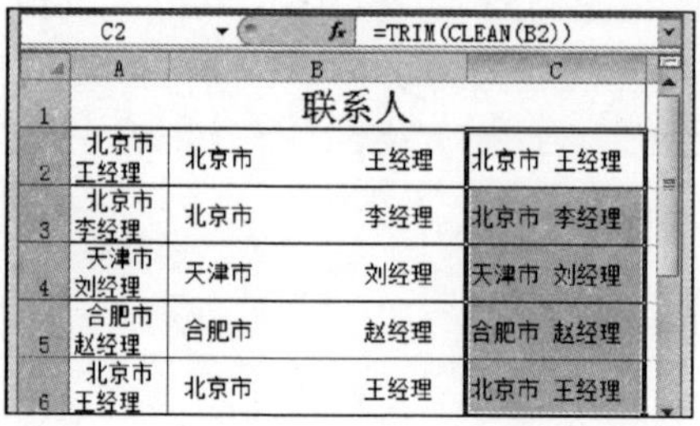

图 4-8

4.2.9　使用 REPLACE 函数为电话号码升级

REPLACE 函数使用其他文本字符串并根据所指定的字符数替换某文本字符串中的部分文本。

无论默认语言设置如何，REPLACE 函数始终将每个字符（不管是单字节还是双字节）按 1 计数。下面将分别详细介绍 REPLACE 函数的语法结构和使用 REPLACE 函数为电话号码升级的方法。

1. 语法结构

REPLACE(old_text,start_num,num_chars,new_text)

REPLACE 函数具有下列参数。

old_text（必需）：要替换其部分字符的文本。

start_num（必需）：要用 new_text 替换的 old_text 中字符的位置。

num_char（必需）：希望 REPLACE 使用 new_text 替换 old_text 中字符的个数。

new_text（必需）：将用于替换 old_text 中字符的文本。

2. 应用举例

本例应用 REPLACE 函数为当前工作表中的电话号码升级，下面详细介绍其操作方法。

选中 D3 单元格，在编辑栏中输入公式 " = REPLACE(C3,1,5,"0417 - 8")" 并按下键盘上的【Enter】键，即可将第一个客户的电话号码由原来的 "0417 - 29XXX66" 升级为 "0417 - 829XXX66"。选中 D3 单元格，向下拖动复制公式，即可快速将所有的客户电话号码升级，如图 4-9 所示。

	A	B	C	D	E
				=REPLACE(C3,1,5,"0417-8")	
1			通讯录		
2	单位	客户姓名	电话号码	升级后的电话号码	
3	修配厂1	蒋为明	0417-29XXX66	0417-829XXX66	
4	修配厂2	罗晓权	0417-2926XXX	0417-82926XXX	
5	修配厂3	朱蓉	0417-2929XXX	0417-82929XXX	
6	修配厂4	胡兵	0417-2928XXX	0417-82928XXX	
7	修配厂5	李劲松	0417-2894XXX	0417-82894XXX	
8	修配厂6	商军	0417-3805XXX	0417-83805XXX	
9	修配厂7	王中	0417-3834XXX	0417-83834XXX	
10	修配厂8	宋玉琴	0417-3625XXX	0417-83625XXX	
11	修配厂9	江涛	0417-3906XXX	0417-83906XXX	
12					

图 4-9

4.2.10　使用 SUBSTITUTE 函数缩写名称

SUBSTITUTE 函数可以在文本字符串中用 new_text 替代 old_text。

如果需要在某一文本字符串中替换指定的文本，使用 SUBSTITUTE 函数；如果需要在某一文本字符串中替换指定位置处的任意文本，使用 REPLACE 函数。下面将分别详细介绍 SUBSTITUTE 函数的语法结构和使用 SUBSTITUTE 函数缩写名称的操作方法。

1. 语法结构

SUBSTITUTE(text,old_text,new_text,[instance_num])

SUBSTITUTE 函数具有下列参数。

text（必需）：需要替换其中字符的文本，或对含有文本（需要替换其中字符）的单元格的引用。

old_text（必需）：需要替换的旧文本。

new_text（必需）：用于替换 old_text 的文本。

instance_num（可选）：用来指定要以 new_text 替换第几次出现的 old_text。如果指定了 instance_num，则只有满足要求的 old_text 被替换，否则会将 text 中出现的每一处 old_text 都更改为 new_text。

2. 应用举例

本例应用 SUBSTITUTE 函数缩写名称，下面详细介绍其操作方法。

选中 C3 单元格，在编辑栏中输入公式" =SUBSTITUTE(SUBSTITUTE(SUBSTITUTE(B3,"省","－")),"市","－")),"有限责任","")"并按键盘上的【Enter】键，即可完成公司名称的缩写。选中 C3 单元格，向下拖动复制公式，这样即可快速将所有单位的名称缩写，如图4-10所示。

C3		▼	fx	=SUBSTITUTE(SUBSTITUTE(SUBSTITUTE(B3,"省","－"),"市","－"),"有限责任","")		
	A	B		C	D	E
1	公 司 来 客 登 记 簿					
2	来客姓名	来客单位		简化来客单位	接待人	事由
3	蒋为明	辽宁省营口市明科技有限责任公司		辽宁－营口－明科技公司	张艳	软件售后服务
4	罗晓权	黑龙江省哈尔滨市万达科技有限责任公司		黑龙江－哈尔滨－万达科技公司	杨丽	工程软件的开发
5	朱蓉	北京市大众科技有限公司		北京－大众科技公司	顾玲	研究开发项目
6	胡兵	吉林省松原市瑞雪软件开发有限责任公司		吉林－松原－瑞雪软件开发公司	顾玲	研究开发项目
7	李劲松	辽宁省大连市笑笑科技有限责任公司		辽宁－大连－笑笑科技公司	高艳	游戏开发
8	商军	上海市明日集团		上海－明日集团	张艳	软件售后服务
9						
10						

图4-10

本节导读

逻辑函数是根据不同条件进行不同处理的函数，在条件式中使用比较运算符号指定逻辑式，并用逻辑值表示它的结果。逻辑值使用 TRUE、FALSE 之类的特殊文本表示指定条件是否成立。条件成立时为逻辑值 TRUE，条件不成立时为逻辑值 FALSE。逻辑值或逻辑值式被经常利用，它把 IF 函数作为前提，其他的函数作为参数。本节将详细介绍逻辑函数的相关知识及操作方法。

在 Excel 2010 中提供了 7 种逻辑函数，分别为 AND、FALSE、IF、IFERROR、NOT、OR 和 TRUE，其主要功能如表 4-2 所示。

表 4-2　逻辑函数名称及其功能

函　　数	功　　能
AND	如果该函数的所有参数均为 TRUE，则返回逻辑值 TRUE
FALSE	返回逻辑值 FALSE
IF	用于指定需要执行的逻辑检测
IFERROR	如果公式计算出错误值，返回指定的值，否则返回公式的计算结果
NOT	对其参数的逻辑值求反
OR	如果该函数的任一参数为 TRUE，则返回逻辑值 TRUE
TRUE	返回逻辑值 TRUE

Section
4.4　逻辑函数应用举例

本节导读

Excel 2010 提供了 7 个逻辑函数，它们用来在公式中进行条件的测试与判断，从而使公式变得更加智能。本节将列举一些常用的逻辑函数应用案例，并对其进行详细的讲解。

4.4.1　使用 AND 函数检测产品是否合格

AND 函数用于判断多个条件是否同时成立，如果所有参数的计算结果为 TRUE，则返回 TRUE；只要有一个参数的计算结果为 FALSE，即返回 FALSE。下面将分别介绍 AND 函数的语法结构以及使用 AND 函数检测产品是否合格的方法。

1. 语法结构

AND(logical1, [logical2], ...)

AND 函数具有下列参数。

logical1（必需）：表示要检验的第一个条件，其计算结果可以为 TRUE 或 FALSE。

logical2、……（可选）：表示要检验的其他条件，其计算结果可以为 TRUE 或 FALSE，最多可包含 255 个条件。

2. 参数说明

➤ 参数的计算结果必须是逻辑值（如 TRUE 或 FALSE），或者参数必须是包含逻辑值的数组或引用。

➤ 如果数组或引用参数中包含文本或空白单元格，则这些值将被忽略。

➤ 如果指定的单元格区域未包含逻辑值，则 AND 函数将返回错误值 #VALUE!。

3. 应用举例

本例使用 AND 函数快速地检测产品是否合格，下面将详细介绍其操作方法。

选择 E2 单元格，在编辑栏文本框中输入公式“=AND(B2:D2="合格")”并按下【Ctrl】+【Shift】+【Enter】组合键，则在 E2 单元格内显示“TRUE”表示为合格，显示“FALSE”表示为不合格，按住鼠标左键向下填充公式，即可完成检测其他产品是否合格的操作，如图 4-11 所示。

E2 {=AND(B2:D2="合格")}

	A	B	C	D	E
1	品名	检验员1	检验员2	检验员3	检验结果
2	感温头	合格	合格	合格	TRUE
3	海绵胶条	合格	合格	不合格	FALSE
4	复合胶带	合格	不合格	不合格	FALSE
5	门封条	不合格	不合格	不合格	FALSE
6	塑封条	合格	合格	合格	TRUE

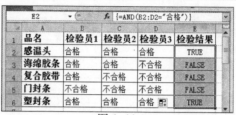

图 4-11

4.4.2 使用 FALSE 函数判断两列数据是否相等

FALSE 函数用于返回逻辑值 FALSE。用户也可以直接在工作表或公式中输入文字“FALSE”，Microsoft Excel 会自动将它解释成逻辑值 FALSE。FALSE 函数主要用于检查与其他电子表格程序的兼容性。下面将分别详细介绍 FALSE 函数的语法结构以及使用 FALSE 函数判断两列数据是否相等的方法。

1. 语法结构

FALSE()

FALSE 函数没有参数。

2. 应用举例

本例将应用 FALSE 函数判断两列数据是否相等。A、B 两列存放英文单词，A 列的单词是参照字符，B 列为手工输入的数据，其中有部分错误，现在需要判断哪些单词输入有误。

选择 C1 单元格，在编辑栏中输入公式“=A1=B1”，按下键盘上的【Enter】键即可判断出第一个的结果。将鼠标指针移动到 C1 单元格的右下角，当鼠标指针变成十字形状时单击鼠标左键并拖动鼠标指针至 C10 单元格，然后释放鼠标，这样可一次性判断出所有结果，如图 4-12 所示。

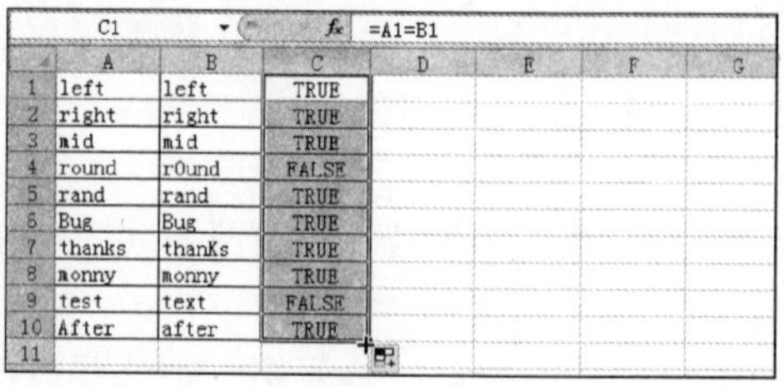

C1 =A1=B1

	A	B	C
1	left	left	TRUE
2	right	right	TRUE
3	mid	mid	TRUE
4	round	rOund	FALSE
5	rand	rand	TRUE
6	Bug	Bug	TRUE
7	thanks	thanKs	TRUE
8	monny	monny	TRUE
9	test	text	FALSE
10	After	after	TRUE

图 4-12

4.4.3 使用 IF 函数标注不及格考生

IF 函数用于在公式中设置判断条件，然后根据判断结果 TRUE 或 FALSE 返回不同的值。下面将分别详细介绍 IF 函数的语法结构以及使用 IF 函数标注不及格考生的方法。

1. 语法结构

$$IF(logical\_test, [value\_if\_true], [value\_if\_false])$$

IF 函数具有下列参数。

logical_test（必需）：表示计算结果为 TRUE 或 FALSE 的任何值或表达式。例如，A10 = 100 是一个逻辑表达式，如果单元格 A10 中的值等于 100，则表达式的计算结果为 TRUE，否则表达式的计算结果为 FALSE。此参数可以使用任何比较计算运算符。

value_if_true（可选）：表示当 logical_test 参数的计算结果为 TRUE 时所要返回的值。例如，如果此参数的值为文本字符串"预算内"，并且 logical_test 参数的计算结果为 TRUE，则 IF 函数返回文本"预算内"。如果 logical_test 的计算结果为 TRUE，并且省略 value_if_true 参数（即 logical_test 参数后仅跟一个逗号），IF 函数将返回 0（零）。若要显示单词 TRUE，要对 value_if_true 参数使用逻辑值 TRUE。

value_if_false（可选）：表示当 logical_test 参数的计算结果为 FALSE 时所要返回的值。例如，如果此参数的值为文本字符串"超出预算"，并且 logical_test 参数的计算结果为 FALSE，则 IF 函数返回文本"超出预算"。如果 logical_test 的计算结果为 FALSE，并且省略 value_if_false 参数（即 value_if_true 参数后没有逗号），则 IF 函数返回逻辑值 FALSE。如果 logical_test 的计算结果为 FALSE，并且省略 value_if_false 参数的值（即在 IF 函数中 value_if_true 参数后没有逗号），则 IF 函数返回值 0（零）。

2. 应用举例

本例利用 IF 函数标注不及格考生，下面详细介绍其操作方法。

选择 C2 单元格，在编辑栏文本框中输入公式" = IF(B2 < 60,"不及格","")"并按下键盘上的【Enter】键，系统会在 C2 单元格内判断该考生是否及格，按住鼠标左键向下填充公式，即可完成标注不及格考生的操作，如图 4-13 所示。

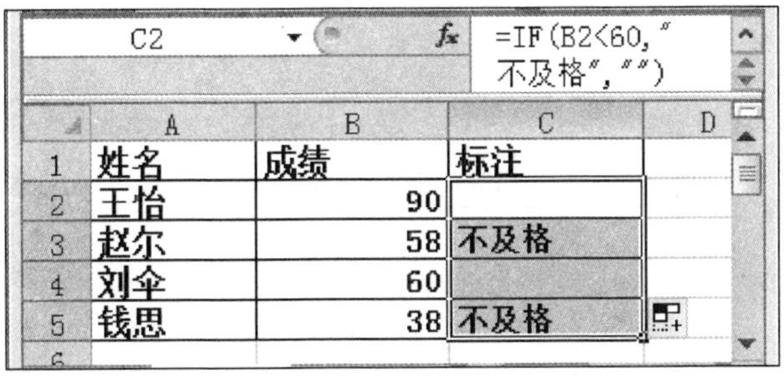

图 4-13

4.4.4 使用 IFERROR 函数检查数据的正确性

IFERROR 函数用于检查公式的计算结果是否为错误值，如果公式的计算结果为错误值，则返回指定的值，否则返回公式的结果。下面将分别详细介绍 IFERROR 函数的语法结构以及使用 IFERROR 函数检查数据的正确性的方法。

1. 语法结构

IFERROR(value, value_if_error)

IFERROR 函数具有以下参数。

value（必需）：表示检查是否存在错误的参数。

value_if_error（必需）：表示公式的计算结果错误时要返回的值。计算得到的错误类型有#N/A、#VALUE!、#REF!、#DIV/0!、#NUM!、#NAME?、#NULL!。

2. 应用举例

本例应用 IFERROR 函数实现当除数或被除数为空值（或 0 值）时返回错误值相对应的计算结果，下面详细介绍其操作方法。

选择 C2 单元格，在编辑栏中输入公式 " = IFERROR(A2/B2 ,"计算数据有错误")"，然后按下键盘上的【Enter】键，即可返回计算结果。如果被除数为空值（或 0 值），返回的计算结果为"0"；如果除数为空值（或 0 值），返回的计算结果为"计算数据有误"。将鼠标指针移动到 C2 单元格的右下角，当鼠标指针变成十字形状时单击鼠标左键并向下拖动进行复制填充，即可计算出其他两个数据相除的结果，如图 4-14 所示。

图 4-14

> 知识精讲
>
> 如果 value 或 value_if_error 是空单元格，则 IFERROR 将其视为空字符串值("")。如果 value 是数组公式，则 IFERROR 为 value 中指定区域的每个单元格返回一个结果数组。

4.4.5 使用 OR 函数判断员工考核是否达标

OR 函数用于判断多个条件中是否至少有一个条件成立，只要有一个参数为逻辑值 TRUE，OR 函数就会返回 TRUE，如果所有参数都为逻辑值 FALSE，OR 函数才能返回 FALSE。下面将分别详细介绍 OR 函数的语法结构以及使用 OR 函数判断员工考核是否达标的方法。

1. 语法结构

OR(logical1 , [logical2] , …)

OR 函数具有下列参数。

logical1 （必需）：表示第 1 个要测试的条件。

logical2、……（可选）：表示第 1 到 255 个需要进行测试的条件。

2. 应用举例

本例将应用 OR 函数判断员工考核是否达标，下面详细介绍其操作方法。

选择 F3 单元格，在编辑栏中输入公式 "= OR(C3 >= 90 , D3 >= 90 , E3 >= 90)"，按下键盘上的【Enter】键，即可计算出该员工在技能考核中是否达标。

将鼠标指针移动到 F3 单元格的右下角，当鼠标指针变成十字形状时单击鼠标左键并拖动鼠标指针至 F10 单元格，然后释放鼠标，即可计算出其他员工在技能考核中是否达标，如图 4-15 所示。

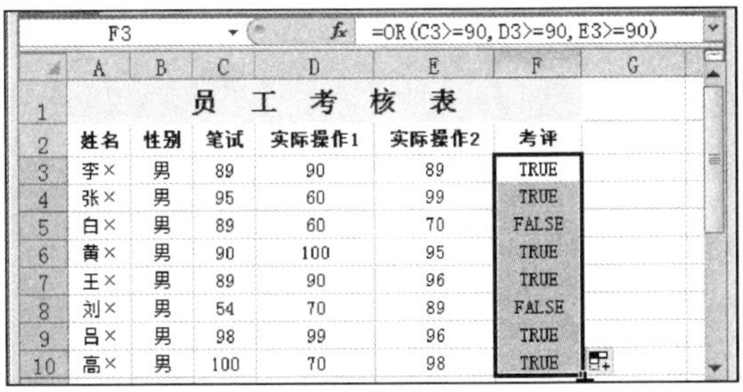

图 4-15

4.4.6 使用 TRUE 函数判断两列数据是否相同

TRUE 函数用于返回逻辑值 TRUE，下面将分别详细介绍 TRUE 函数的语法结构以及使用 TRUE 函数判断两列数据是否相同的方法。

1. 语法结构

TRUE( )

TRUE 函数没有参数。

2. 应用举例

本例应用 TRUE 函数判断两列数据是否相同，下面详细介绍其操作方法。

选中 C2 单元格，在编辑栏中输入公式 "= A2 = B2"，然后按下键盘上的【Enter】键，即可判断输入到 A2 单元格中的数据是否与 B2 单元格中的数据相同。

将鼠标指针移动到 C2 单元格的右下角，待鼠标指针变成十字形状后按住鼠标左键并向下拖动进行公式填充，即可判断 A 列数据与 B 列数据是否相同，如果相同则返回 TRUE，如果不相同则会返回 FALSE，如图 4-16 所示。

C2		▼	fx	=A2=B2	
	A	B	C		D
1	原始数据	录入数据	判断两列数据是否相同		
2	WJ001	WJ001	TRUE		
3	WJ002	WJ003	FALSE		
4	WJ003	WI003	FALSE		
5	WJ000	WJ004	FALSE		
6	WJ005	WJ005	TRUE		
7					
8					

图 4-16

4.4.7 使用 NOT 函数进行筛选

NOT 函数用于对逻辑值求反，如果逻辑值为 FALSE，NOT 函数将返回 TRUE；如果逻辑值为 TRUE，NOT 函数将返回 FALSE，下面将分别详细介绍 NOT 函数的语法结构以及使用NOT 函数进行筛选的方法。

1. 语法结构

NOT(logical)

NOT 函数具有下列参数。

logical（必需）：表示一个计算结果可以为"真"（TRUE）或"假"（FALSE）的值或表达式。

2. 应用举例

本例将应用 NOT 函数对当前工作表中的员工进行筛选，如果性别为女则返回"FALSE"，否则返回"TRUE"，下面具体介绍其操作方法。

选择 F3 单元格，在编辑栏中输入公式" = NOT(B3 = "女")"，按下键盘上的【Enter】键，即可看到该员工是否被筛选掉。将鼠标指针移动到 F3 单元格的右下角，当鼠标指针变成十字形状时单击鼠标左键并拖动鼠标指针至 F10 单元格，然后释放鼠标，即可筛选出所有的人员，如图 4-17 所示。

F3		▼		fx	=NOT(B3="女")	
	A	B	C	D	E	F	G
1	员 工 考 核 表						
2	姓名	性别	笔试	实际操作1	实际操作2	考评	
3	李×	女	89	90	89	FALSE	
4	张×	男	95	60	99	TRUE	
5	白×	女	89	60	70	FALSE	
6	黄×	男	90	100	95	TRUE	
7	王×	男	89	90	96	TRUE	
8	刘×	女	54	70	89	FALSE	
9	吕×	男	98	99	96	TRUE	
10	高×	女	100	70	98	FALSE	

图 4-17

4.5 实践案例与上机操作

本节导读

通过本章的学习，读者可以掌握文本与逻辑函数方面的知识，下面通过几个实践案例进行上机操作，以达到巩固学习、拓展提高的目的。

4.5.1 使用 IF 和 NOT 函数选择面试人员

在对应聘人员进行考核之后，可以使用 IF 函数配合 NOT 函数对应聘人员进行筛选，使分数达标者具有面试资格，下面详细介绍其操作方法。

选择 E2 单元格，在编辑栏文本框中输入公式" = IF(NOT(D2 < = 120),"面试","")"并按下键盘上的【Enter】键，在 E2 单元格中系统会自动对具有面试资格的应聘人员标注"面试"信息，按住鼠标左键向下拖动填充公式即可完成选择面试人员的操作，如图 4-18 所示。

	E2	▼	fx	=IF(NOT(D2<=120),"面试","")
	A	B	C	D	E	F
1	姓名	理论	操作	合计	面试资格	
2	王怡	80	60	140	面试	
3	赵尔	55	64	119		
4	刘伞	20	80	100		
5	钱思	90	35	125	面试	

图 4-18

4.5.2 使用 IF 和 OR 函数对产品进行分类

在日常工作中，如果希望对两个种类的商品进行分类，可以使用 IF 函数搭配 OR 函数来完成，下面详细介绍其操作方法。

选择 B2 单元格，在编辑栏中输入公式" = IF(OR(A2 = "洗衣机",A2 = "电视",A2 = "空调")),"家电类","数码类")"并按下键盘上的【Enter】键，在 B2 单元格中系统会自动对商品进行分类，按住鼠标左键向下拖动填充公式即可完成对产品进行分类的操作，如图 4-19 所示。

B2 =IF(OR(A2="洗衣机", A2="电视",A2="空调"),

	A	B	C
1	产品	类别	销售数量
2	洗衣机	家电类	300
3	电视	家电类	50
4	显示器	数码类	200
5	机箱	数码类	210
6	空调	家电类	70
7	单反相机	数码类	80

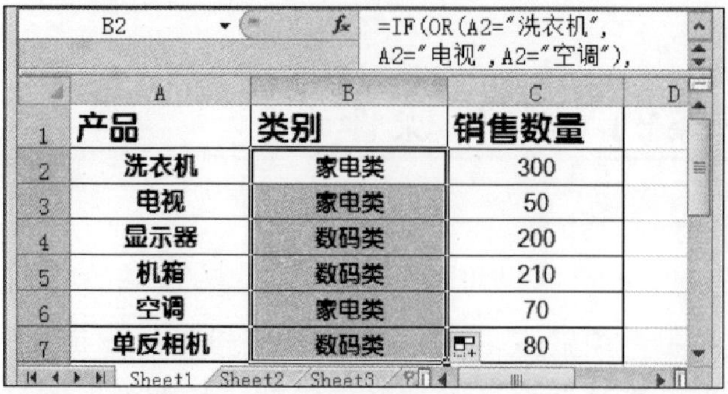

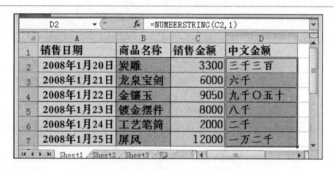

图 4-19

4.5.3 将数值转换为大写汉字

使用 NUMBERSTRING 函数可以将数值转换为汉字大写形式，下面详细介绍将数值转换为大写汉字的操作方法。

选择 D2 单元格，在编辑栏文本框中输入公式“=NUMBERSTRING(C2,1)”并按下键盘上的【Enter】键，系统会自动在 D2 单元格内以汉字的形式显示 C2 单元格中的数值，按住鼠标左键向下拖动填充公式至其他单元格，即可完成将数值转换为大写汉字的操作，如图 4-20所示。

D2 =NUMBERSTRING(C2,1)

	A	B	C	D
1	销售日期	商品名称	销售金额	中文金额
2	2008年1月20日	炭雕	3300	三千三百
3	2008年1月21日	龙泉宝剑	6000	六千
4	2008年1月22日	金镶玉	9050	九千〇五十
5	2008年1月23日	镀金摆件	8000	八千
6	2008年1月24日	工艺笔筒	2000	二千
7	2008年1月25日	屏风	12000	一万二千

图 4-20

知识精讲

NUMBERSTRING 函数中的参数“value”表示要转换为大写汉字的数值；“type”参数表示准备转换的类型，取值范围为 1～3。假设转换前数值为 123，取值“1”，显示为三百二十一；取值“2”，显示为叁佰贰拾壹；取值“3”，显示为三二一。需要注意的是，两个参数均为必选参数，缺一不可。

4.5.4 比对文本

EXACT 函数用于比较两个字符串，如果函数完全相同，则返回 TRUE，否则返回 FALSE。

EXACT 函数区分大小写，但忽略格式上的差异，可以通过 EXACT 函数对输入的数据进行比对，下面将详细介绍其操作方法。

选择 C2 单元格，在编辑栏中输入公式“=IF(EXACT(A2,B2),"可用","不可用")”并按下键盘上的【Enter】键。如果两组邀请码相同，则在 C2 单元格内显示“可用”信息，否则显示“不可用”信息，按住鼠标左键向下拖动填充公式，即可完成比对文本的操作，如图 4-21 所示。

C2 =IF(EXACT(A2,B2),"可用","不可用")

	A	B	C
1	原始邀请码	录入邀请码	检测结果
2	AS34DFG	AS35DFG	不可用
3	n7eDwS7	n7eDwS8	不可用
4	2z3eWUG	2z3eWUG	可用
5	pb5KT1p	pb5KT1p	可用
6	5g6lL5D	5g6lL6d	不可用
7	RlpoMEw	RlpoMEw	可用
8	7Og7iqQ	70g8iqQ	不可用

图 4-21

4.5.5 根据年龄判断职工是否退休

本例将使用 OR 函数和 AND 函数进行判断职工是否退休的操作。假设男职工大于 60 岁退休、女职工大于 55 岁退休，判断工作表中的 10 个人是否已经退休。下面将详细介绍其操作方法。

选择 D2 单元格，在编辑栏中输入公式“=OR(AND(B2="男",C2>60),AND(B2="女",C2>55))”并按下键盘上的【Enter】键，即可对第一个职工进行判断。将鼠标指针移动到 D2 单元格的右下角，当鼠标指针变成十字形状时单击鼠标左键并拖动鼠标指针至 D11 单元格，然后释放鼠标，这样即可一次性判断所有员工是否退休，如图 4-22 所示。

D2 =OR(AND(B2="男",C2>60),AND(B2="女",C2>55))

	A	B	C	D
1	姓名	性别	年纪	退休与否
2	蒋为明	男	55	FALSE
3	罗晓权	女	46	FALSE
4	朱蓉	女	57	TRUE
5	胡兵	男	53	FALSE
6	李劲松	男	65	TRUE
7	商军	女	53	FALSE
8	王中	女	59	TRUE
9	宋玉琴	男	46	FALSE
10	江涛	男	60	FALSE
11	卞晓芳	女	60	TRUE

图 4-22

4.5.6 将文本转换为小写

LOWER 函数用于将一个文本字符串中的所有大写字母转换为小写字母，下面将详细介绍使用 LOWER 函数将文本转换为小写的方法。

选中 B2 单元格，在编辑栏中输入公式"=LOWER(A2)"并按下键盘上的【Enter】键，即可将 A2 单元格中的英文字母全部转换成小写。选中 B2 单元格，向下拖动复制公式，这样即可快速转换其他单元格中的英文字母，如图 4-23 所示。

	A	B	C
	原数据	小写	
2	That'S A Beautiful Shot	that's a beautiful shot	
3	She Has A Beautiful Face	she has a beautiful face	
4	Fair	fair	
5	Lovely	lovely	
6	PRETTY	pretty	
7	She Cracked An Angelic Smile	she cracked an angelic smile	
8	A Picturesque Style Of Architecture	a picturesque style of architecture	
9			
10			

图 4-23

4.5.7 从身份证号码中提取出生日期

MID 函数用于返回文本字符串中从指定位置开始的特定数目的字符，该数目由用户指定。无论默认语言设置如何，MID 函数始终将每个字符（不管是单字节还是双字节）按 1 计数。

由于身份证号码从第 7 位至第 14 位代表出生年月日，根据这一特点，使用 MID 函数可以直接从身份证号码中自动提取出生日期。下面将详细介绍使用 MID 函数从身份证号码中提取出生日期的操作方法。

选中 G3 单元格，在编辑栏中输入公式"=MID(F3,7,4)&"年"&MID(F3,11,2)&"月"&MID(F3,13,2)&"日""并按下键盘上的【Enter】键，即可从身份证号码中获取该员工的出生年月日，选中 G3 单元格，向下拖动复制公式，即可快速从身份证号码中获取其他员工的出生年月日，如图 4-24 所示。

	A	B	C	D	E	F	G	H
1				人 事 档 案				
2	编号	姓名	性别	部门	学历	身份证号	出生日期	
3	00002	小李	女	财务部门	研究生	888888197505066666	1975年05月06日	
4	00003	小袁	女	人事部门	本科	888888198205126666	1982年05月12日	
5	00004	小辛	男	文秘部门	大专	888888198406076666	1984年06月07日	
6	00010	小黄	男	经理助理	大专	888888197910026656	1979年10月02日	
7	00011	小顾	男	销售部门	大专	888888198302026656	1983年02月02日	
8	00017	小兰	男	生产部门	大专	888888197905056656	1979年05月05日	
9	00018	小冀	女	财务部门	本科	888888197707196656	1977年07月19日	
10	00020	小贾	女	生产部门	大专	888888198005026656	1980年05月02日	
11	00021	小刘	男	生产部门	大专	888888198110036666	1981年10月03日	
12	00029	小孙	女	文档部门	初中	888888198909036666	1989年09月03日	
13	00030	小杨	女	文档部门	大专	888888198410026656	1984年10月02日	
14								

图 4-24

第 5 章
日期与时间函数

本章内容导读

　　本章主要介绍了日期函数和时间函数的相关知识，同时讲解了日期函数和时间函数的一些应用举例，在本章的最后还针对实际的工作需要讲解了一些实例的上机操作。通过本章的学习，读者可以掌握日期与时间函数方面的知识，为进一步学习 Excel 2010 公式·函数·图表与数据分析的相关知识奠定了基础。

本章知识要点

　　☑ 日期函数
　　☑ 日期函数应用举例
　　☑ 时间函数
　　☑ 时间函数应用举例

5.1 日期函数

本节导读

在 Excel 2010 中，日期数据是非常重要的数据类型之一，除了文本和数值数据以外，日期数据也是用户在日常工作中经常接触的数据类型，本节将详细介绍日期函数的相关知识。

5.1.1 Excel 提供的两种日期系统

Excel 提供了两种日期系统，即 1900 日期系统和 1904 日期系统，它们的最大区别在于起始日期不同。1900 日期系统的起始日期是 1900 年 1 月 1 日，而 1904 日期系统的起始日期是 1904 年 1 月 1 日。在默认情况下，Windows 中的 Excel 使用 1900 日期系统，而 Macintosh 中的 Excel 使用的是 1904 日期系统。为了保持兼容性，Windows 中的 Excel 提供了额外的 1904 日期系统。如果用户需要使用 1904 日期系统，可以通过以下操作实现。

启动 Excel 2010，选择【文件】→【选项】，在打开的【Excel 选项】对话框中选择【高级】选项卡，在【计算此工作簿时】区域下方选中【使用 1904 日期系统】复选框，最后单击【确定】按钮 确定，即可完成使用 1904 日期系统的操作，如图 5-1 所示。

① 选择　② 选中　③ 单击

图 5-1

5.1.2 日期序列号和时间序列号

Excel 2010 支持的日期范围是从 1900 – 1 – 1 到 9999 – 12 – 31，日期序列号则指将 1900 年 1 月 1 日定义为"1"、将 1990 年 1 月 2 日定义为"2"、将 9999 年 12 月 31 日定义为"n"

产生的数值序列，因此对日期的计算和处理实际上是对日期序列号的计算和处理。

如果将日期序列号扩展到小数就是时间序列号，如一天包括 24 个小时，那么第 1 个小时则表示为 1/24，即 0.0416，第 2 个小时则表示为 2/24，即 0.083……第 24 个小时则表示为 24/24，即 1，所以对时间的计算和处理也是对时间序列号的计算和处理。

5.1.3 常用的日期函数

在 Excel 中日期函数主要用于对日期序列号进行计算，表 5-1 中显示了常见的日期函数名称及其功能。

表 5-1 常见的日期函数名称及其功能

函　　数	功　　能
DATE	返回特定日期的序列号
DATEVALUE	将文本格式的日期转换为序列号
DAY	将序列号转换为月份日期
DAYS360	以一年 360 天为基准计算两个日期的天数
EDATE	返回用于表示开始日期之前或之后月数的日期的序列号
EOMONTH	返回指定月数之前或之后的月份的最后一天的序列号
MONTH	将序列号转换为月
NETWORKDAYS	返回两个日期间的全部工作日数
NOW	返回当前的日期和时间的序列号
TODAY	返回今天日期的序列号
WEEKDAY	将序列号转换为星期日期
WEEKNUM	将序列号转换为代表该星期为一年中第几周的数字
WORKDAY	返回指定的若干个工作日之前或之后的日期的序列号
YEAR	将序列号转换为年

5.2 日期函数应用举例

Excel 2010 中的数据包括 3 类，分别是数值、文本和公式，而且日期是数值中的一种，用户可以对日期进行处理，本节将介绍一些日期函数的应用举例。

5.2.1 使用 DATE 函数计算已知第几天对应的日期

DATE 函数用于返回表示特定日期的连续序列号，下面将分别详细介绍 DATE 函数的语法结构以及使用 DATE 函数计算已知第几天对应的准确日期。

1. 语法结构

DATE(year,month,day)

DATE 函数具有下列参数。

year（必需）：参数的值可以包含一到四位数字。Excel 将根据计算机所使用的日期系统来解释 year 参数。在默认情况下，Microsoft Excel for Windows 将使用 1900 日期系统，而 Microsoft Excel for Macintosh 将使用 1904 日期系统。

- ➢ 如果 year 介于 0（零）到 1899 之间（包含这两个值），则 Excel 会将该值与 1900 相加来计算年份。例如，DATE(108,1,2)将返回 2008 年 1 月 2 日（1900 + 108）。
- ➢ 如果 year 介于 1900 到 9999 之间（包含这两个值），则 Excel 将使用该数值作为年份。例如，DATE(2008,1,2)将返回 2008 年 1 月 2 日。
- ➢ 如果 year 小于 0 或大于等于 10000，则 Excel 将返回错误值 #NUM!。

month（必需）：一个正整数或负整数，表示一年中从 1 月至 12 月（一月到十二月）的各个月。

- ➢ 如果 month 大于 12，则 month 从指定年份的一月份开始累加该月份数。例如，DATE(2008,14,2)返回表示 2009 年 2 月 2 日的序列号。
- ➢ 如果 month 小于 1，则 month 从指定年份的一月份开始递减该月份数，然后再加上 1 个月。例如，DATE(2008,-3,2)返回表示 2007 年 9 月 2 日的序列号。

day（必需）：一个正整数或负整数，表示一月中从 1 日到 31 日的各天。

- ➢ 如果 day 大于指定月份的天数，则 day 从指定月份的第一天开始累加该天数。例如，DATE(2008,1,35)返回表示 2008 年 2 月 4 日的序列号。
- ➢ 如果 day 小于 1，则 day 从指定月份的第一天开始递减该天数，然后再加上 1 天。例如，DATE(2008,1,-15)返回表示 2007 年 12 月 16 日的序列号。

2. 应用举例

如果已知当前一年中的第几天，那么可以使用 DATE 函数计算其对应的准确日期，下面将具体介绍其操作方法。

选中 B2 单元格，在编辑栏中输入公式" = DATE(2015,1,A2)"并按下键盘上的【Enter】键，即可计算出 2015 年第 10 天对应的日期。将鼠标指针移动到 B2 单元格的右下角，当鼠标指针变成十字形状时单击鼠标左键并拖动鼠标指针至 B7 单元格，然后释放鼠标，即可快速返回第 N 天对应的日期，如图 5-2 所示。

	B2	▼	f_x	=DATE(2015,1,A2)		
	A	B	C	D	E
1	**2015年的第N天**	**准确日期**			
2	10	2015/1/10			
3	20	2015/1/20			
4	30	2015/1/30			
5	200	2015/7/19			
6	300	2015/10/27			
7	330	2015/11/26			

图 5-2

5.2.2 使用 DAY 函数计算已知日期对应的天数

DAY 函数用于返回以序列号表示的某日期的天数，用整数 1 到 31 表示。下面将分别详细介绍 DAY 函数的语法结构以及使用 DAY 函数计算已知日期对应的天数。

1. 语法结构

DAY(serial_number)

DAY 函数具有以下参数。

serial_number（必需）：要查找的那一天的日期。

2. 应用举例

在 B1 单元格中输入公式"=DAY(A1)"，确认后按下【Enter】键，即可返回日期的天数，如图 5-3 所示。

图 5-3

5.2.3 使用 TODAY 函数推算春节倒计时

TODAY 函数用于返回当前日期的序列号，下面将分别详细介绍 TODAY 函数的语法结构以及使用 TODAY 函数推算春节倒计时的方法。

1. 语法结构

TODAY( )

该函数没有参数，但是必须要有( )，而且在括号中输入任何参数都会返回错误值。

2. 应用举例

已知 2016 年的春节为 2 月 8 日，用户可以使用 TODAY 函数对春节倒计时进行推算，下面详细介绍具体操作方法。

选择 A2 单元格，在编辑栏文本框中输入公式"="2016-2-8"-TODAY( )"并按下键盘上的【Enter】键，系统会自动在 A2 单元格内计算出距离春节的天数，通过以上方法即可完成推算春节倒计时的操作，如图 5-4 所示。

图 5-4

5.2.4 使用 WEEKDAY 函数返回指定日期的星期值

WEEKDAY 函数用于返回某日期为星期几，在默认情况下，其值为 1（星期天）到 7（星期六）之间的整数。下面将分别详细介绍 WEEKDAY 函数的语法结构以及使用 WEEKDAY 函数返回指定日期的星期值。

1. 语法结构

WEEKDAY(serial_number,[return_type])

WEEKDAY 函数具有以下参数。

serial_number（必需）：一个序列号，代表尝试查找的那一天的日期。

return_type（可选）：用于确定返回值类型的数字，如表 5-2 所示。

表 5-2 return_type 返回值类型说明

return_type	返 回 值
1 或省略	数字 1（星期日）到数字 7（星期六）
2	数字 1（星期一）到数字 7（星期日）
3	数字 0（星期一）到数字 6（星期日）
11	数字 1（星期一）到数字 7（星期日）
12	数字 1（星期二）到数字 7（星期一）
13	数字 1（星期三）到数字 7（星期二）
14	数字 1（星期四）到数字 7（星期三）
15	数字 1（星期五）到数字 7（星期四）
16	数字 1（星期六）到数字 7（星期五）
17	数字 1（星期日）到 7（星期六）

2. 应用举例

如果在工作中需要计算值日表中的星期值，可以通过 WEEKDAY 函数来完成，下面详细介绍其操作方法。

选择 C3 单元格，在编辑栏中输入公式" = WEEKDAY（$B2,2）"并按下键盘上的【Enter】键，系统会在 C3 单元格内计算出该员工在星期几值日，向下拖动填充公式至其他单元格，即可完成返回指定日期的星期值的操作，如图 5-5 所示。

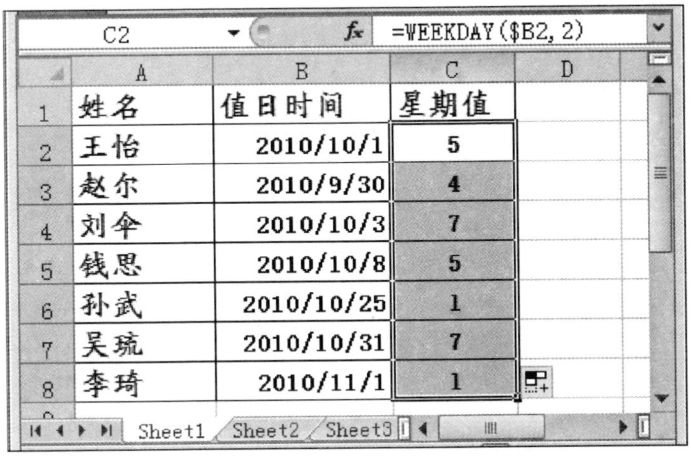

图 5-5

5.2.5 使用 DATEVALUE 函数计算请假天数

DATEVALUE 函数用于将存储为文本的日期转换为 Excel 识别为日期的序列号。例如，公式 "=DATEVALUE("2008-1-1")" 返回日期 2008-1-1 的序列号 39448，下面将分别详细介绍 DATEVALUE 函数的语法结构和使用 DATEVALUE 函数计算请假天数的方法。

1. 语法结构

DATEVALUE(date_text)

DATEVALUE 函数具有以下参数。

date_text（必需）：表示 Excel 日期格式的日期的文本，或者是对表示 Excel 日期格式的日期的文本所在单元格的单元格引用。

在使用 Microsoft Excel for Windows 中的默认日期系统时，参数 date_text 必须表示 1900年 1 月 1 日到 9999 年 12 月 31 日之间的某个日期。

在使用 Excel for Macintosh 中的默认日期系统时，参数 date_text 必须表示 1904 年 1 月 1日到 9999 年 12 月 31 日之间的某个日期。

如果参数 date_text 的值超出上述范围，则 DATEVALUE 函数将返回错误值 #VALUE!。

2. 应用举例

DATEVALUE 函数可以返回日期的序列值，下面将具体介绍使用 DATEVALUE 函数计算请假天数的操作方法。

选择 E3 单元格，在编辑栏中输入公式 "=DATEVALUE("2011-1-6")-DATEVALUE("2011-1-3")" 并按下键盘上的【Enter】键，系统即可自动计算出第一个员工的请假天数，如图 5-6 所示。

E3		▼	f_x	=DATEVALUE("2011-1-6")-DATEVALUE("2011-1-3")			
	A	B	C	D	E	F	G	H

请假天数核对表

	姓名	请假类型	开始日期	结束日期	天数
3	蒋为明	事假	2012/1/3	2012/1/6	3
4	罗晓权	病假	2012/1/3	2012/1/4	
5	朱蓉	事假	2012/1/9	2012/1/20	
6	胡兵	事假	2012/1/11	2012/1/13	

图 5-6

5.2.6 使用 MONTH 函数计算指定日期的月份

MONTH 函数用于返回以序列号表示的日期中的月份，月份是介于 1（一月）到 12（十二月）之间的整数。下面将分别详细介绍 MONTH 函数的语法结构和使用 MONTH 函数计算指定日期的月份。

1. 语法结构

MONTH(serial_number)

MONTH 函数具有以下参数。

serial_number（必需）：要查找的那一月的日期。

2. 应用举例

选择 B2 单元格，在编辑栏中输入公式"=MONTH(A2)"，然后按下【Enter】键，即可返回指定日期的月份，如图 5-7 所示。

B2		▼	f_x	=MONTH(A2)	
	A		B		C
1	指定的日期		计算出该日期月份		
2	2015/5/6		5		
3					
4					

图 5-7

5.2.7 使用 DAYS360 函数计算两个日期间的天数

DAYS360 函数按照一年 360 天的算法（每个月以 30 天计，一年共计 12 个月）返回两日期间相差的天数，这在一些会计计算中将会用到。如果会计系统是基于一年 12 个月，每月 30 天，则可用此函数帮助计算支付款项。下面将分别详细介绍 DAYS360 函数的语法结构和使用 DAYS360 函数计算两个日期间天数的方法。

1. 语法结构

DAYS360(start_date, end_date, [method])

DAYS360 函数具有以下参数。

start_date、end_date（必需）：要计算期间天数的起止日期。

method（可选）：一个逻辑值，指定在计算中是采用欧洲方法还是美国方法。

2. 应用举例

DAYS360 函数可按照一年 360 天的算法计算出两个日期间的天数，下面将详细介绍其操作方法。

在工作表的 A1、A2 单元格中显示将要计算的两个日期。在 A4 单元格中输入公式 "=DAYS360(A1,A2)"，然后按下【Enter】键，即可按照一年 360 天的算法计算出 2008/1/30 与 2008/2/1 之间的天数，如图 5-8 所示。

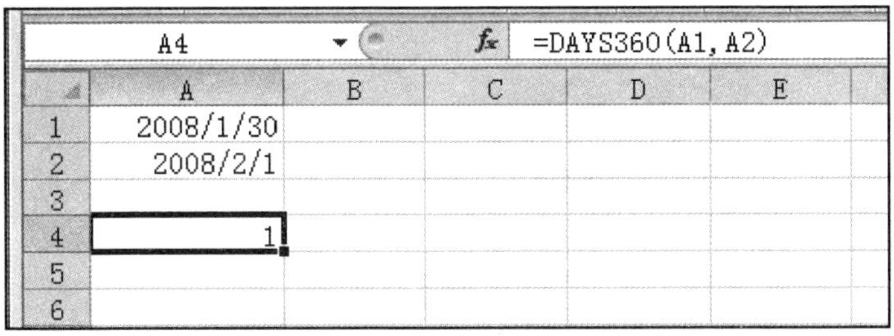

图 5-8

5.2.8 使用 NOW 函数计算当前的日期和时间

NOW 函数用于返回当前日期和时间，下面将分别详细介绍 NOW 函数的语法结构和使用 NOW 函数计算当前日期和时间的方法。

1. 语法结构

NOW( )

该函数没有参数，但是必须要有( )，而且在括号中输入任何参数都会返回错误值。

2. 应用举例

在 A2 单元格中输入公式 "=TEXT(NOW( ),"m 月 d 日 h:m:s")"，然后按下键盘上的【Enter】键，即可计算出当前的日期和时间，如图 5-9 所示。

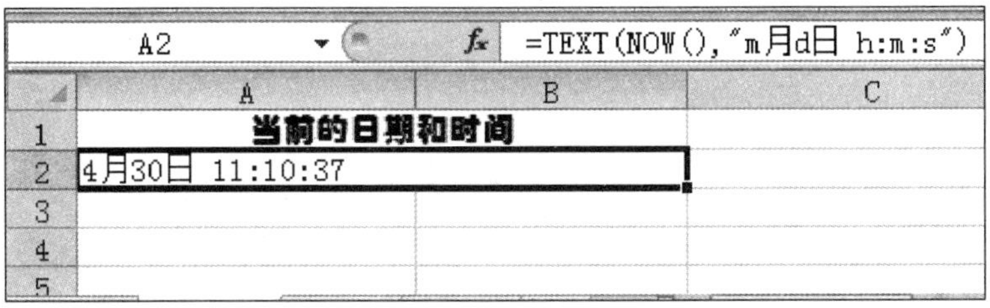

图 5-9

5.2.9 使用 EOMONTH 函数计算指定日期到月底的天数

EOMONTH 函数用于返回某个月份最后一天的序列号，使用 EOMONTH 函数可以计算出正好在特定月份中最后一天的到期日，下面将分别详细介绍 EOMONTH 函数的语法结构以及使用 EOMONTH 函数计算指定日期到月底的天数。

1. 语法结构

EOMONTH(start_date,months)

EOMONTH 函数具有以下参数。

start_date：一个代表开始日期的日期，应使用 DATE 函数输入日期，或者将日期作为其他公式或函数的结果输入。

months：start_date 之前或之后的月份数，months 为正值将生成未来日期，为负值将生成过去日期。

2. 应用举例

如果计算指定日期到月底的天数，首先需要使用 EOMONTH 函数计算出相应的月末日期，然后再减去指定日期，下面将详细介绍计算指定日期到月底之间天数的操作方法。

选中 B2 单元格，在编辑栏中输入公式"＝EOMONTH(A2,0)－A2"并按下键盘上的【Enter】键，即可计算出第一项到月末的天数。选中 B2 单元格，向下拖动复制公式，这样即可计算出指定日期到月末的天数（默认返回日期值），如图 5-10 所示。

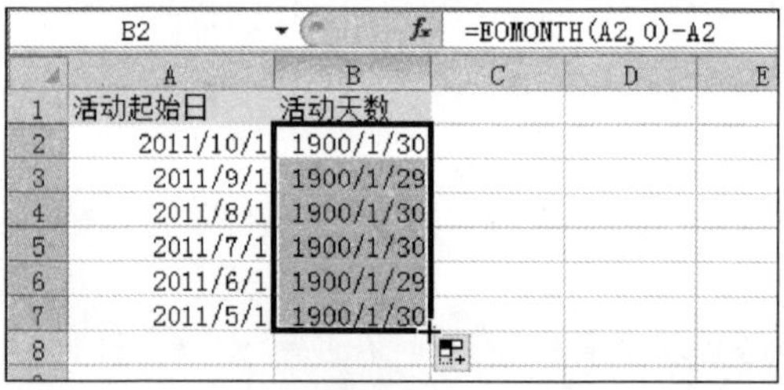

图 5-10

选中返回的结果，重新设置其单元格格式为"常规"，这样即可显示出天数，如图 5-11所示。

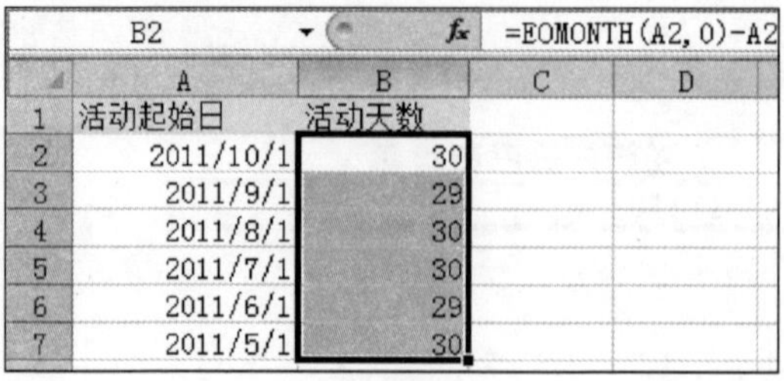

图 5-11

5.2.10 使用 WORKDAY 函数计算项目完成日期

WORKDAY 函数用于返回在某日期（起始日期）之前或之后、与该日期相隔指定工作日的某一日期的日期值，工作日不包括周末和专门指定的假日。下面将分别详细介绍 WORKDAY 函数的语法结构以及使用 WORKDAY 计算项目完成日期的方法。

1. 语法结构

WORKDAY(start_date,days,[holidays])

WORKDAY 函数具有以下参数。

start_date（必需）：一个代表开始日期的日期。

days（必需）：start_date 之前或之后不含周末及节假日的天数，days 为正值将生成未来日期，为负值将生成过去日期。

holidays（可选）：一个可选列表，其中包含需要从工作日历中排除的一个或多个日期，例如各种省\市\自治区和国家\地区的法定假日及非法定假日。

通常使用 DATE 函数输入日期，或者作为其他公式或函数的结果输入。

2. 应用举例

有一个项目除去节假日和休息日，必须在 90 个工作日内完成，本例将应用 WORKDAY 函数计算项目完成的日期。

选中 B6 单元格，在编辑栏中输入公式"=WORKDAY(B2,B3,B4:D5)"并按下键盘上的【Enter】键，即可计算出该项目的完成日期，如图 5-12 所示。

	B6		f_x	=WORKDAY(B2,B3,B4:D5)
	A	B	C	D
1		项目日期统计表		
2	项目开始日期		2010/9/9	
3	项目指定工作日		90	
4	休息日	2010/11/3	2010/11/9	2010/11/20
5	节假日	2010/10/1	2010/10/2	2010/10/3
6	项目完成日期		2011/1/18	

图 5-12

Section
5.3 时间函数

知识导读

在 Excel 中除提供了许多日期函数以外，还提供了部分用于处理时间的函数，本节将详细介绍有关时间函数的知识。

5.3.1 时间的加减运算

时间与日期一样，也可以进行数学运算，只是在处理时间的时候一般只会进行加法和减法的运算。

例如员工的工作时间为"2000 – 4 – 3 08:00"，那么计算工作 8 小时的时间公式为"=" 2000 – 4 – 3 08:00" + TIME(8,0,0)"，其结果为"2000 – 4 – 3 16:00"。

5.3.2 时间的取舍运算

在日常工作中，如果人事部门需要对员工的加班时间进行统计和计算，例如要求加班时间不超过半个小时按半个小时计算，若不足 1 小时，则按 1 小时计算，这时候会涉及时间的舍入计算。

时间的舍入计算与常规的数值计算原理相同，都可以使用 ROUND 函数、ROUNDUP 函数或者 TRUNC 函数进行相应的处理。

5.3.3 常用的时间函数

时间函数可以针对月数、天数、小时、分钟以及秒进行计算，常用的时间函数的名称及其功能如表 5-3 所示。

表5-3 常用的时间函数及其功能

函　　数	功　　能
HOUR	将序列号转换为小时
MINUTE	将序列号转换为分钟
SECOND	将序列号转换为秒
TIME	返回特定时间的序列号
TIMEVALUE	将文本格式的时间转换为序列号

Section

5.4 时间函数应用举例

本节导读

为了提高计算速度，Excel 提供了很多时间函数。时间函数和日期函数一样，可以像常规数值那样去计算，本节将列举一些常用的时间函数应用案例，并对其进行详细讲解。

5.4.1 使用 SECOND 函数计算选手之间相差的秒数

SECOND 函数用于返回时间值的秒数，返回的秒数为 0 到 59 之间的整数。下面将分别详细介绍 SECOND 函数的语法结构以及使用 SECOND 函数计算选手之间相差秒数的方法。

1. 语法结构

SECOND(serial_number)

SECOND 函数具有以下参数。

serial_number：表示一个时间值，其中包含要查找的秒数。

时间有多种输入方式，如带引号的文本字符串（例如"6:45 PM"）、十进制数（例如 0.78125 表示 6:45PM）、其他公式或函数的结果（例如 TIMEVALUE("6:45 PM")）。

2. 应用举例

在赛跑比赛中，通常几秒钟即可影响一名选手的排名，用户可以通过 SECOND 函数精确地计算出两个选手之间相差的秒数。

选择 C3 单元格，在编辑栏中输入公式“=SECOND(B3－B2)”并按下键盘上的【Enter】键，系统会在 C3 单元格内计算出两名选手之间相差的秒数，向下拖动填充公式至其他单元格，即可完成返回选手之间相差的秒数的操作，如图 5-13 所示。

C3 =SECOND(B3-B2)

	A	B	C
1	千米达标统计		
2	第一名	0:03:20	相差秒数
3	第二名	0:03:23	3
4	第三名	0:03:33	10
5	第四名	0:03:44	11
6	第五名	0:03:47	3
7	第六名	0:03:50	3
8	第七名	0:03:5	5

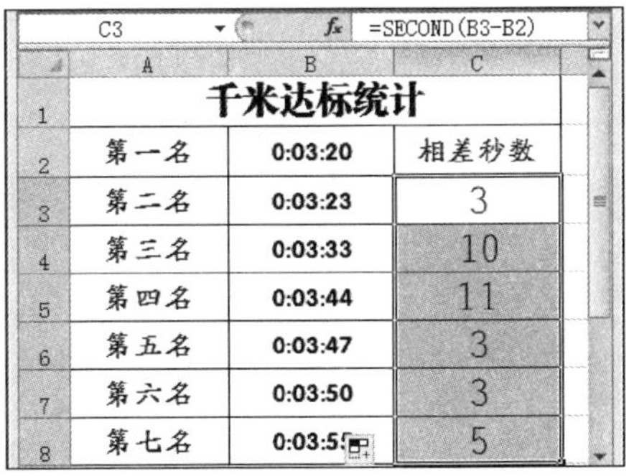

图 5-13

5.4.2 使用 HOUR 函数计算电影播放时长

HOUR 函数用于返回时间值的小时数，即一个介于 0（12:00 A.M.）到 23（11:00 P.M.）之间的整数。下面将分别详细介绍 HOUR 函数的语法结构以及使用 HOUR 函数计算电影播放时长的方法。

1. 语法结构

HOUR(serial_number)

HOUR 函数具有以下参数。

serial_number：一个时间值，其中包含要查找的小时。

时间有多种输入方式，如带引号的文本字符串（例如"6:45 PM"）、十进制数（例如 0.78125 表示 6:45 PM）、其他公式或函数的结果（例如 TIMEVALUE("6:45 PM")）。

2. 应用举例

假如电影院中有4个放映厅，每个放映厅播放电影的时间不同，播放的影片也不同，可以利用HOUR函数对每部电影的播放时长进行计算，需要注意的是HOUR函数只返回整数，下面详细介绍具体操作方法。

选择E2单元格，在编辑栏中输入公式“=HOUR(D2-C2)”并按下键盘上的【Enter】键，系统会在E2单元格内计算出该影片的播放时长，向下拖动填充公式至其他单元格，即可完成计算电影播放时长的操作，如图5-14所示。

E2 =HOUR(D2-C2)

	A	B	C	D	E
1	放映厅	电影名称	播放时间	结束时间	播放时长
2	玫瑰厅	大白鲨	13:00	14:30	1
3	百合厅	虎口脱险	13:30	15:30	2
4	槐花厅	失恋55天	13:40	16:00	2
5	水仙厅	铁西区	13:50	22:10	8

图5-14

知识精讲

HOUR函数在返回小时数值的时候提取的是实际小时数与24的差值。例如，提取小时数为28，那么HOUR函数将返回数值4。在HOUR函数中的参数必须为数值类型数据，例如数字、文本格式的数字或者表达式。如果是文本，则返回错误值#VALUE!。

5.4.3 使用TIME函数计算比赛到达终点的时间

TIME函数用于返回某一特定时间的小数值。TIME函数返回的小数值为0（零）到0.99999999之间的数值，代表从0:00:00（12:00:00 AM）到23:59:59（11:59:59 P.M.）的时间，下面将分别详细介绍TIME函数的语法结构以及使用TIME函数计算比赛到达终点时间的操作方法。

1. 语法结构

TIME(hour,minute,second)

TIME函数具有以下参数。

hour（必需）：0（零）到32767之间的数值，代表小时。任何大于23的数值将除以24，其余数将视为小时。

minute（必需）：0到32767之间的数值，代表分钟。任何大于59的数值将被转换为小时和分钟。

second（必需）：0到32767之间的数值，代表秒。任何大于59的数值将被转换为小时、分钟和秒。

2. 应用举例

选中 E3 单元格，在编辑栏中输入公式 "=TIME(A3,B7,C3)" 并按下键盘上的【Enter】键，即可计算出第一组到达终点的时间。选中 E3 单元格，向下拖动复制公式，这样即可计算出其他组到达终点的时间，如图 5-15 所示。

E3				f_x	=TIME(A3,B7,C3)	
	A	B	C	D	E	F
1	统计到达终点的时间					
2	时	分	秒	小组	到终点时间	
3	0	2	5	第一组	0:06:05	
4	1	3	6	第二组	1:07:06	
5	2	4	7	第三组	2:00:07	
6	3	5	8	第四组	3:00:08	
7	4	6	9	第五组	4:00:09	
8	5	7	10	第六组	5:00:10	
9						

图 5-15

5.4.4 使用 MINUTE 函数精确到分计算工作时长

MINUTE 函数用于返回时间值中的分钟，为一个介于 0 到 59 之间的整数，下面将分别详细介绍 MINUTE 函数的语法结构以及使用 MINUTE 函数精确到分钟计算工作时间的操作方法。

1. 语法结构

MINUTE(serial_number)

MINUTE 函数具有以下参数。

serial_number：一个时间值，其中包含要查找的分钟。

时间有多种输入方式，如带引号的文本字符串（例如"6:45 PM"）、十进制数（例如 0.78125 表示 6:45 PM）、其他公式或函数的结果（例如 TIMEVALUE("6:45 PM")）。

2. 应用举例

本案例的条件为工厂每天上班分三班，即平均每天上班 8 小时左右，下一班再接着上。现需要统计每个人员扣除休息时间后的上班时间，以小时为单位，下面详细介绍其计算方法。

选中 E2 单元格，在编辑栏中输入公式 "=HOUR(C2)+MINUTE(C2)/60-HOUR(B2)-MINUTE(B2)/60-D2+24*(C2<B2)" 并按下键盘上的【Enter】键，即可计算出第一辆车的停车小时数。选中 E2 单元格，向下拖动复制公式，即可计算出其他职工的工作时间，如图 5-16 所示。

	E2		fx	=HOUR(C2)+MINUTE(C2)/60-HOUR(B2)-MINUTE(B2)/60-D2+24*(C2<B2)			
	A	B	C	D	E	F	G	H
1	姓名	上班时间	下班时间	休息时间（小时）	工作时间（小时）			
2	蒋为明	8:00	17:30	1.50	8.00			
3	罗晓权	23:55	7:50	0.50	7.42			
4	朱蓉	16:30	2:00	1.00	8.50			
5	胡兵	8:20	17:00	1.50	7.17			
6	李劲松	0:00	8:00	0.50	7.50			
7	商军	15:50	23:55	1.00	7.08			
8	王中	23:20	8:00	1.50	7.17			
9	宋玉琴	8:10	16:25	0.50	7.75			
10	江涛	16:00	23:38	1.00	6.63			
11	卞晓芳	0:00	7:50	1.00	6.83			
12								
13								

图 5-16

知识精讲

　　本例公式中首先利用 HOUR 函数计算工作的小时数，用 MINUTE 函数计算分钟数，再将分钟除以 60 转换成小时数。两者相加再扣除休息时间即为工作时间，为了防止出现负数，对上班时间的小时数大于下班时间者加 24 小时做调节。在用 MINUTE 函数统计分钟时只计算整数，秒数不会转换为小数。

5.4.5　使用 TIMEVALUE 函数计算口语测试时间

　　TIMEVALUE 函数用于返回由文本字符串所代表的小数值，该小数值为 0 到 0.99999999 之间的数值，代表从 0:00:00（12:00:00 AM）到 23:59:59（11:59:59 P. M.）之间的时间。下面将分别详细介绍 TIMEVALUE 函数的语法结构以及使用 TIMEVALUE 函数计算口语测试时间的方法。

1. 语法结构

　　　　TIMEVALUE(time_text)

TIMEVALUE 函数具有以下参数。

time_text（必需）：一个文本字符串，代表以任意一种 Microsoft Excel 时间格式表示的时间。

2. 应用举例

　　在本例中，某公司在招聘新员工时进行英语口语测试，这个测试没有固定的时间，所以要记录每个人具体的测试时间，要求利用 TIMEVALUE 函数输入测试的开始时间和结束时间，然后计算出每个人的测试时间，下面具体介绍其操作方法。

　　首先应该输入测试时间和结束时间，选中 B3 单元格，在编辑栏中输入公式" = TIME-VALUE("08:25:15 AM")"并按下键盘上的【Enter】键，B3 单元格中将显示时间值"08:25:15"。利用 TIMEVALUE 函数输入所有测试的开始时间和结束时间，如图 5-17 所示。

B3 fx =TIMEVALUE("08:25:15 AM")

	A	B	C	D
1	计算口语测试所需时间			
2	姓名	测试开始时间	测试结束时间	测试所需时间
3	石慧	8:25:15	9:10:15	
4	杨倩	9:15:10	9:45:15	
5	金娥	10:05:15	10:55:25	
6	栗娟	11:15:10	11:55:15	

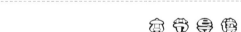

图 5-17

测试所需时间等于测试结束时间减去测试开始时间，在 D3 单元格中输入公式“ = C3 - B3”并按下键盘上的【Enter】键，即可得到第一个员工的测试时间，将公式向下填充即可计算出其他员工的测试时间，如图 5-18 所示。

D3 fx =C3-B3

	A	B	C	D
1	计算口语测试所需时间			
2	姓名	测试开始时间	测试结束时间	测试所需时间
3	石慧	8:25:15	9:10:15	0:45:00
4	杨倩	9:15:10	9:45:15	0:30:05
5	金娥	10:05:15	10:55:25	0:50:10
6	栗娟	11:15:10	11:55:15	0:40:05
7				

图 5-18

Section

5.5 实践案例与上机操作

高手导读

通过本章的学习，读者可以掌握日期与时间函数方面的知识，下面通过几个实践案例进行上机操作，以达到巩固学习、拓展提高的目的。

5.5.1 指定日期的上一月份天数

因为每个月的月末日期数即当月的天数，所以可以通过该原理来计算指定日期的上一个月的天数，下面将详细介绍其操作方法。

选择 B3 单元格，在编辑栏中输入公式“ = DAY(EOMONTH(A3, - 1))”并按下键盘上的【Enter】键，系统会在 B3 单元格内计算出 A3 单元格中日期的上个月的天数，向下进行拖动填充公式至其他单元格，即可完成计算指定日期的上一月份天数的操作，如图5-19所示。

B3		f_x	=DAY(EOMONTH(A3,-1))	
	A	B	C	D
1	**计算上个月天数**			
2	日期	上个月天数		
3	1999/8/23	31		
4	1948/7/24	30		
5	1937/3/20	28		
6	2000/10/26	30		
7	2011/12/31	30		
8	2056/1/8	31		

图 5-19

知识精加

使用 DAY 函数同样可以得到指定日期上个月的天数，其公式为"= DAY(DATE(YEAR(A3),MONTH(A3),0))"；如果需要求得指定日期下个月的天数，使用的公式大致相同，如"= DAY(EOMONTH(A3,1))"。

5.5.2 返回上一星期日的日期数

使用 TODAY 函数可以以当天为准向前推算上一个星期日的日期数，下面详细介绍其操作方法。

选择 D5 单元格，在编辑栏中输入公式"= TODAY() - WEEKDAY(TODAY(),2)"并按下键盘上的【Enter】键，系统会在 D5 单元格内计算出上一星期日的日期数，通过以上方法即可完成返回上一星期日的日期数的操作，如图5-20所示。

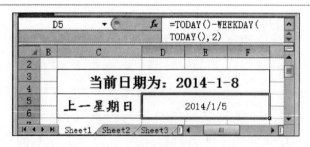

图 5-20

5.5.3 计算精确的比赛时间

在一些比赛项目中，比赛完成的时间也是重要的考量标准之一，下面详细介绍通过 MINUTE 函数配合 HOUR 函数精确计算比赛时间的操作方法。

选择 D3 单元格，在编辑栏中输入公式"= (HOUR(C3) * 60 + MINUTE(C3)) - (HOUR

(B3)＊60＋MINUTE(B3))”并按下键盘上的【Enter】键，系统会在D3单元格内计算出第一位人员比赛所用的精确分钟数，按住鼠标左键向下拖动填充公式至其他单元格，即可精确地计算出其他人员比赛使用的时间，如图5-21所示。

D3　fx　=(HOUR(C3)*60+MINUTE(C3))-(HOUR(B3)*60+MINUTE(B3))

	A	B	C	D
1	XX烹饪大赛			
2	姓名	开始时间	结束时间	使用时间(分钟)
3	王怡	11:32	12:01	29
4	赵尔	11:35	12:30	55
5	刘伞	11:40	12:50	70
6	钱思	11:50	12:45	55
7	孙武	11:58	12:55	57
8	吴琉	12:02	13:05	63
9	李琦	12:10	13:30	80

图5-21

知识精讲

在计算结果的时候，有时系统会默认将单元格设置为时间格式，这时单元格中显示的数据为"0:00:00"，用户只需将单元格格式重新设置为常规即可解决此问题。

5.5.4 以中文星期数形式查看日期对应的星期数

如果准备让返回的星期数以中文文字显示，那么可以按照以下方法来实现。

选中C2单元格，在编辑栏中输入公式“＝TEXT(WEEKDAY(B2,1),"aaaa")”并按下键盘上的【Enter】键，即可返回第一个日期对应的中文星期数。选中C2单元格，向下拖动复制公式，即可快速返回其他日期对应的中文星期数，如图5-22所示。

C2　fx　=TEXT(WEEKDAY(B2,1),"aaaa")

	A	B	C	D	E	F
1	人员	日期	星期数			
2	莉莉	2011/7/8	星期五			
3	周军	2011/7/9	星期六			
4	张笑天	2011/7/10	星期日			
5	李龙浩	2011/7/11	星期一			
6	李禹东	2011/7/12	星期二			

图5-22

知识精讲

在WEEKDAY(B2,1)前加了TEXT函数，此函数用于将数值转换为按指定数字格式表示的文本，这是该公式设置的关键所在。

5.5.5　计算当前日期与星期数

用户通过 TODAY 函数可以快速计算出当前日期与星期数，下面将具体介绍其操作方法。

选择 A1 单元格，在编辑栏中输入公式"＝TEXT（TODAY（），"yyyy－mm－dd AAAA"）"，然后按下键盘上的【Enter】键，即可返回当前的日期与星期数，如图 5-23 所示。

	B1	f_x	=TEXT(TODAY(),"yyyy-mm-dd	
	A		B	C
1	当前日期与星期		2015-05-04 星期一	
2				
3				
4				

图 5-23

5.5.6　根据出生日期快速计算年龄

DATEDIF 函数用于计算两个日期之间的年数、月数和天数，下面具体介绍使用 DATEDIF 函数配合 TODAY 函数根据出生日期快速计算年龄的操作方法。

选择 D2 单元格，在编辑栏中输入公式"＝DATEDIF（C2，TODAY（），"Y"）"并按下键盘上的【Enter】键，即可计算出此人的年龄。选中 D2 单元格，向下拖动复制公式，即可快速计算出其他人员的年龄，如图 5-24 所示。

	D2		f_x	=DATEDIF(C2,TODAY(),"Y")		
	A	B	C	D	E	F
1	姓名	性别	出生日期	年龄		
2	许×	女	1987/9/5	24		
3	李×	男	1987/9/6	24		
4	张×	女	1988/9/7	23		
5	白×	女	1985/9/8	26		
6	黄×	男	1976/9/9	35		
7	王×	女	1987/9/10	24		
8	刘×	男	1977/9/11	34		
9	吕×	男	1987/9/12	24		
10	高×	男	1985/9/13	26		
11						

图 5-24

 知识补充

使用 DATEDIF 函数计算出的年龄按周岁显示。

第 6 章
数学与三角函数

本章内容导读

本章主要介绍了常用的数学与三角函数方面的知识，同时讲解了其中的常规计算、舍入计算、阶乘与随机数、指数与对数、三角函数计算以及一些其他的函数相关应用举例，在本章的最后还针对实际的工作需要讲解了一些实例的上机操作。通过本章的学习，读者可以掌握数学与三角函数方面的知识，为进一步学习 Excel 2010公式·函数·图表与数据分析的相关知识奠定了基础。

本章知识要点

- ☑ 常用的数学与三角函数
- ☑ 常规计算
- ☑ 舍入计算
- ☑ 阶乘与随机数
- ☑ 指数与对数
- ☑ 三角函数计算
- ☑ 其他数学与三角函数

常用的数学与三角函数

Excel 的数学计算功能非常强大，提供了丰富的数学计算函数，包括求和、小数的舍入、生成随机数以及三角函数等，还包括矩阵运算等复杂的计算功能，这些都为数据分析打下了基础，本节将详细介绍常用的数学与三角函数的相关知识。

Excel 2010 中提供了大量的数学和三角函数，如取整函数、绝对值函数和正切函数等，从而方便进行数学和三角的计算，表 6-1 中显示了全部数学和三角函数的名称及其功能。

表 6-1　数学和三角函数名称及其功能

函　数	功　能
ABS	返回数字的绝对值
CEILNG	将数字舍入为最将近的整数或最接近的指定基数的倍数
COMBN	返回给定数目对象的组合数
EVEN	将数字向上舍入到最接近的偶数
EXP	返回 e 的 n 次方
FACT	返回数字的阶乘
FACTDOUBLE	返回数字的双倍阶乘
FLOOR	向绝对值减小的方向舍入数字
GCD	返回最大公约数
INT	将数字向下舍入到最接近的整数
LCM	返回最小公倍数
LN	返回数字的自然对数
LOG	返回数字的以指定底为底的对数
LOG10	返回数字的以 10 为底的对数
MDETERM	返回数组的矩阵行列式的值
MINVERSE	返回数组的逆矩阵
MMULT	返回两个数组的矩阵乘积
MOD	返回除法的余数
MROUND	返回一个舍入到所需倍数的数字
MULTINOMIAL	返回一组数字的多项式
ODD	将数字向上舍入为最接近的奇数
PI	返回 pi 的值
POWER	返回数的乘幂
PRODUCT	将其参数相乘
QUOTIENT	返回除法的整数部分
RAND	返回 0 和 1 之间的一个随机数

（续）

函　数	功　能
RANDBETWEEN	返回位于两个指定数之间的一个随机数
ROMAN	将阿拉伯数字转换为文本式罗马数字
ROUND	将数字按指定位数舍入
ROUNDUP	向绝对值减小的方向舍入数字
SERIESSUM	返回基于公式的幂级数的和
SIGN	返回数字的符号
SQRT	返回正平方根
SQRTPI	返回某数与 pi 的乘积的平方根
SUBTOTAL	返回列表或数据库中的分类汇总
SUM	求参数的和
SUMIF	按给定条件对指定单元格求和
SUNIFS	在区域中添加满足多个条件的单元格
SUMPRODUCT	返回对应的数组元素的乘积和
SUMSQ	返回参数的平方和
SUMX2MY2	返回两数组中对应值的平方差之和
SUNMX2PY2	返回两数组中对应值的平方和之和
SUMXMY2	返回两数组中对应值差的平方和
TRUNC	将数字截尾取整

6.2　常规计算

数学函数主要应用于数学计算中，本节将列举一些在数学函数中进行常规计算的应用案例，并对其进行详细的讲解。

6.2.1　使用 SUM 函数计算学生总分成绩

SUM 函数用于返回某一单元格区域中所有数字之和，下面将分别详细介绍 SUM 函数的语法结构以及使用 SUM 函数计算学生总分成绩的方法。

1. 语法结构

SUM(number1,[number2],...)

SUM 函数具有下列参数。

number1（必需）：表示想要相加的第一个数值参数。

number2、……（可选）：表示想要相加的 2 到 255 个数值参数。

2. 应用举例

对于统计学生的成绩，使用求和函数 SUM 可以快速、方便地将学生成绩统计出来，下面详细介绍具体操作方法。

选择 E2 单元格，在编辑栏中输入公式 "= SUM（B2:D2）" 并按下键盘上的【Enter】键，在 E2 单元格中系统会自动计算出该学生的总成绩，向下拖动填充公式至其他单元格，即可完成计算学生总分成绩的操作，如图 6-1 所示。

	E2	▼		f_x	=SUM(B2:D2)
	A	B	C	D	E
1	姓名	数学	语文	英语	总分
2	王怡	54	108	126	288
3	赵尔	49	63	124	236
4	刘伞	115	90	111	316
5	钱思	50	75	95	220
6	孙武	88	65	65	218

图 6-1

6.2.2 使用 SUMIF 函数统计指定商品的销售数量

SUMIF 函数用于对区域中符合指定条件的值求和，下面将分别详细介绍 SUMIF 函数的语法结构以及使用 SUMIF 函数统计指定商品的销售数量的方法。

1. 语法结构

SUMIF（range,criteria,[sum_range]）

SUMIF 函数具有以下参数。

range（必需）：表示用于条件计算的单元格区域。每个区域中的单元格都必须是数字或名称、数组或包含数字的引用。空值和文本值将被忽略。

criteria（必需）：表示用于确定对哪些单元格求和的条件，其形式可以为数字、表达式、单元格引用、文本或函数。例如，条件可以表示为 32、" > 32"、B5、32、" 32"、" 苹果" 或 TODAY（）。

sum_range（可选）：表示要求和的实际单元格（如果要对未在 range 参数中指定的单元格求和）。如果省略 sum_range 参数，Excel 会对在范围参数中指定的单元格（即应用条件的单元格）求和。

2. 应用举例

本例将使用通配符配合 SUMIF 函数统计指定商品的销售数量，下面将详细介绍其操作方法。

选择 D7 单元格，在编辑栏中输入公式 "= SUMIF（B2:B10," 真心 * ",C2:C10）" 并按

下键盘上的【Enter】键，在 D7 单元格中系统会自动计算出真心罐头的销售数量，通过以上方法即可完成统计指定商品销售数量的操作，如图 6-2 所示。

	A	B	C	D	E
D7			=SUMIF(B2:B10,"真心*",C2:C10)		
1	编号	商品	销售数量		
2	1001	真心桃罐头	200	真心罐头销售数量	
3	1002	水塔桃罐头	180		
4	1003	味品堂桃罐头	210		
5	1004	真心菠萝罐头	180		
6	1005	水塔菠萝罐头	190		
7	1006	味品堂菠萝罐头	205	530	
8	1007	真心山楂罐头	150		
9	1008	水塔山楂罐头	145		
10	1009	味品堂山楂罐头	170		

图 6-2

6.2.3 使用 ABS 函数计算两地的温差

ABS 函数用于返回数字的绝对值，整数和 0 返回数字本身，负数返回数字的相反数，绝对值没有符号，下面将分别详细介绍 ABS 函数的语法结构以及使用 ABS 函数计算两地的温差的方法。

1. 语法结构

ABS(number)

ABS 函数具有下列参数。

number（必需）：表示要计算绝对值的数值。

2. 应用举例

本例将应用 ABS 函数计算出工作表中给出的两个地方的温度之差，下面将具体介绍其操作方法。

选中 D2 单元格，在编辑栏中输入公式 " = ABS(C2 – B2)"，然后按下键盘上的【Enter】键，即可计算出两地的温差，如图 6-3 所示。

	A	B	C	D	E
D2				=ABS(C2-B2)	
1	日期	北京	上海	两地温差	
2	2015/5/1	25	32	7	
3					
4					
5					
6					

图 6-3

6.2.4　使用 MOD 函数计算库存结余

MOD 函数用于返回两个数值相除后的余数，其结果的正负号与除数相同。下面将分别详细介绍 MOD 函数的语法结构以及使用 MOD 函数计算库存结余的方法。

1. 语法结构

MOD(number,divisor)

MOD 函数具有下列参数。

number（必需）：表示被除数。

divisor（必需）：表示除数，并且不能为 0 值。

2. 应用举例

在已知商品数量且需要平均分配给提货商家的前提下，使用 MOD 函数可以快速地进行库存结余计算，下面将详细介绍其操作方法。

选择 D2 单元格，在编辑栏中输入公式" = MOD(B2,C2)"并按下键盘上的【Enter】键，系统会自动在 D2 单元格内计算出该商品的库存结余，向下拖动填充公式至其他单元格，即可完成计算库存结余的操作，如图 6-4 所示。

	A	B	C	D
	商品	数量	提货商数	库存结余
1	商品1	5050	6	4
2	商品2	4568	46	14
3	商品3	9000	12	0
4	商品4	5621	37	34
5	商品5	8700	9	6
6	商品6	4946	18	14

图 6-4

6.2.5　使用 SUMIFS 函数统计某日期区间的销售金额

SUMIFS 函数用于对某一区域内满足多重条件的单元格求和，下面将分别详细介绍 SUMIFS 函数的语法结构以及使用 SUMIFS 函数统计某日期区间的销售金额的方法。

1. 语法结构

SUMIFS(sum_range,criteria_range1,criteria1,[criteria_range2,criteria2],...)

SUMIFS 函数具有以下参数。

sum_range（必需）：表示要求和的单元格区域，包括数字或包含数字的名称、区域或单元格引用。空值和文本值将被忽略。

criteria_range1（必需）：表示要作为条件进行判断的第 1 个单元格区域。

criteria1（必需）：表示要进行判断的第 1 个条件，条件的形式为数字、表达式、单元格引用或文本，可用来定义将对 criteria_range1 参数中的哪些单元格求和。例如，条件可以表示为 32、" > 32"、B4、"苹果" 或"32"。

criteria_range2，criteria2，……（可选）：附加的区域及其关联条件，最多允许 127 个区域/条件对。

2. 应用举例

通过 SUMIFS 函数设置的公式可以统计出某月中旬的销售金额总值，下面具体介绍其操作方法。

选中 F5 单元格，在编辑栏中输入公式 " = SUMIFS(D2：D9，A2：A9，" > 11 − 1 − 10"，A2：A9，" < = 11 − 1 − 20")"并按下键盘上的【Enter】键，即可统计出 2011 年 1 月中旬的销售总金额，如图 6-5 所示。

图 6-5

Section

6.3 舍入计算

本节导读

如果要将一个数字舍入到最接近的整数，或者要将一个数字舍入为 10 的倍数以简化一个近似的量，那么可以应用一些舍入计算的函数。本节将列举一些在数学函数中进行舍入计算的应用案例，并对其进行详细的讲解。

6.3.1 使用 ROUND 函数将数字按指定位数舍入

ROUND 函数用于按照指定的位数对数值进行四舍五入，下面将分别详细介绍 ROUND 函数的语法结构以及使用 ROUND 函数将数字按指定位数舍入的方法。

1. 语法结构

ROUND(number，num_digits)

ROUND 函数具有下列参数。

number（必需）：表示要四舍五入的数字。

num_digits：（必需）：表示要进行四舍五入的位数，按此位数对 number 参数进行四舍五入。

2. 应用举例

本例使用 ROUND 函数将总销售金额按两位小数位的形式进行舍入，下面将详细介绍其操作方法。

选中 D2 单元格，在编辑栏中输入函数 "= ROUND（B2 * C2,2）"，然后按下键盘上的【Enter】键，系统会以两位小数位的形式返回总销售额。将鼠标指针移动到 D2 单元格的右下角，待鼠标指针变成十字形状后按住鼠标左键并向下拖动进行公式填充，即可以两位小数位的形式计算出其他人员的总销售金额，如图 6-6 所示。

	D2		f_x	=ROUND(B2*C2,2)		
	A	B	C	D	E	F	G
1	姓名	销售件数	销售单价	总销售额			
2	赵思思	453	213.56	96742.68			
3	林萍	375	254.36	95385			
4	王晓	345	278.94	96234.3			
5	王然	354	231.63	81997.02			
6	刘枫	354	213.94	75734.76			
7	宏远	387	222.16	85975.92			
8	张岩	838	276.64	231824.3			
9							

图 6-6

6.3.2 使用 ROUNDUP 函数计算人均销售额

ROUNDUP 函数用于按照指定的位数对数值进行向上舍入，下面将分别介绍 ROUNDUP 函数的语法结构以及使用 ROUNDUP 函数计算人均销售额的方法。

1. 语法结构

ROUNDUP（number,num_digits）

ROUNDUP 函数具有下列参数。

number（必需）：表示需要向上舍入的任意实数。

num_digits（必需）：表示四舍五入后的数字的位数。

2. 应用举例

大家在日常工作中经常会遇到两数相除，小数点后有很长一段数字，计算起来十分不方便的情况，使用 ROUNDUP 函数可以对数值进行向下四舍五入，下面详细介绍具体操作方法。

选择 D2 单元格，在编辑栏中输入公式 "= ROUNDUP（（B2/C2），2）"并按下键盘上的【Enter】键，系统会自动在 D2 单元格内计算出人均销售额，并对小数点后两位进行舍入，向下拖动填充公式至其他单元格，即可完成计算人均销售额的操作，如图 6-7 所示。

D2 =ROUNDUP((B2/C2),2)

	A	B	C	D
1	商品	销售额	销售人员	人均销售额
2	商品1	1027	2	513.5
3	商品2	1028	3	342.67
4	商品3	1029	4	257.25
5	商品4	1030	5	206
6	商品5	1031	6	171.84
7	商品6	1032	7	147.43
8	商品7	1033	8	129.13
9	商品8	1034	9	114.89

图 6-7

6.3.3 使用 CEILING 函数计算通话费用

CEILING 函数用于将指定的数值按照条件进行舍入计算，下面将分别详细介绍 CEILING 函数的语法结构以及使用 CEILING 函数计算通话费用的方法。

1. 语法结构

CEILING(number,significance)

CEILING 函数具有下列参数。

number（必需）：表示要舍入的值。

significance（必需）：表示要舍入到的倍数。

2. 应用举例

在计算长途话费时一般以 7 秒为单位，不足 7 秒按 7 秒计算，如果已知通话秒数和计费单价，那么可以使用 CEILING 函数计算出每次通话的费用。CEILING 函数用于将参数 number 向上舍入为最接近的 significance 的倍数，下面具体介绍其操作方法。

选中 D2 单元格，在编辑栏中输入公式“=CEILING(B2/7,1)*C2”并按下键盘上的【Enter】键，即可计算出第一次的费用。选择 D2 单元格，向下拖动进行公式填充，可以快速计算出其他通话时间的通话费用，如图 6-8 所示。

D2 =CEILING(B2/7,1)*C2

	A	B	C	D	E
1	编号	通话秒数	计费单价	通话费用	
2	1	3543	0.04	20.28	
3	2	545	0.04	3.12	
4	3	345	0.04	2	
5	4	354	0.04	2.04	
6	5	3453	0.04	19.76	
7	6	3843	0.04	21.96	
8					

图 6-8

6.3.4　使用 INT 函数对平均销量取整

INT 函数用于将指定数值向下取整为最接近的整数，下面将分别详细介绍 INT 函数的语法结构以及使用 INT 函数对平均销量取整的方法。

1.　语法结构

INT(number)

INT 函数具有下列参数。

number（必需）：表示需要进行向下舍入取整的实数。

2.　应用举例

本例将使用 INT 函数对平均销量进行取整计算，下面详细介绍其操作方法。

选中 B6 单元格，在编辑栏中输入公式" = INT(AVERAGE(B2 : B5))"并按下键盘上的【Enter】键，即可对计算出的产品平均销售数量进行取整，如图 6-9 所示。

	A	B	C	D	E
		B6	▼	*fx* =INT(AVERAGE(B2:B5))	
1	部门	销售数量			
2	销售1部	6431			
3	销售2部	5535			
4	销售3部	5435			
5	销售4部	4578			
6	平均销量	5494			
7					

图 6-9

6.3.5　使用 FLOOR 函数计算员工的提成奖金

FLOOR 函数用于以绝对值减小的方向按照指定倍数舍入数字，下面将分别介绍 FLOOR 函数的语法结构以及使用 FLOOR 函数计算员工的提成奖金的方法。

1.　语法结构

FLOOR(number,significance)

FLOOR 函数具有下列参数。

number（必需）：表示要舍入的数值。

significance（必需）：表示要舍入到的倍数。

2.　应用举例

本例将应用 FLOOR 函数计算员工的提成奖金，提成奖金的计算规则为每超过 3000 元，提成 200 元，剩余金额小于 3000 元时忽略不计，下面具体介绍其方法。

选中 C2 单元格，在编辑栏中输入公式"= FLOOR（B2，3000）/3000 * 200"并按下键盘上的【Enter】键，即可根据 B2 单元格中的销售额计算出该员工的提成奖金。将鼠标指针移动到 C2 单元格的右下角，待鼠标指针变成十字形状后按住鼠标左键并向下拖动进行公式填充，即可计算出其他员工的提成奖金，如图 6-10 所示。

图 6-10

Section

6.4　阶乘与随机数

本节导读

使用阶乘可算出一组中的不同项目有多少种排列方法，同时为了模拟实际情况，经常需要由计算机自动生成一些数据，这时就可以使用随机数来计算。本节将详细介绍阶乘与随机数的相关知识及应用举例。

6.4.1　使用 COMBIN 函数确定所有可能的组合数目

COMBIN 函数用于返回一组对象所有可能的组合数目，下面将分别详细介绍 COMBIN 函数的语法结构以及使用 COMBIN 函数确定所有可能的组合数目的操作方法。

1. 语法结构

COMBIN（number，number_chosen）

COMBIN 函数具有下列参数。

number（必需）：表示项目的数量。

number_chosen（必需）：表示每一组合中项目的数量。

2. 应用举例

COMBIN 函数计算从给定数目的对象集合中提取若干对象的组合数，使用 COMBIN 函数可以确定一组对象所有可能的组合数。下面以统计从 10 面旗中取出 4 面红旗和 3 面黄旗的组合数目为例具体介绍使用 COMBIN 函数确定所有可能的组合数目的方法。

选中 D2 单元格，在编辑栏中输入公式"=COMBIN(A2,4)*COMBIN(B2,3)"并按下键盘上的【Enter】键，即可计算出从 10 面旗中取出 4 面红旗和 3 面黄旗的组合数目为"60"，如图 6-11 所示。

	A	B	C	D	E	F
	红旗	黄旗	要求	组合数		
1						
2	6	4	4红3黄	60		
3						

D2 | =COMBIN(A2,4)*COMBIN(B2,3)

图 6-11

6.4.2 使用 RAND 函数随机创建彩票号码

RAND 函数用于返回大于等于 0 及小于 1 的均匀分布随机实数，每次计算工作表时都将返回一个新的随机实数。下面将分别详细介绍 RAND 函数的语法结构以及使用 RAND 函数随机创建彩票号码的方法。

1. 语法结构

RAND( )

RAND 函数没有参数。

2. 应用举例

使用 RAND 函数可以自动生成彩票开奖号码，下面具体介绍其操作方法。

选中 D3 单元格，在编辑栏中输入公式"=INT(RAND( )*($B$3 -$A$3)+$A$3)"并按下键盘上的【Enter】键，即可计算出第一位号码。选择 D3 单元格，向右拖动进行公式填充，可以快速计算出全部彩票号码，如图 6-12 所示。

图 6-12

每次按下键盘上的【F9】键，将会得到另一个随机的彩票号码，这样即可使用 RAND 函数随机创建彩票号码。

6.4.3 使用 FACT 函数计算数字的阶乘

FACT 函数用于计算数字的阶乘，下面将分别详细介绍 FACT 函数的语法结构以及使用

FACT 函数计算数字的阶乘的方法。

1．语法结构

FACT（number）

FACT 函数具有下列参数。

number（必需）：表示要计算其阶乘的非负数。如果 number 不是整数，则截尾取整。

2．应用举例

选中 B2 单元格，在编辑栏中输入函数"＝FACT（A2）"，然后按下键盘上的【Enter】键，即可计算出正数值"1"的阶乘值为"1"。将鼠标指针移动到 B2 单元格的右下角，待鼠标指针变成十字形状后按住鼠标左键并向下拖动进行公式填充，即可计算出其他正数值的阶乘值，如图 6-13 所示。

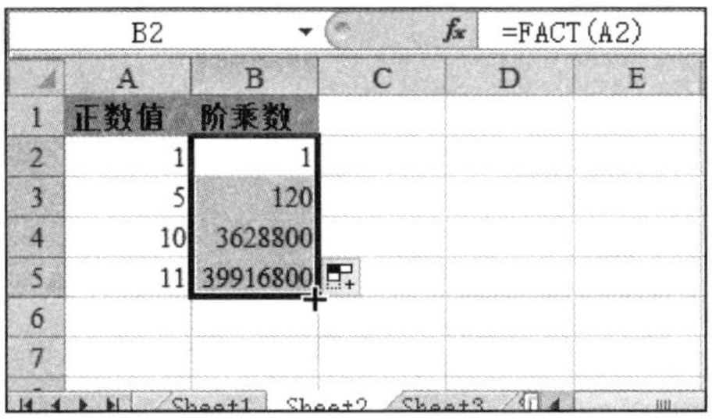

图 6-13

6.4.4　使用 SUMPRODUCT 函数统计多种产品的总销售金额

SUMPRODUCT 函数用于在给定的几个数组中将数组间对应的元素相乘，并返回乘积之和，下面将分别详细介绍 SUMPRODUCT 函数的语法结构及使用 SUMPRODUCT 函数统计多种产品的总销售金额的方法。

1．语法结构

SUMPRODUCT（array1，[array2]，[array3]，…）

SUMPRODUCT 函数具有下列参数。

array1（必需）：表示要进行相乘并求和的第一个数组参数。

array2、array3、……（可选）：表示要参与相乘并求和的第 2 到 255 个数组参数。

2．应用举例

在本例工作表中有多种类别的商品，现要使用 SUMPRODUCT 函数统计出"男士毛衣"和"女士毛衣"的总销售金额，下面具体介绍操作方法。

选中 F4 单元格，在编辑栏中输入公式"＝SUMPRODUCT（（（B2：B9 ＝"男士毛衣"）＋

（B2：B9 = "女士毛衣"）），$C$2，$C$9）"并按下键盘上的【Enter】键，即可统计出"男士毛衣"与"女士毛衣"两种规格产品的总销售金额，如图6-14所示。

	F4		fx	=SUMPRODUCT（（（B2:B9="男士毛衣"）+（B2:B9="女士毛衣"）），$C$2:$C$9）
	A	B	C	D	E	F
1	日期	类别	金额			
2	2011/6/1	男士毛衣	110			
3	2011/6/3	女士套裙	456			
4	2011/6/7	男士毛衣	216			1650
5	2011/6/8	女士毛衣	326		男（女）士毛衣总金额	
6	2011/6/9	女士套裙	236			
7	2011/6/13	女士套裙	653			
8	2011/6/14	女士套裙	356			
9	2011/6/16	男士毛衣	345			

图6-14

6.4.5　使用 MULTINOMIAL 函数计算一组数字的多项式

MULTINOMIAL 函数用于返回参数和的阶乘与各参数阶乘乘积的比值，下面将分别详细介绍 MULTINOMIAL 函数的语法结构以及使用 MULTINOMIAL 函数计算一组数字的多项式的操作方法。

1. 语法结构

MULTINOMIAL(number1 , [number2] , ...)

MULTINOMIAL 函数具有下列参数：

number1（必需）：表示是要进行计算的第 1 个数字，可以是直接输入的数字或单元格引用。

number2、……（可选）：表示是要进行计算的第 2 ~ 255 个数字，可以是直接输入的数字或单元格引用。

2. 应用举例

本例应用 MULTINOMIAL 函数计算将 40 个人分为 5 组且每组没有特定的人数共有多少种分组方案。下面将详细介绍其操作方法。

选中 E1 单元格，在编辑栏中输入公式" = MULTINOMIAL(B3,B4,B5,B6,B7)"，然后按下键盘上的【Enter】键，即可计算出将 40 个人分为 5 组共有多少种分组方案，如图6-15所示。

	E1		fx	=MULTINOMIAL(B3,B4,B5,B6,B7)	
	A	B	C	D	E	F
1	总人数	40		有多少种分组方案	4.23482E+24	
2	分组数	5				
3	第一组人数	6				
4	第二组人数	7				
5	第三组人数	8				
6	第四组人数	9				
7	第五组人数	10				

图6-15

6.5 指数与对数

本节导读

在数学和三角函数中，指数与对数的函数有 EXP 函数、LN 函数、LOG 函数、LOG10 函数和 POWER 函数等，本节将详细介绍指数与对数函数方面的知识及应用案例，并对其进行详细的讲解。

6.5.1 使用 EXP 函数返回 e 的 n 次方

EXP 函数用于计算 e 的 n 次幂，常数 e 等于 2.71828182845904，是自然对数的底数。下面将分别详细介绍 EXP 函数的语法结构以及使用 EXP 函数返回 e 的 n 次方的操作方法。

1. 语法结构

EXP(number)

EXP 函数具有下列参数。

number（必需）：表示应用于底数 e 的指数。

2. 应用举例

选中 B2 单元格，在编辑栏中输入函数 "= EXP(A2)"，然后按下键盘上的【Enter】键，即可计算第一个自然数对数的底数 e 的 n 次幂。将鼠标指针移动到 B2 单元格的右下角，待鼠标指针变成十字形状后按住鼠标左键并向下拖动进行公式填充，即可计算出其他自然数对数的底数 e 的 n 次幂，如图 6-16 所示。

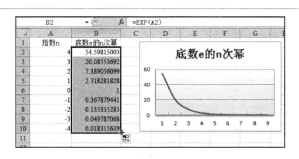

图 6-16

6.5.2 使用 LN 函数计算均衡修正项

LN 函数用于返回一个数的自然对数，自然对数以常数项 e（2.71828182845904）为底。

LN 函数是 EXP 函数的反函数，下面将分别详细介绍 LN 函数的语法结构以及使用 LN 函数计算均衡修正项的方法。

1. 语法结构

LN(number)

LN 函数具有下列参数。

number（必需）：表示想要计算其自然对数的正实数。

2. 应用举例

在市场指数方程中必须有均衡修正项，均衡修正项为"ECM = ln(Price) – 4.9203 ∗ ln(index)"，其中 ln(Price)表示股票价格的对数，ln(index)表示市场指数的对数。已知股票价格为 3 元，市场指数值为 1500，计算均衡修正项。

选中 C2 单元格，在编辑栏中输入公式"= LN(A2) – 4.9203 ∗ LN(B2)"，按下键盘上的【Enter】键，公式即可返回计算结果，如图 6–17 所示。

图 6–17

6.5.3　使用 LOG 函数计算无噪信道传输能力

LOG 函数用于按所指定的底数返回一个数的对数，下面将分别详细介绍 LOG 函数的语法结构以及使用 LOG 函数计算无噪信道传输能力的方法。

1. 语法结构

LOG(number,[base])

LOG 函数具有下列参数。

number（必需）：表示要计算其对数的正实数。

base（可选）：表示对数的底数。如果省略底数，假定其值为 10。

2. 应用举例

在离散的信道容量计算中，无噪信道传输能力用奈奎斯特公式计算，即"C = 2Hlog2N(bps)"，式中 H 为信道的贷款，也就是信道传输上、下限频率的差值，单位是 Hz；N 为一个码元所取的离散值个数。一个电话信号信道的带宽为 32 Hz，码元为 8，计算无噪信道传输能力。

选中 C2 单元格，在编辑栏中输入公式"= 2 ∗ A2 ∗ LOG(B2,2)"，按下键盘上的【Enter】键，公式即可返回计算结果，如图 6-18 所示。

C2			f_x	=2*A2*LOG(B2,2)	
	A	B	C	D	E
1	H	N	C		
2	32	8	192		
3					

图 6-18

6.5.4 使用 LOG10 函数计算分贝数

LOG10 函数用于计算以 10 为底数的对数值，下面将分别详细介绍 LOG10 函数的语法结构以及使用 LOG10 函数计算分贝数的方法。

1. 语法结构

LOG10(number)

LOG10 函数具有下列参数。

number （必需）：表示想要计算其常用对数的正实数。

2. 应用举例

信噪比（S/N）通常用分贝（dB）表示，分贝数 = 10 * log10(S/N)。若信噪比是30 dB，即 S/N = 1000，计算分贝数，下面详细介绍其方法。

选中 B2 单元格，在编辑栏中输入公式"= 10 * LOG10(A2)"，按下键盘上的【Enter】键，公式即可返回计算结果，如图 6-19 所示。

B2			f_x	=10*LOG10(A2)	
	A	B	C	D	E
1	S/N	分贝数			
2	1000	30			
3					

图 6-19

6.5.5 使用 POWER 函数计算数字的乘幂

POWER 函数用于返回给定数字的乘幂。用户可以用"^"运算符代替函数 POWER 来表示对底数乘方的幂次，例如 5^2。下面将分别详细介绍 POWER 函数的语法结构以及使用 POWER 函数计算数字的乘幂的方法。

1. 语法结构

POWER(number, power)

POWER 函数具有下列参数。

number（必需）：表示底数，可以为任意实数。

power（必需）：表示指数，底数按该指数次幂乘方。

2. 应用举例

选中 C2 单元格，在编辑栏中输入函数 "= POWER（A2，B2）"，然后按下键盘上的【Enter】键，即可计算出底数为 "2"、指数为 "5" 的方根值为 "32"。将鼠标指针移动到 C2 单元格的右下角，待鼠标指针变成十字形状后按住鼠标左键并向下拖动进行公式填充，即可计算出其他指定底数和指数的方根值，如图 6-20 所示。

	C2		f_x	=POWER（A2，B2）	
	A	B	C	D	E	F
1	底数	指数	方根值			
2	2	5	32			
3	6	9	10077696			
4						

图 6-20

Section

6.6 三角函数计算

本节导读

Excel 中的三角函数主要应用于几何运算中，使用三角函数可以对数值进行正切、反切、正弦以及余弦等计算。本节将列举一些常用的三角函数的应用案例及知识，并对其进行详细的讲解。

6.6.1 使用 ACOS 函数计算反余弦值

ACOS 函数用于计算反余弦值，反余弦值是角度，它的余弦值为数字。返回的角度值以弧度表示，范围是 0 到 pi。下面将分别详细介绍 ACOS 函数的语法结构以及使用 ACOS 函数计算反余弦值的方法。

1. 语法结构

ACOS（number）

ACOS 函数具有下列参数。

number（必需）：表示所需的角度余弦值，必须介于 -1 到 1 之间。

2. 应用举例

选择 C2 单元格，在编辑栏中输入公式 "= ROUND（ACOS（B2），2）" 并按下键盘上的

【Enter】键，在 C2 单元格中系统会自动计算出反余弦值，向下拖动填充公式至其他单元格，即可完成计算反余弦值的操作，如图 6-21 所示。

	A 角度	B 余弦值	C 反余弦值	D
1	角度	余弦值	反余弦值	
2	0	1	0	
3	45	0.53	1.01	
4	90	−0.45	2.04	
5	135	−1	3.14	
6	180	−0.6	2.21	
7	270	0.98	0.2	
8	360	−0.28	1.85	

C2　fx =ROUND(ACOS(B2),2)

图 6-21

6.6.2　使用 DEGREES 函数计算扇形运动场角度

DEGREES 函数用于将弧度转换为角度，下面将分别详细介绍 DEGREES 函数的语法结构以及使用 DEGREES 函数计算扇形运动场角度的方法。

1. 语法结构

DEGREES(angle)

DEGREES 函数具有下列参数。
angle（必需）：待转换的弧度角。

2. 应用举例

在本例中，已知某扇形运动场测得大致弧长为 300 米、半径为 200 米，现用 DEGREES 函数计算出该扇形场地角度大致是多少。

选中 C2 单元格，在编辑栏中输入公式"= DEGREES(A2/B2)"并按下键盘上的【Enter】键，公式即可返回扇形场地角度，如图 6-22 所示。

	A 弧长	B 半径	C 角度	D	E
1	弧长	半径	角度		
2	300	200	85.94367		
3					

C2　fx =DEGREES(A2/B2)

图 6-22

6.6.3　使用 ATAN2 函数计算射击目标的方位角

ATAN2 函数用于返回给定的 X 及 Y 坐标值的反正切值，反正切的角度值等于 X 轴与通过原点和给定坐标点（x_num,y_num）的直线之间的夹角，结果以弧度表示并介于 − pi 到 pi 之间（不包括 − pi），下面将分别详细介绍 ATAN2 函数的语法结构以及使用 ATAN2 函数计算射击目标的方位角的方法。

1. 语法结构

ATAN2（x_num,y_num）

ATAN2 函数具有下列参数。

x_num（必需）：表示为给定点的 X 坐标。

y_num（必需）：表示为给定点的 Y 坐标。

2. 应用举例

在本例中，某炮兵连进行演习，已知目标在炮弹发射点向北 8 公里、向东 5 公里处，现要知道目标的方位角来进行射击训练，那么方位角应该为多少。

选中 C2 单元格，在编辑栏中输入公式" = DEGREES（ATAN2（A2，B2））"并按下键盘上的【Enter】键，公式将返回射击目标的方位角，如图 6-23 所示。

图 6-23

6.6.4 使用 ASIN 函数计算数字的反正弦值

ASIN 函数用于返回指定数值的反正弦值，即弧度。若要用度表示反正弦值，需将结果再乘以 180/PI（ ）或用 DEGREES 函数表示。下面将分别详细介绍 ASIN 函数的语法结构以及使用 ASIN 函数计算数字的反正弦值的方法。

1. 语法结构

ASIN（number）

ASIN 函数具有下列参数。

number（必需）：表示所需的角度正弦值，必须介于 - 1 到 1 之间。

2. 应用举例

选中 B2 单元格，在编辑栏中输入函数" = ASIN（A2）"，然后按下键盘上的【Enter】键，即可计算出正弦值" - 1"的反正弦值为" - 1.5708"。

将鼠标指针移动到 B2 单元格的右下角，待鼠标指针变成十字形状后按住鼠标左键并向下拖动进行公式填充，即可计算出其他正弦值的反正弦值，如图 6-24 所示。

B2 =ASIN(A2)

	A	B	C	D	E	F
1	正弦值	反正弦值				
2	-1	-1.5708				
3	-0.5	-0.5236				
4	0	0				
5	0.5	0.523599				
6	1	1.570796				
7						
8						

图 6-24

6.6.5 使用 RADIANS 函数计算弧长

RADIANS 函数用于将角度转换为弧度，下面将分别详细介绍 RADIANS 函数的语法结构以及使用 RADIANS 函数计算弧长的方法。

1. 语法结构

RADIANS(angle)

RADIANS 函数具有下列参数。

angle（必需）：表示需要转换成弧度的角度。

2. 应用举例

在本例中，已知扇形会议厅角度为 120 度、半径为 25 米，现利用 RADIANS 函数求出会议厅最后一排的长度，即弧长，弧长公式为“L=R”。

选中 C2 单元格，在编辑栏中输入公式“=RADIANS(A2)*B2”并按下键盘上的【Enter】键，公式即可返回会议厅最后一排的长度，如图 6-25 所示。

C2 =RADIANS(A2)*B2

	A	B	C	D	E
1	角度	半径	弧长		
2	120	25	52.35988		
3					

图 6-25

6.6.6 使用 SIN 函数计算指定角度的正弦值

SIN 函数用于返回给定角度的正弦值，下面将分别详细介绍 SIN 函数的语法结构以及使用 SIN 函数计算指定角度的正弦值的方法。

1. 语法结构

SIN(number)

SIN 函数具有下列参数。

number（必需）：表示需要求正弦的角度，以弧度表示。如果参数的单位是度，则可以乘以 PI()/180 或使用 RADIANS 函数将其转换为弧度。

2. 应用举例

在已知角度的情况下，使用 SIN 函数可以方便、快速地计算出其正弦值，下面详细介绍具体操作方法。

选中 B2 单元格，在编辑栏中输入函数“=RADIANS(A2)”，按下键盘上的【Enter】键，即可将 15 度转换为弧度值“0.261799388”。将鼠标指针移动到 B2 单元格的右下角，待鼠标指针变成十字形状后按住鼠标左键并向下拖动进行公式填充，即可将其他角度转换为弧度值。

选中 C2 单元格，在编辑栏中输入函数“=SIN(B2)”，按下键盘上的【Enter】键，即可计算出 15 度对应的正弦值“0.258819045”。将鼠标指针移动到 C2 单元格的右下角，待鼠标指针变成十字形状后按住鼠标左键并向下拖动进行公式填充，即可计算出其他角度对应的正弦值，如图 6-26 所示。

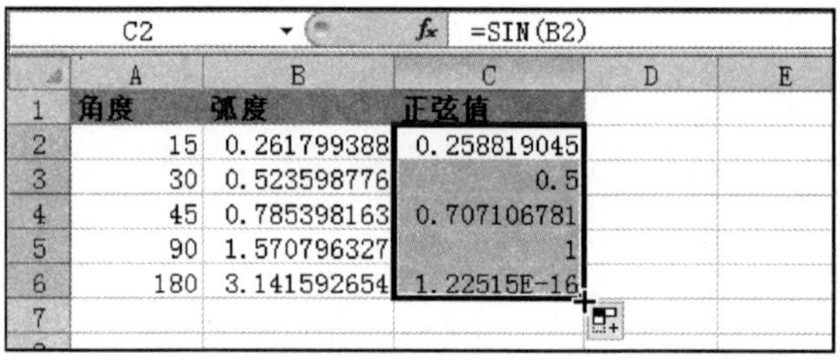

C2 =SIN(B2)

	A	B	C	D	E
1	角度	弧度	正弦值		
2	15	0.261799388	0.258819045		
3	30	0.523598776	0.5		
4	45	0.785398163	0.707106781		
5	90	1.570796327	1		
6	180	3.141592654	1.22515E-16		
7					

图 6-26

6.6.7 使用 COS 函数计算数字的余弦值

COS 函数用于返回给定角度的余弦值，下面将分别详细介绍 COS 函数的语法结构以及使用 COS 函数计算数字的余弦值的方法。

1. 语法结构

COS(number)

COS 函数具有下列参数。

number（必需）：表示想要求余弦的角度，以弧度表示。如果角度是以度表示的，则可将其乘以 PI()/180 或使用 RADIANS 函数将其转换成弧度。

2. 应用举例

本例将应用 COS 函数求指定角度对应的余弦值。

选中 B2 单元格,在编辑栏中输入函数"=COS(RADIANS(A2))",然后按下键盘上的【Enter】键,即可计算出 15 度对应的余弦值为"0.965925826"。将鼠标指针移动到 B2 单元格的右下角,待鼠标指针变成十字形状后按住鼠标左键并向下拖动进行公式填充,即可计算出其他指定的角度对应的余弦值,如图 6-27 所示。

	B2		fx	=COS(RADIANS(A2))	
	A	B	C	D	E
1	角度	余弦值			
2	15	0.965925826			
3	30	0.866025404			
4	45	0.707106781			
5	120	-0.5			
6	180	-1			
7					

图 6-27

6.6.8 使用 TAN 函数计算给定角度的正切值

TAN 函数用于返回给定角度的正切值,下面将分别详细介绍 TAN 函数的语法结构以及使用 TAN 函数计算给定角度的正切值的方法。

1. 语法结构

TAN(number)

TAN 函数具有下列参数。

number(必需):想要求正切的角度,以弧度表示。

如果参数的单位是度,则可以乘以 PI()/180 或使用 RADIANS 函数将其转换为弧度。

2. 应用举例

在已知角度的前提下,使用 TAN 函数可以正确地计算出该角度的正切值,下面详细介绍具体操作方法。

选择 B2 单元格,在编辑栏中输入公式"=TAN(A2)"并按下键盘上的【Enter】键,在 B2 单元格中系统会自动计算出正切值,向下填充公式至其他单元格,即可完成计算给定角度的正切值的操作,如图 6-28 所示。

	B2		fx	=TAN(A2)	
	A	B	C
1	弧度	正切值	反正切值
2	1.047197551	1.732050808	
3	1.0466	1.729663074	
4	1.04766	1.733902086	
5	1.0456	1.725678231	
6	1.04516	1.723929254	

图 6-28

6.6.9 使用 TANH 函数计算双曲正切值

TANH 函数用于返回任意实数的双曲正切值，下面将分别详细介绍 TANH 函数的语法结构以及使用 TANH 函数计算双曲正切值的方法。

1. 语法结构

TANH(number)

TANH 函数具有下列参数。

number（必需）：表示任意实数。

2. 应用举例

在已知弧度的情况下使用 TANH 函数可以计算双曲正切值，下面详细介绍计算双曲正切值的操作方法。

选择 B2 单元格，在编辑栏中输入公式" = TANH(A2)"并按下键盘上的【Enter】键，在 B2 单元格中系统会自动计算出双曲正切值，向下填充公式至其他单元格，即可完成计算双曲正切值的操作，如图 6-29 所示。

	B2	fx	=TANH(A2)
	A	B	C
1	弧度	双曲正切值	反双曲正切值
2	0.785	0.6557942	
3	1.571	0.91715234	
4	2.356	0.98219338	
5	3.142	0.99627208	
6	4.712	0.99983861	
7	6.283	0.99999303	

图 6-29

6.6.10 使用 ATANH 函数计算反双曲正切值

ATANH 函数用于返回参数的反双曲正切值，参数必须介于 -1 到 1 之间（除去 -1 和 1），下面将分别详细介绍 ATANH 函数的语法结构以及使用 ATANH 函数计算反双曲正切值的方法。

1. 语法结构

ATANH(number)

ATANH 函数具有下列参数。

number（必需）：表示 -1 到 1 之间的任意实数。

2. 应用举例

在计算完双曲正切值后可以使用 ATANH 函数进行反双曲正切值的计算，下面详细介绍计算反双曲正切值的操作方法。

选择 C2 单元格，在编辑栏中输入公式" = ATANH（B2）"并按下键盘上的【Enter】键，在 C2 单元格中系统会自动计算出反双曲正切值，向下填充公式至其他单元格，即可完成计算反双曲正切值的操作，如图6-30所示。

	A	B	C
1	弧度	双曲正切值	反双曲正切值
2	0.785	0.6557942	0.785398163
3	1.571	0.91715234	1.570796327
4	2.356	0.98219338	2.35619449
5	3.142	0.99627208	3.141592654
6	4.712	0.99983861	4.71238898
7	6.283	0.99999⬛3	6.283185307

图6-30

Section 6.7 其他数学与三角函数

本节导读

在数学和三角函数中还有 PI 函数、ROMAN 函数、SQRTPI 函数和 SUBTOTAL 函数等其他函数，本节将列举应用案例及知识，并对其进行详细的讲解。

6.7.1 使用 PI 函数计算圆周长

PI 函数用于返回数字 3.14159265358979，即数学常量 pi，精确到小数点后14位，下面将分别介绍 PI 函数的语法结构以及使用 PI 函数计算圆周长的方法。

1. 语法结构

PI()

该函数没有参数。

2. 应用举例

在本例中已知一个圆形喷泉，半径为5米，需要在四周接环形管子，那么需要至少多长的管子。下面将详细介绍其方法。

选中 B2 单元格，在编辑栏中输入公式" =2 * PI() * A2"并按下键盘上的【Enter】键，即可计算出管子的长度，如图6-31所示。

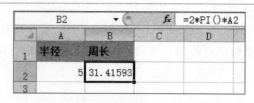

图 6-31

6.7.2 使用 ROMAN 函数将阿拉伯数字转换为罗马数字

ROMAN 函数用于将阿拉伯数字转换为文本形式的罗马数字，下面将分别详细介绍 RO-MAN 函数的语法结构以及使用 ROMAN 函数将阿拉伯数字转换为罗马数字的方法。

1. 语法结构

ROMAN(number,[form])

ROMAN 函数具有下列参数。

number（必需）：表示要转换的阿拉伯数字。

form（可选）：表示一个数字，指定所需的罗马数字类型。罗马数字的样式范围可以从经典到简化，随着 form 值的增加趋于简单。表 6-2 列出了参数 form 的取值情况。

表 6-2 form 的取值与转换类型

form 参数值	类　　型	form 参数值	类　　型
0 或省略	经典	4	简化
1	更简明	TRUE	经典
2	比 1 更简明	FALSE	简化
3	比 2 更简明		

2. 应用举例

本例应用 ROMAN 函数将指定的阿拉伯数字转换为满足条件的罗马数字，下面详细介绍其操作方法。

选中 C2 单元格，在编辑栏中输入公式" = ROMAN(A2,0)"并按下键盘上的【Enter】键，即可将阿拉伯数字 499 转换为罗马数字，如图 6-32 所示。

	C2	▼	fx	=ROMAN(A2,0)	
	A	B	C	D	E
1	阿拉伯数字	转换条件	对应的罗马数字		
2	499	0	CDXCIX		
3	499	1			
4	499	2			
5	499	3			
6	499	4			

图 6-32

在 C3、C4、C5 和 C6 单元格中分别输入公式 "=ROMAN(A3,1)"、"=ROMAN(A4,2)"、"=ROMAN(A5,3)" 和 "=ROMAN(A6,4)",然后按下键盘上的【Enter】键,即可将阿拉伯数字 499 转换为指定形式的罗马数字,如图 6-33 所示。

	A	B	C	D
	阿拉伯数字	转换条件	对应的罗马数字	
2	499	0	CDXCIX	
3	499	1	LDVLIV	
4	499	2	XDIX	
5	499	3	VDIV	
6	499	4	ID	
7				

C6 =ROMAN(A6,4)

图 6-33

6.7.3 使用 SUBTOTAL 函数汇总员工工资情况

SUBTOTAL 函数用于返回列表或数据库中的分类汇总。一般情况下,使用 Excel 应用程序时选择【数据】选项卡,然后在【分级显示】组中单击【分类汇总】按钮,更便于创建带有分类汇总的列表。一旦创建了分类汇总列表,就可以通过编辑 SUBTOTAL 函数对该列表进行修改,下面将分别详细介绍 SUBTOTAL 函数的语法结构以及使用 SUBTOTAL 函数计算数据中员工的年薪总和的方法。

1. 语法结构

SUBTOTAL(function_num,ref1,[ref2],...)

SUBTOTAL 函数具有以下参数。

function_num(必选):表示要对列表或数据库进行的汇总方式,该参数为 1~11(包含隐藏值)或 101~111(忽略隐藏值)之间的数字,表 6-3 列出了参数 function_num 的取值情况。

表 6-3 参数 function_num 的取值与对应函数

function_num 包含隐藏值	function_num 忽略隐藏值	对 应 函 数	函 数 功 能
1	101	AVERAGE	统计平均值
2	102	COUNT	统计数值单元格数
3	103	COUNTA	统计非空单元格数
4	104	MAX	统计最大值
5	105	MIN	统计最小值
6	106	PRODUCT	求积
7	107	STDEV	统计标准偏差
8	108	STDEVP	统计总体标准偏差
9	109	SUM	求和

（续）

function_num 包含隐藏值	function_num 忽略隐藏值	对 应 函 数	函 数 功 能
10	110	VAR	统计方案
11	111	VARP	统计总体方差

ref1（必选）：表示要对其进行分类汇总计算的第一个命名区域或引用。

ref2、……（可选）：表示要对其进行分类汇总计算的第 2 个至第 254 个命名区域或引用。

2. 应用举例

本例将应用 SUBTOTAL 函数汇总某部门员工工资情况，下面详细介绍其操作方法。

在工作表数据区域 A1:D14 中包含 14 行，其中第 2、4、5、7、8、9、10、11、12 行被隐藏。选中单元格 G1，在编辑栏中输入公式"= SUBTOTAL(109,D3:D14)"并按下键盘上的【Enter】键，即可计算出图中显示的 4 行数据中销售部员工的年薪总和，如图 6-34 所示。

	A	B	C	D	E	F	G
	G1					fx	=SUBTOTAL(109,D3:D14)
1	姓名	部门	职位	年薪		销售部员工年薪总和	140400
3	蒋为明	销售部	高级职员	18000			
6	罗晓权	销售部	部门经理	32400			
13	朱蓉	销售部	高级职员	43200			
14	宋玉琴	销售部	普通职员	46800			
15							
16							
17							

图 6-34

Section

6.8　实践案例与上机操作

本节导读

通过本章的学习，用户可以掌握数学与三角函数方面的知识，下面通过几个实践案例进行上机操作，以达到巩固学习、拓展提高的目的。

6.8.1　随机抽取中奖号码

RANDBETWEEN 函数与 RAND 函数同样是随机函数，但 RANDBETWEEN 函数可以指定某个范围，并在范围内随机返回数据，下面详细介绍随机抽取中奖号码的操作方法。

选择 C2 单元格，在编辑栏中输入公式"= RANDBETWEEN(B2,B6)"并按下键盘上的

【Enter】键，在 C2 单元格中系统会随机返回一个 B2～B6 之间的数值，通过以上方法，即可完成随机抽取中奖号码的操作，如图 6-35 所示。

	A	B	C
	C2		=RANDBETWEEN(B2,B6)
1	姓名	所持号码	抽奖结果
2	王怡	1001	
3	赵尔	1002	
4	刘伞	1003	1004
5	钱思	1004	
6	孙武	1005	
7			

图 6-35

知识精讲

RAND 函数主要用于产生 0～1 之间的随机数，其值的范围是大于等于 0，但小于 1，且产生的随机小数几乎不会重复；RANDBETWEEN 函数具有上限和下限参数，用于确定产生随机数的范围，其结果主要用于产生随机整数。

6.8.2 使用 SUM 函数与 PRODUCT 函数统计销售额

嵌套使用 SUM 函数与 PRODUCT 函数可以快速地对销售额进行统计，下面详细介绍具体操作方法。

选择 E2 单元格，在编辑栏中输入公式" = SUM(PRODUCT(B2,C2),D2)"并按下键盘上的【Enter】键，在 E2 单元格中系统会自动计算出"小 M 盒子"的销售额，向下填充公式至其他单元格，即可完成计算统计销售额的操作，如图 6-36 所示。

	A	B	C	D	E
	E2		=SUM(PRODUCT(B2,C2),D2)		
1	商品名称	商品单价	购买数量	运费	总计
2	小M盒子	359	2	24	742
3	B度影棒	228	3	36	720
4	LE秘盒	488	1	12	500
5	H信"黛玉"	299	5	60	1555
6					

图 6-36

6.8.3 统计非工作日销售金额

在一个按日期显示销售金额的工作表中包括周六和周日，如果准备单独计算周六和周日的总销售金额，那么可以使用 SUMPRODUCT 函数设计公式来进行计算，下面具体介绍统计非工作日销售金额的操作方法。

选中 C15 单元格，在编辑栏中输入公式 "= SUMPRODUCT（（MOD（A2:A13,7）< 2）*C2:C13）" 并按下键盘上的【Enter】键，即可统计出非工作日（即周六和周日）销售金额之和，如图 6-37 所示。

	A	B	C	D	E
1	日期	星期	金额		
2	2011/6/1	星期一	110		
3	2011/6/3	星期二	456		
4	2011/6/7	星期四	216		
5	2011/6/8	星期五	326		
6	2011/6/9	星期六	236		
7	2011/6/13	星期日	653		
8	2011/6/14	星期一	356		
9	2011/6/16	星期二	345		
10	2011/6/17	星期四	564		
11	2011/6/18	星期五	543		
12	2011/6/19	星期六	341		
13	2011/6/20	星期日	156		
14					
15	非工作日总销售金额		884		

C15 ▼ fx =SUMPRODUCT((MOD(A2:A13,7)<2)*C2:C13)

图 6-37

知识精讲

依次判断 A2:A13 单元格区域中的值除以数值 "7" 的余数是否小于 2（星期六对应的序号是 7 的倍数，星期日对应的序号除以数值 "7" 的余数为 1），将所有满足条件的项的对应 C 列的数值相加。

6.8.4 统计多种类别产品的总销售金额

配合使用 SUM 函数与 SUMIF 函数设计公式可以统计多种类别产品的总销售金额，下面具体介绍其操作方法。

选中 F4 单元格，在编辑栏中输入公式 "= SUM（SUMIF（B2:B11,｛ "男士毛衣","女士毛衣"｝,C2:C11））" 并按下键盘上的【Enter】键，即可统计出 "男士毛衣" 与 "女士毛衣" 两种产品的总销售金额，如图 6-38 所示。

	A	B	C	D	E	F
1	日期	类别	金额			
2	2011/6/1	男士毛衣	110			
3	2011/6/3	女士套裙	456			
4	2011/6/7	男士毛衣	216			1884
5	2011/6/8	女士毛衣	326		男（女）士毛衣总销售金额	
6	2011/6/9	女士套裙	236			
7	2011/6/13	女士毛衣	653			
8	2011/6/14	女士套裙	356			
9	2011/6/16	男士毛衣	345			
10	2011/6/24	女士连衣裙	962			
11	2011/6/25	女士毛衣	234			

F4 ▼ fx =SUM(SUMIF(B2:B11,{"男士毛衣","女士毛衣"},C2:C11))

图 6-38

6.8.5 统计女性教授人数

使用 SUM 函数不仅可以计算数值的和，还可以对数据进行统计，下面详细介绍统计女性教授人数的操作方法。

选择 D8 单元格，在编辑栏中输入公式“=SUM((B2:B8="女")*(C2:C8="教授"))”并按下【Ctrl】+【Shift】+【Enter】组合键，在 D8 单元格中系统会自动统计出女性教授人数，通过以上方法即可完成统计女性教授人数的操作，如图 6-39 所示。

D8 {=SUM((B2:B8="女")*(C2:C8="教授"))}

	A	B	C	D
1	姓名	性别	职称	统计女性教授人数
2	王怡	女	高级讲师	
3	赵尔	男	教授	
4	刘伞	男	高级讲师	
5	钱思	女	教授	
6	孙武	男	高级讲师	
7	吴琉	男	教授	
8	李琦	女	教授	2

图 6-39

6.8.6 使用 MROUND 函数计算车次

MROUND 函数用于按指定的倍数舍入到最接近的数字。本例将应用 MROUND 函数计算商品的运送车次，运送规则为每 50 件商品装一车，如果最后剩余的商品数量大于等于 25，则可以再派一辆车运送，否则将剩余商品通过人工送达，即不使用车辆运送，不计车次。

选中 B3 单元格，输入函数“=MROUND(B1,B2)/B2”，然后按下键盘上的【Enter】键，即可计算出商品运送车次，如图 6-40 所示。

B3 =MROUND(B1,B2)/B2

	A	B	C	D
1	要运送的商品总数	466		
2	每车可装载商品数量	50		
3	需要多少辆车运送	9		
4				

图 6-40

6.8.7 根据角度和半径计算弧长

在已知角度值和半径值的前提下使用 RADIANS 函数可以快速、方便地计算出弧长，下面详细介绍具体操作方法。

选择 C2 单元格，在编辑栏中输入公式"=ROUND(RADIANS(A2)*B2,2)"并按下键盘上的【Enter】键，在 C2 单元格中系统会自动计算出弧长，向下填充公式至其他单元格，即可完成根据角度和半径计算弧长的操作，如图 6-41 所示。

	A	B	C	D
	角度	半径	弧长	
2	45	15	11.78	
3	60	10	10.47	
4	90	20	31.42	
5	135	50	117.81	

图 6-41

6.8.8 计算双曲正弦值

在已知弧度的情况下使用 SINH 函数可以方便地计算双曲正弦值，下面详细介绍具体操作方法。

选择 B2 单元格，在编辑栏中输入公式"=ROUND(SINH(A2),2)"并按下键盘上的【Enter】键，在 B2 单元格中系统会自动计算出双曲正弦值，向下填充公式至其他单元格，即可完成计算双曲正弦值的操作，如图 6-42 所示。

	A	B	C	D
1	弧度	双曲正弦值		
2	1	1.18		
3	5	74.2		
4	12	81377.4		
5	14	601302.14		
6	19	89241150		
7	20	242582598		

图 6-42

知识智典

SINH 函数的参数必须为数值型数据，即数字、文本格式的数字或者其他逻辑值，如果是文本，则返回错误值#VALUE!；如果参数的单位是"度"，则需要将计算结果使用 RADIANS 函数进行转换，或者将计算结果乘以"PI()/180"。

第1章
财务函数

本章内容导读

本章主要介绍了常用财务函数方面的知识，同时讲解了折旧值函数、投资函数、本金与利息函数、收益率函数和债券与证券函数等相关案例，在本章的最后还针对实际的工作需要，展示了一些实例的上机操作过程。通过本章的学习，读者可以掌握财务函数方面的知识，为进一步学习 Excel 2010 公式·函数·图表与数据分析的相关知识奠定了基础。

本章知识要点

- ☑ **常用的财务函数名称及功能**
- ☑ **折旧值计算函数**
- ☑ **投资计算函数**
- ☑ **本金与利息函数**
- ☑ **收益率函数**
- ☑ **债券与证券函数**

Section

7.1 常用的财务函数名称及功能

Excel 附带了许多财务函数，这些函数的功能非常强大，能够帮助用户完成企业及个人财务管理，用户可以使用这些函数计算贷款的逐月还款额、投资活动的内部反还率以及资产年度折旧率等。 本节将详细介绍常用财务函数的相关知识。

使用财务函数可以进行一般的财务计算，从而方便对个人或企业的财务状况进行管理，表 7-1 中列出了常用的财务函数名称及功能。

表 7-1 财务函数名称及其功能

函　数	功　能
ACCRINT	返回定期支付利息的债券的应计利息
ACCRINTM	返回在到期日支付利息的债券的应计利息
AMORDEGRC	根据年限计算每个结算期间的折旧值
AMORLINC	计算每个结算期间的折旧值
COUPDAYBS	返回从付息期开始到成交日之间的天数
COUPDAYS	返回包含成交日的付息天数
COUPDAYSNC	返回从成交日到下一付息之间的天数
COUPNCD	返回成交日之后的下一个付息日
'COUPNUM	返回成交日和到期日之间的应付利息次数
CUMIPMT	返回两个付款期之间累积支付的利息
COUPPCD	返回成交日之前的上一付息日
DISC	返回债券的贴现率
DB	使用固定余额递减法返回一笔资产在给定期间的折旧值
DDB	使用双倍余额递减法返回一笔资产在给定期间的折旧值
DOLLARDE	将以分数表示的价格转换为以小数表示的价格
DOLLARFR	将以小数表示的价格转换为以分数表示的价格
DURATION	返回定期支付利息的债券的每年期限
EFFECT	返回年有效利息
FV	返回一笔投资的未来值
FVSCHEDULE	返回应用一系列复利率计算的初始本金的未来值
INTRATE	返回完全投资型债券的利率
IPMT	返回一笔投资在给定期间内支付的利息
IRR	返回一系列现金流的内部收益率

（续）

函　数	功　能
ISPMT	计算特定投资期内要支付的利息
MDURATION	返回假设面值为￥100 的有价证券的 Macauley 修正期限
MIRR	返回正和负现金流以不同利率进行计算的内部收益率
NOMINAL	返回年度的名义利率
NPER	返回投资的期数
NPV	返回基于一系列定期的现金流和贴现率计算的投资的净现值
ODDFPRICE	返回每张票面为￥100 且第一期为奇数的债券的现价
ODDFYIELD	返回第一期为奇数的债券的收益
ODDLYIELD	返回最后一期为奇数的债券的收益
ODDLPRICE	返回每张票面为￥100 且最后一期为奇数的债券的现价
PMT	返回年金的定期支付金额
PPMT	返回一笔投资在给定期间内偿还的本金
PRICE	返回每张票面为￥100 且定期支付利息的债券的现价
PRICEDISC	返回每张票面为￥100 的已贴现债券的现价
PRICEMAT	返回每张票面为￥100 且在到期日支付利息的债券的现价
PV	返回投资的现值
RATE	返回年金的各期利率
RECEIVED	返回完全投资型债券在到期日收回的金额
SLN	返回固定资产的每期线性折旧费
SYD	返回某项固定资产按年限总和折旧法计算的每期折旧金额
TBILLEQ	返回面值￥100 的国库券的价格
TBILLYIELD	返回国库券的收益率
VDB	使用余额递减法返回一笔资产在给定期间或部分期间内的折旧值
XIRR	返回一组现金流的内部收益率，这些现金流不一定定期发生
XNPV	返回一组现金流的净现值，这些现金流不一定定期发生
YIELD	返回定期支付利息的债券的收益
YIELDDISC	返回已贴现债券的年收益，例如短期国库券
YIELDMAT	返回在到期日支付利息的债券的年收益

Section 7.2　折旧值计算函数

本节导读

　　折旧值计算函数是用来计算固定资产折旧值的一类函数，本节将列举财务函数中进行折旧值计算的一些函数应用案例，并对其进行详细的讲解。

7.2.1　使用 AMORDEGRC 函数计算注塑机每个结算期的余额递减折旧值

AMORDEGRC 函数用于返回每个结算期间的折旧值，该函数主要为法国会计系统提供。如果某项资产是在该结算期的中期购入的，则按直线折旧法计算。该函数与 AMORLINC 函数很相似，不同之处在于该函数中用于计算的折旧系数取决于资产的寿命。下面将分别详细介绍 AMORDEGRC 函数的语法结构以及使用 AMORDEGRC 函数计算注塑机每个结算期的余额递减折旧值的方法。

1. 语法结构

AMORDEGRC(cost, date_purchased, first_period, salvage, period, rate, [basis])

AMORDEGRC 函数具有下列参数。

cost（必需）：表示资产原值。

date_purchased（必需）：表示购入资产的日期。

first_period（必需）：表示第一个期间结束时的日期。

salvage（必需）：表示资产在使用寿命结束时的残值。

period（必需）：表示计算折旧值的期间。

rate（必需）：表示折旧率。

basis（可选）：表示要使用的年基准。表 7-2 列出了参数 basis 的取值以及说明。

表 7-2　参数 basis 的取值以及说明

basis 参数值	说　　明
0 或省略	一年以 360 天为准（NASD 方法）
1	用实际天数除以该年的实际天数，即 365 或 366
3	一年以 365 天为准
4	一年以 360 天为准（欧洲方法）

此函数的折旧系数如表 7-3 所示。

表 7-3　AMORDEGRC 函数的折旧系数

资产的生命周期（1/rate）	折　旧　系　数
3 到 4 年	1.5
5 到 6 年	2
6 年以上	2.5

2. 应用举例

在给定条件充足的情况下，使用 AMORDEGRC 函数可以准确地计算出每个结算期间的余额递减折旧值，下面详细介绍其操作方法。

选择 B8 单元格，在编辑栏中输入公式"= AMORDEGRC（B2，B3，B4，B5，B6，B7，1）"并按下键盘上的【Enter】键，在 B8 单元格中系统会自动计算注塑机在这个期间内的余额递减折旧值，通过以上方法即可完成计算余额递减折旧值的操作，如图 7-1 所示。

	B8 ▼	*fx*	=AMORDEGRC(B2,B3,B4,B5,B6,B7,1)
	A	B
1	注塑机折旧	
2	资产原值	¥150,000.00
3	购买日期	2005/5/3
4	评估时间	2006/6/15
5	资产残值	¥120,000.00
6	期数	1
7	折旧率	12%
8	递减折旧值	¥36,000.00

图 7-1

7.2.2 使用 AMORLINC 函数计算切割机每个结算期的折旧值

AMORLINC 函数用于返回每个结算期间的折旧值，该函数为法国会计系统提供。如果某项资产是在结算期间的中期购入的，则按线性折旧法计算。下面将分别详细介绍 AMORLINC 函数的语法结构以及使用 AMORLINC 函数计算切割机每个结算期的折旧值的操作方法。

1. 语法结构

AMORLINC（cost，date_purchased，first_period，salvage，period，rate，[basis]）

AMORLINC 函数具有下列参数。

cost（必需）：表示资产原值。

date_purchased（必需）：表示购入资产的日期。

first_period（必需）：表示第一个期间结束时的日期。

salvage（必需）：表示资产在使用寿命结束时的残值。

period（必需）：表示计算折旧值的期间。

rate（必需）：表示折旧率。

basis（可选）：表示要使用的年基准。

2. 应用举例

选择 B8 单元格，在编辑栏中输入公式"= AMORDEGRC（B2，B3，B4，B5，B6，B7，1）"并按下键盘上的【Enter】键，在 B8 单元格中系统会自动计算切割机在这个期间内的折旧值，通过以上方法即可完成计算折旧值的操作，如图 7-2 所示。

B8	fx =AMORLINC(B2,B3,B4,B5,B6,B7,1)

	A	B
1	切割机折旧	
2	资产原值	¥150,000.00
3	购买日期	2005/5/3
4	评估时间	2006/6/15
5	资产残值	¥120,000.00
6	期数	1
7	折旧率	12%
8	递减折旧值	¥9,879.45

图 7-2

7.2.3 使用 DB 函数计算每年的折旧值

DB 函数用于使用固定余额递减法计算一笔资产在给定期间内的折旧值，下面将分别介绍 DB 函数的语法结构以及使用 DB 函数计算每年折旧值的方法。

1. 语法结构

$$DB(cost, salvage, life, period, [month])$$

DB 函数具有下列参数。

cost（必需）：表示资产原值。

salvage（必需）：表示资产在折旧期末的价值（有时也称为资产残值）。

life（必需）：表示资产的折旧期数。

period（必需）：表示需要计算折旧值的期间，必须使用与 life 相同的单位。

month（可选）：表示第 1 年的月份数，如果省略，则假设为 12。

2. 应用举例

DB 函数使用固定余额递减法计算一笔资产在给定期间内的折旧值，下面详细介绍使用 DB 函数计算每年折旧值的操作方法。

输入固定资产的原值、可使用年限、残值等数据到工作表中，并输入要求解的各年限。选中 B5 单元格，在编辑栏中输入公式"= DB($B$2, $D$2, $C$2, A5, $E$2)"并按下键盘上的【Enter】键，即可计算出该项固定资产第 1 年的折旧额。选中 B5 单元格，向下拖动复制公式，即可计算出各年限的折旧额，如图 7-3 所示。

B5	fx =DB($B$2,$D$2,$C$2,A5,$E$2)

	A	B	C	D	E
1	资产名称	原值	可使用年限	残值	每年使用月数
2	轿车	150000	10	15000	10
3					
4	年限	折旧额			
5	1	¥25,750.00			
6	2	¥25,595.50			
7	3	¥20,322.83			
8	4	¥16,136.32			
9	5	¥12,812.24			

图 7-3

知识简讲

固定余额递减法是一种加速折旧法，即在预计的使用年限内将后期折旧的一部分移到前期，使前期折旧额大于后期折旧额的一种方法，使用固定余额递减法计算固定资产折旧额的函数为 DB 函数。

7.2.4　使用 VDB 函数的余额递减法计算房屋折旧值

VDB 函数用于使用双倍余额递减法或其他指定方法返回指定的任何期间内（包括部分期间）的资产折旧值，VDB 函数代表可变余额递减法。下面将分别详细介绍 VDB 函数的语法结构以及使用 VDB 函数的余额递减法计算房屋折旧值的方法。

1. 语法结构

$$VDB(cost,salvage,life,start\_period,end\_period,[factor],[no\_switch])$$

VDB 函数具有下列参数。

cost（必需）：表示资产原值。

salvage（必需）：表示资产在折旧期末的价值（有时也称为资产残值）。此值可以是 0。

life（必需）：表示资产的折旧期数。

start_period（必需）：表示进行折旧计算的起始期间，start_period 必须使用与 life 相同的单位。

end_period（必需）：表示进行折旧计算的截止期间，end_period 必须使用与 life 相同的单位。

factor（可选）：表示余额递减速率。如果 factor 被省略，则假设为 2（双倍余额递减法）。如果不想使用双倍余额递减法，可更改参数 factor 的值。

no_switch（可选）：表示一逻辑值，指定当折旧值大于余额递减计算值时是否转用直线折旧法。

2. 应用举例

在给定条件充足的情况下，使用 VDB 函数可以准确地计算出房屋的折旧值，下面详细介绍其操作方法。

选择 B7 单元格，在编辑栏中输入公式" = VDB(B2,B3,B4,B5,B6)"，并按下键盘上的【Enter】键，在 B7 单元格中系统会自动计算房屋的折旧值，通过以上方法即可完成使用余额递减法计算房屋折旧值的操作，如图 7-4 所示。

B7	▼	f_x	=VDB(B2,B3,B4,B5,B6)

	A	B
1	房屋折旧	
2	房屋价值	1200000
3	房屋残值	800000
4	折旧年限	70
5	开始时间（年）	3
6	结束时间（年）	50
7	折旧值	¥300,053.64
8		

图 7-4

7.2.5 使用 SLN 函数计算一个期间内的线性折旧值

SLN 函数用于返回某项资产在一个期间中的线性折旧值，下面将分别介绍 SLN 函数的语法结构以及使用 SLN 函数计算在一个期间内的线性折旧值的方法。

1. 语法结构

SLN(cost , salvage , life)

SLN 函数具有下列参数。

cost（必需）：表示资产原值。

salvage（必需）：表示资产在折旧期末的价值（有时也称为资产残值）。

life（必需）：表示资产的折旧期数。

2. 应用举例

在给定条件充足的情况下，使用 SLN 函数可以准确地计算出商铺的线性折旧值，下面详细介绍其操作方法。

选择 B5 单元格，在编辑栏中输入公式" = SYD($B$2, $B$3, $B$4, ROW(B1))"并按下键盘上的【Enter】键，在 B5 单元格中系统会自动计算出商铺的线性折旧值，通过以上方法即可完成计算商铺线性折旧值的操作，如图 7-5 所示。

B5	▼	f_x	=SLN(B2,B3,B4)

	A	B
1	商铺折旧	
2	商铺价值	380000
3	商铺残值	80000
4	折旧年限	5
5	折旧值	¥60,000.00

图 7-5

7.2.6 使用 SYD 函数按年限总和折旧法计算折旧值

SYD 函数用于返回某项资产按年限总和折旧法计算的指定期间的折旧值，下面将分别详细介绍 SYD 函数的语法结构以及使用 SYD 函数按年限总和折旧法计算折旧值的方法。

1. 语法结构

SYD(cost, salvage, life, per)

SYD 函数具有下列参数。

cost（必需）：表示资产原值。

salvage（必需）：表示资产在折旧期末的价值（有时也称为资产残值）。

life（必需）：表示资产的折旧期数。

per（必需）：表示折旧期间，其单位与 life 相同。

2. 应用举例

在给定条件充足的情况下，使用 SYD 函数可以准确地计算出厂区的折旧值，下面将详细介绍其操作方法。

选择 D2 单元格，在编辑栏中输入公式 "=SYD($B$2,$B$3,$B$4,ROW(B1))" 并按下键盘上的【Enter】键，在 D2 单元格中系统会自动计算厂区的折旧值，向下拖动填充公式至其他单元格，即可完成按年限总和折旧法计算折旧值的操作，如图 7-6 所示。

	D2	▼	fx	=SYD($B$2,$B$3,$B$4,ROW(B1))	
	A	B	C	D	
1	厂区折旧				
2	厂区价值	20000000	第一年折旧	¥4,000,000.00	
3	厂区残值	8000000	第二年折旧	¥3,200,000.00	
4	折旧年限	5	第三年折旧	¥2,400,000.00	
5			第四年折旧	¥1,600,000.00	
6			第五年折旧	¥800,000.00	

图 7-6

Section 7.3 投资计算函数

本节导读

投资计算函数是用于计算投资与收益的一类函数，最常见的投资评价方法包括净现值法、回收期法和内含报酬率法等。本节将列举财务函数中进行投资计算的一些函数应用案例，并对其进行讲解。

7.3.1　使用 FV 函数计算零存整取的未来值

FV 函数用于计算基于固定利率及等额分期付款方式返回某项投资的未来值，下面将分别详细介绍 FV 函数的语法结构以及使用 FV 函数计算零存整取的未来值的方法。

1. 语法结构

FV(rate,nper,pmt,[pv],[type])

FV 函数具有下列参数。

rate（必需）：表示各期利率。

nper（必需）：表示年金的付款总期数。

pmt（必需）：表示各期所应支付的金额，其数值在整个年金期间保持不变。通常，pmt 包括本金和利息，但不包括其他费用或税款。如果省略 pmt，则必须包括 pv 参数。

pv（可选）：表示现值，或一系列未来付款的当前值的累积和。如果省略 pv，则假设其值为 0（零），并且必须包括 pmt 参数。

type（可选）：表示投资类型，使用数字 0 或 1，用于指定各期的付款时间是在期初还是在期末。如果省略 type，则假设其值为 0。

2. 应用举例

在给定条件充足的情况下，使用 FV 函数可以快速、方便地计算出零存整取的未来值，下面详细介绍其操作方法。

选择 B6 单元格，在编辑栏中输入公式" = FV（B4/12，B3，− B5，− B2）"并按下键盘上的【Enter】键，在 B6 单元格中系统会自动计算出零存整取的未来值，通过以上方法即可完成计算零存整取的未来值的操作，如图 7−7 所示。

B6	▼	fx =FV(B4/12,B3,-B5,-B2)
	A	B
1	零存整取	
2	初期存款	2000
3	存款期限（月）	64
4	年利率	4%
5	每月存款金额	1000
6	总计	¥73,682.16

图 7−7

7.3.2　使用 PV 函数计算贷款买车的贷款额

PV 函数用于返回投资的现值，即一系列未来付款的当前值的累积和。例如，借入方的借入款即为贷出方贷款的现值。下面将分别详细介绍 PV 函数的语法结构以及使用 PV 函数计算贷款买车的贷款额的方法。

1. 语法结构

$$PV(rate,nper,pmt,[fv],[type])$$

PV 函数具有下列参数。

rate（必需）：表示各期利率。例如，如果按 10% 的年利率借入一笔贷款来购买汽车，并按月偿还贷款，则月利率为 10%/12（即 0.83%），可以在公式中输入 10%/12 或 0.83% 作为 rate 的值。

nper（必需）：表示年金的付款总期数。例如，对于一笔 4 年期按月偿还的汽车贷款，共有 4 * 12（即 48）个偿款期，可以在公式中输入 48 作为 nper 的值。

pmt（必需）：表示各期所应支付的金额，其数值在整个年金期间保持不变。通常，pmt 包括本金和利息，但不包括其他费用或税款。例如，¥10,000 的年利率为 12% 的 4 年期汽车贷款的月偿还额为 ¥263.33，可以在公式中输入 −263.33 作为 pmt 的值。如果省略 pmt，则必须包含 fv 参数。

fv（可选）：表示未来值或在最后一次支付后希望得到的现金余额，如果省略 fv，则假设其值为 0，可以根据保守估计的利率来决定每月的存款额。如果省略 fv，则必须包含 pmt 参数。

type（可选）：表示投资类型，使用数字 0 或 1，用于指定各期的付款时间是在期初还是在期末。

2. 应用举例

在给定条件充足的情况下，使用 PV 函数可以快速计算贷款买车的贷款额，下面详细介绍其操作方法。

选择 B5 单元格，在编辑栏中输入公式 "=PV(B3/12,B2*12,−B4)" 并按下键盘上的【Enter】键，在 B5 单元格中系统会自动计算出贷款买车的贷款额，通过以上方法即可完成计算贷款买车的贷款额的操作，如图 7-8 所示。

	B5	f_x	=PV(B3/12,B2*12,-B4)
	A	B
1	计算买车贷款额	
2	贷款年限	15
3	年利率	7%
4	每月还贷	8000
5	总计	¥890,047.66

图 7-8

7.3.3　使用 NPV 函数计算某项投资的净现值

NPV 函数用于计算通过使用贴现率以及一系列未来支出（负值）和收入（正值）返回一项投资的净现值，下面将分别详细介绍 NPV 函数的语法结构以及使用 NPV 函数计算某项投资的净现值的方法。

1. 语法结构

NPV(rate,value1,[value2],...)

NPV 函数具有下列参数。

rate（必需）：表示某一期间的贴现率。

value1（必需）：表示现金流的第 1 个参数。

value2、……（可选）：表示现金流的第 2~254 个参数。

2. 应用举例

如果用户准备计算出企业项目投资的净现值，那么需要使用 NPV 函数来实现。例如在本例中该项目需要投资 80 万元，预计在今后 6 年的营业收入分别为 8 万元、15 万元、30 万元、35 万元、40 万元和 45 万元，每年的贴现率是 16%，根据上述数据计算该项目的净现值。

选中 B8 单元格，在编辑栏中输入公式"=NPV(D3,B3:B6,D4:D6)"并按下键盘上的【Enter】键，即可计算出该项目投资的净现值，如图 7-9 所示。

	A	B	C	D
2				项目：房地产投资
3	期初投资额:	¥ -800,000.00	年贴现率:	16%
4	第1年的收益:	¥ 80,000.00	第4年的收益:	¥ 350,000.00
5	第2年的收益:	¥ 150,000.00	第5年的收益:	¥ 400,000.00
6	第3年的收益:	¥ 300,000.00	第6年的收益:	¥ 450,000.00
7				
8	投资净值:	¥121,623.59	是否投资:	

图 7-9

7.3.4 使用 XNPV 函数计算未必定期发生的投资净现值

XNPV 函数用于返回一组不定期现金流的净现值，下面将分别详细介绍 XNPV 函数的语法结构以及使用 XNPV 函数计算未必定期发生的投资净现值的方法。

1. 语法结构

XNPV 函数具有下列参数。

rate（必需）：表示应用于现金流的贴现率。

values（必需）：表示与 dates 中的支付时间相对应的一系列现金流。首期支付是可选的，并与投资开始时的成本或支付有关。如果第 1 个值是成本或支付，则它必须是负值。所有后续支付都基于 365 天/年贴现，数值系列必须至少要包含一个正数和一个负数。

dates（必需）：表示与现金流支付相对应的支付日期表。第 1 个支付日期代表支付表的开始日期。其他所有日期应迟于该日期，但可按任何顺序排列。

2. 应用举例

在给定条件充足的情况下，使用 XNPV 函数可以快速计算未必定期发生的投资的净现值，下面详细介绍其操作方法。

选择 D3 单元格，在编辑栏中输入公式"= XNPV（C3，B2：B5，A2：A5）"并按下键盘上的【Enter】键，在 D3 单元格中系统会自动计算出未必定期发生的投资的净现值，通过以上方法即可完成计算未必定期发生的投资的净现值的操作，如图 7-10 所示。

日期	流动资金	贴现率	净现值
2005年3月	60000		
2005年8月	-50000		
2005年9月	70000	6%	31098.04
2005年11月	-50000		

D3　fx　=XNPV(C3,B2:B5,A2:A5)

图 7-10

7.3.5　使用 NPER 函数根据预期回报计算理财投资期数

NPER 函数用于计算基于固定利率及等额分期付款方式返回某项投资的总期数，下面将分别介绍 NPER 函数的语法结构以及使用 NPER 函数根据预期回报计算理财投资期数的方法。

1. 语法结构

NPER（rate，pmt，pv，[fv]，[type]）

NPER 函数具有下列参数。

rate（必需）：表示各期利率。

pmt（必需）：表示各期所应支付的金额，其数值在整个年金期间保持不变。通常，pmt 包括本金和利息，但不包括其他费用或税款。

pv（必需）：表示现值或一系列未来付款的当前值的累积和。

fv（可选）：表示未来值或在最后一次付款后希望得到的现金余额。如果省略 fv，则假设其值为 0。

type（可选）：表示投资类型，使用数字 0 或 1，用于指定各期的付款时间是在期初还是在期末。

2. 应用举例

在给定条件充足的情况下，使用 NPER 函数可以快速地根据预期回报计算理财投资期数，下面详细介绍其操作方法。

选择 B5 单元格，在编辑栏中输入公式 " = ROUND(NPER(B3/12，- B4，B2，B1)，0)" 并按下键盘上的【Enter】键，在 B5 单元格中系统会自动计算出理财投资需要的期数，通过以上方法即可完成根据预期回报计算理财投资期数的操作，如图 7-11 所示。

B5		f_x	=ROUNDUP(NPER(B3/12,-B4,B2,B1),0)
	A		B
1	预期回报		640000
2	初期投资额		210000
3	年利率		5%
4	每月投资金额		8000
5	预计投资期数		98

图 7-11

知识补充

使用 NPER 函数需要将年利率转换为以"月"为单位，所以在公式中需要除以 12；每月的投资金额为资金流出，所以需要将负号放置在前；为了获得整数的投资期数，所以需要配合 ROUNDUP 函数向上舍入最接近的整数期数。

Section 7.4 本金与利息函数

本节导读

在现代社会，企业要发展只靠自有资金通常是不行的，还需要通过向银行贷款等方式筹备多种渠道的资金。如果企业向银行贷款，那么可以通过使用本金和利息函数更加方便地计算，从而选择最佳的贷款方案，本节将详细介绍本金和利息函数的相关知识及应用案例。

7.4.1 使用 PMT 函数计算贷款的每月分期付款额

PMT 函数用于计算基于固定利率及等额分期付款方式下贷款的每期付款额，下面将分别详细介绍 PTM 函数的语法结构以及使用 PMT 函数计算贷款的每月分期付款额的方法。

1. 语法结构

PMT(rate，nper，pv，[fv]，[type])

PMT 函数具有下列参数。

rate（必需）：表示贷款利率。

nper（必需）：表示该项贷款的付款总数。

pv（必需）：表示现值或一系列未来付款的当前值的累积和，也称为本金。

fv（可选）：表示未来值或在最后一次付款后希望得到的现金余额，如果省略 fv，则假设其值为 0（零），也就是一笔贷款的未来值为 0。

type（可选）：表示付款类型，使用数字 0（零）或 1 来指示各期的付款时间是在期初还是在期末。

2. 应用举例

在给定条件充足的情况下，使用 PMT 函数可以快速、方便地计算贷款的分期付款额，下面详细介绍其操作方法。

选择 B5 单元格，在编辑栏中输入公式"= PMT（B4/12，B3 * 12，B2）"并按下键盘上的【Enter】键，在 B5 单元格中系统会自动计算出每月的分期付款额，通过以上方法即可完成计算贷款的每月分期付款额的操作，如图 7-12 所示。

B5	fx	=PMT(B4/12,B3*12,B2)
	A	B
1	每月分期付款额	
2	贷款金额	320000
3	贷款年限	15
4	年利率	12%
5	分期付款额	¥-3,840.54

图 7-12

7.4.2 使用 IPMT 函数计算给定期间内的支付利息

IPMT 函数用于计算基于固定利率及等额分期付款方式下给定期数内对投资的利息偿还额，下面将分别详细介绍 IPMT 函数的语法结构以及使用 IPMT 函数计算给定期间内的支付利息的方法。

1. 语法结构

IPMT（rate，per，nper，pv，[fv]，[type]）

IPMT 函数具有以下参数。

rate（必需）：表示贷款的各期利率。

per（必需）：表示用于计算其利息数额的期数，必须在 1 到 nper 之间。

nper（必需）：表示年金的付款总期数。

pv（必需）：表示现值或一系列未来付款的当前值的累积和。

fv（可选）：表示未来值或在最后一次付款后希望得到的现金余额，如果省略 fv，则假设其值为 0（例如，一笔贷款的未来值即为 0）。

type（可选）：表示付款类型，使用数字 0 或 1，用于指定各期的付款时间是在期初还是在期末。如果省略 type，则假设其值为零。

2. 应用举例

在给定条件充足的情况下，使用 IPMT 函数可以快速、方便地计算贷款在给定期间内的支付利息，下面将详细介绍其操作方法。

选择 B5 单元格，在编辑栏中输入公式 "=IPMT(B4/12,1,B3*12,B2)" 并按下键盘上的【Enter】键，在 B5 单元格中系统会自动计算出给定期间内的支付利息，通过以上方法即可完成计算贷款在给定期间内的支付利息的操作，如图 7-13 所示。

	A	B
	B5	fx =IPMT(B4/12,1,B3*12,B2)
1	支付利息	
2	贷款金额	450000
3	贷款年限	15
4	年利率	8%
5	利息	¥-3,000.00

图 7-13

7.4.3 使用 EFFECT 函数将名义年利率转换为实际年利率

EFFECT 函数用于利用给定的名义年利率和每年的复利期数计算有效的年利率，下面将分别详细介绍 EFFECT 函数的语法结构以及使用 EFFECT 函数将名义年利率转换为实际年利率的方法。

1. 语法结构

EFFECT(nominal_rate,npery)

EFFECT 函数具有下列参数。

nominal_rate（必需）：表示名义利率。

npery（必需）：表示每年的复利期数。

2. 应用举例

本例应用 EFFECT 函数将名义年利率转换为实际年利率。例如名义年利率为 8%，复利计算期数为 4，即每年 4 次，每季度 1 次，下面具体介绍其方法。

选中 B3 单元格，在编辑栏中输入公式 "=EFFECT(B1,B2)" 并按下键盘上的【Enter】键，即可将名义年利率转换为实际年利率，如图 7-14 所示。

	A	B	C	D	E
	B3	fx =EFFECT(B1,B2)			
1	名义年利率	8%			
2	复利计算期数	4			
3	实际年利率	8.24%			
4					

图 7-14

7.4.4 使用 NOMINAL 函数计算某债券的名义利率

NOMINAL 函数用于基于给定的实际利率和年复利期数返回名义年利率，下面将分别详细介绍 NOMINAL 函数的语法结构以及使用 NOMINAL 函数计算某债券的名义利率的方法。

1．语法结构

NOMINAL(effect_rate,npery)

NOMINAL 函数具有下列参数。

effect_rate（必需）：表示实际利率。

npery（必需）：表示每年的复利期数。

2．应用举例

本例将应用 NOMINAL 函数计算某债券的名义利率。例如某债券的年利率为 8.75%，每年的复利期数为 5，求出债券的名义利率。

选中 B4 单元格，在编辑栏中输入公式" = NOMINAL(B1,B2)"并按下键盘上的【Enter】键，即可计算出该债券的名义年利率为"8.46%"，如图 7-15 所示。

	B4	▼	*fx*	=NOMINAL(B1,B2)	
	A		B	C	D
1	债券实际利率		8.75%		
2	债券每年的复利期数		5		
3					
4	债券名义年利率		8.46%		

图 7-15

7.4.5 使用 RATE 函数计算贷款年利率

RATE 函数用于返回年金的各期利率，下面将分别详细介绍 RATE 函数的语法结构以及使用 RATE 函数计算贷款年利率的方法。

1．语法结构

RATE(nper,pmt,pv,[fv],[type],[guess])

RATE 函数具有下列参数。

nper（必需）：表示年金的付款总期数。

pmt（必需）：表示各期所应支付的金额，其数值在整个年金期间保持不变。通常，pmt 包括本金和利息，但不包括其他费用或税款。如果省略 pmt，则必须包含 fv 参数。

pv（必需）：表示现值，即一系列未来付款现在所值的总金额。

fv（可选）表示未来值或在最后一次付款后希望得到的现金余额。如果省略 fv，则假设其值为0。

type（可选）：表示投资类型，使用数字0或1，用于指定各期的付款时间是在期初还是在期末。

guess（可选）：表示预期利率。

2. 应用举例

在给定条件充足的情况下，使用RATE函数可以快速地计算贷款年利率，下面详细介绍其操作方法。

选择B5单元格，在编辑栏中输入公式"=RATE（B3*12，−B4，B2）*12"并按下键盘上的【Enter】键，在B5单元格中系统会自动计算出贷款年利率，通过以上方法即可完成计算贷款年利率的操作，如图7-16所示。

B5		fx =RATE(B3*12,-B4,B2)*12
	A	B
1	贷款年利率	
2	贷款金额	320000
3	贷款年限	15
4	每月还贷	4000
5	贷款年利率	12.77%

图7-16

收益率函数

窗节导读

收益率函数是用于计算内部资金流量回报率的函数，本节将列举财务函数中进行收益率计算的一些函数应用案例及相关知识，并对其进行详细的讲解。

7.5.1 使用IRR函数计算某项投资的内部收益率

IRR函数用于返回由数值代表的一组现金流的内部收益率，下面将分别详细介绍IRR函数的语法结构以及使用IRR函数计算某项投资的内部收益率的方法。

1. 语法结构

IRR（values，[guess]）

IRR函数具有下列参数。

values（必需）：表示进行计算的数组或单元格的引用，即用来计算内部收益率的数字。

guess（可选）：表示对函数 IRR 计算结果的估计值。

2. 应用举例

内部收益率是指支出和收入以固定时间间隔发生的一笔投资所获得的利率。如果准备计算某项投资的内部收益率，那么需要使用 IRR 函数来实现。本例表格中显示了某项投资的年贴现率、初期投资金额，以及预计今后 3 年内的收益额，现在要计算出该项投资的内部收益率，其操作方法如下。

选中 B7 单元格，在编辑栏中输入公式"= IRR(B2:B5,B1)"并按下键盘上的【Enter】键，即可计算出投资内部收益率，如图 7-17 所示。

	A	B	C	D
	B7		f_x =IRR(B2:B5,B1)	
1	年贴现率	10%		
2	初期投资	-15000		
3	第1年收益	5000		
4	第2年收益	7000		
5	第3年收益	9000		
6				
7	**内部收益率**	**17%**		

图 7-17

7.5.2 使用 MIRR 函数计算某投资的修正内部收益率

MIRR 函数用于返回某一连续期间内现金流的修正内部收益率。MIRR 函数同时考虑了投资的成本和现金再投资的收益率。

1. 语法结构

MIRR(values,finance_rate,reinvest_rate)

MIRR 函数具有下列参数。

values（必需）：表示要进行计算的一个数组或对包含数字的单元格的引用，即用来计算返回的内部收益率的数字。

finance_rate（必需）：表示现金流中使用的资金支付的利率。

reinvest_rate（必需）：表示将现金流再投资的收益率。

2. 应用举例

MIRR 函数同时考虑了投资的成本和现金再投资的收益率，例如贷款再投资的问题，需要考虑到贷款的利率、再投资的收益率以及投资收益金额来计算该项投资的修正内部收益率。例如现贷款 100000 元用于某项投资，本例表格中显示了贷款利率、再投资收益率以及预计 3 年后的收益率，计算该项投资的修正内部收益率的方法如下。

选中 B8 单元格，在编辑栏中输入公式"= MIRR(B3:B6,B1,B2)"并按下键盘上的【Enter】键，即可计算出投资的修正收益率，如图 7-18 所示。

	B8		f_x	=MIRR(B3:B6,B1,B2)	
	A	B	C	D	E
1	贷款利率	7%			
2	再投资收益率	15%			
3	贷款金额	-100000			
4	第1年收益	18000			
5	第2年收益	26000			
6	第3年收益	40000			
7					
8	内部收益率	-2%			

图 7-18

7.5.3 使用 XIRR 计算未必定期发生的现金流的内部收益率

XIRR 函数返回一组不一定定期发生的现金流的内部收益率，下面将分别详细介绍 XIRR 函数的语法结构以及使用 XIRR 计算未必定期发生的现金流的内部收益率的方法。

1. 语法结构

$$XIRR(values,dates,[guess])$$

XIRR 函数具有下列参数。

values（必需）：表示与 dates 中的支付时间相对应的一系列现金流。首期支付是可选的，并与投资开始时的成本或支付有关。如果第 1 个值是成本或支付，则它必须是负值。所有后续支付都基于 365 天/年贴现，值系列中必须至少包含一个正值和一个负值。

dates（必需）：表示与现金流支付相对应的支付日期表。日期可按任何顺序排列，应使用 DATE 函数输入日期，或者将日期作为其他公式或函数的结果输入。例如，使用函数 DATE(2008,5,23)输入 2008 年 5 月 23 日。如果日期以文本形式输入，则会出现问题。

guess（可选）：表示对函数 XIRR 计算结果的估计值。

2. 应用举例

本例将应用 XIRR 函数计算未必定期发生的现金流的内部收益率。例如在本例表格中，B2:B6 为现金流发生日期，C2:C6 为现金流量，可以按照以下方法求出内部收益率。

选中 F1 单元格，在编辑栏中输入公式"＝XIRR(C2:C6,B2:B6)"并按下键盘上的【Enter】键，即可计算出未必定期发生的现金流的内部收益率，如图 7-19 所示。

	F1			f_x	=XIRR(C2:C6,B2:B6)	
	A	B	C	D	E	F
1	编号	日期	现金流量		内部收益率	-56.81%
2	1	2011年3月	￥4,500.00			
3	2	2011年5月	￥-3,500.00			
4	3	2011年8月	￥1,500.00			
5	4	2011年10月	￥2,500.00			
6	5	2011年11月	￥-4,000.00			

图 7-19

在使用 IRR 函数计算内部收益率的时候必须将返回结果的单元格设置为百分比格式，所以也可以在公式外结合 TEXT 函数将返回结果的单元格强制设置为百分比格式。

7.6　债券与证券函数

快节导读

Excel 2010 提供了许多债券与证券函数，使用这些函数可以比较方便地进行各种类型的债券分析。 证券计算函数是用于计算投资证券收益的一类函数， 本节将列举财务函数中进行债券与证券计算的一些函数应用案例， 并对其进行详细的讲解。

7.6.1　使用 ACCRINT 函数计算定期付息债券应计利息

ACCRINT 函数用于返回定期付息证券的应计利息，下面将分别介绍 ACCRINT 函数的语法结构以及使用 ACCRINT 函数计算定期付息债券应计利息的方法。

1. 语法结构

ACCRINT(issue,first_interest,settlement,rate,par,frequency,[basis],[calc_method])

ACCRINT 函数具有下列参数。

issue（必需）：表示有价证券的发行日。

first_interest（必需）：表示有价证券的首次计息日。

settlement（必需）：表示有价证券的结算日。有价证券结算日是在发行日之后有价证券卖给购买者的日期。

rate（必需）：表示有价证券的年息票利率。

par（必需）：表示证券的票面值。如果省略此参数，则 ACCRINT 使用 ¥1,000。

frequency（必需）：表示年付息次数。如果按年支付，frequency = 1；如果按半年支付，frequency = 2；如果按季支付，frequency = 4。

basis（可选）：表示要使用的日计数基准类型。

calc_method（可选）：表示一个逻辑值，指定当结算日期晚于首次计息日期时用于计算总应计利息的方法。如果值为 TRUE(1)，则返回从发行日到结算日的总应计利息；如果值为 FALSE(0)，则返回从首次计息日到结算日的应计利息；如果不输入此参数，则默认为 TRUE。

2. 应用举例

本例将应用 ACCRINT 函数计算定期支付利息的有价证券的应计利息，下面详细介绍其操作方法。

选中 E1 单元格，输入公式"= ACCRINT(B1,B2,B3,B4,B5,B6,B7,TRUE)"，然后按下键盘上的【Enter】键，即可计算出定期支付利息的有价证券的应计利息，如图 7-20 所示。

	E1	▼	fx	=ACCRINT(B1,B2,B3,B4,B5,B6,B7,TRUE)	
	A	B	C	D	E
1	发行日	2015年3月1日		应计利息	4191.780822
2	起息日	2015年5月11日			
3	成交日	2015年11月11日			
4	年利率	12%			
5	票面价值	50000			
6	年付息次数	1			
7	日计数基准	3			

图 7-20

7.6.2 使用 COUPDAYBS 函数计算当前付息期内截止到成交日的天数

COUPDAYBS 函数用于计算成交日所在的付息期的天数，下面将分别介绍 COUPDAYBS 函数的语法结构以及计算当前付息期内截止到成交日的天数的方法。

1. 语法结构

COUPDAYBS(settlement,maturity,frequency,[basis])

COUPDAYBS 函数具有下列参数。

settlement（必需）：表示有价证券的结算日。有价证券结算日是在发行日之后有价证券卖给购买者的日期。

maturity（必需）：表示有价证券的到期日。到期日是有价证券有效期截止时的日期。

frequency（必需）：表示年付息次数。如果按年支付，frequency=1；如果按半年支付，frequency=2；如果按季支付，frequency=4。

basis（可选）：表示要使用的日计数基准类型。

2. 应用举例

本例将应用 COUPDAYBS 函数计算当前付息期内截止到成交日的天数，下面详细介绍其操作方法。

选中 E1 单元格，在编辑栏中输入公式"= COUPDAYBS(B1,B2,B3,B4)"，然后按下键盘上的【Enter】键，即可计算当前付息期内截止到成交日的天数，如图 7-21 所示。

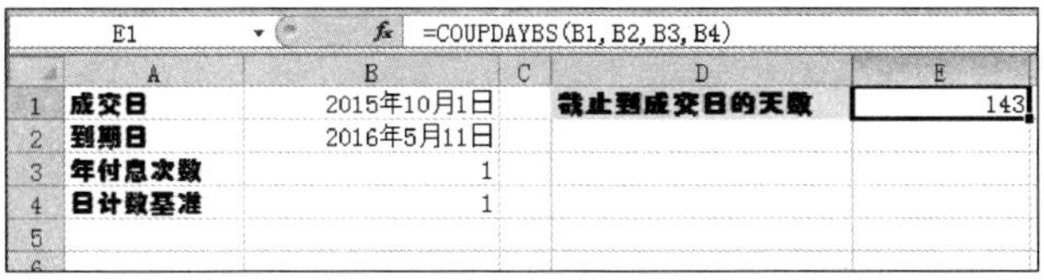

图 7-21

7.6.3　使用 DISC 函数计算有价证券的贴现率

DISC 函数用于返回有价证券的贴现率，下面将分别详细介绍 DISC 函数的语法结构以及使用 DISC 函数计算有价证券的贴现率的方法。

1. 语法结构

　　DISC(settlement, maturity, pr, redemption, [basis])

DISC 函数具有下列参数。

settlement（必需）：表示有价证券的结算日。有价证券结算日是在发行日之后有价证券卖给购买者的日期。

maturity（必需）：表示有价证券的到期日。到期日是有价证券有效期截止时的日期。

pr（必需）：表示有价证券的价格（按面值￥100 计算）。

redemption（必需）：表示面值￥100 的有价证券的清偿价值。

basis（可选）：表示要使用的日计数基准类型。

2. 应用举例

本例将应用 DISC 函数计算有价证券的贴现率，下面详细介绍其操作方法。

选中 E1 单元格，在编辑栏中输入公式" = DISC(B1, B2, B3, B4, B5)"并按下键盘上的【Enter】键，即可计算有价证券的贴现率，如图 7-22 所示。

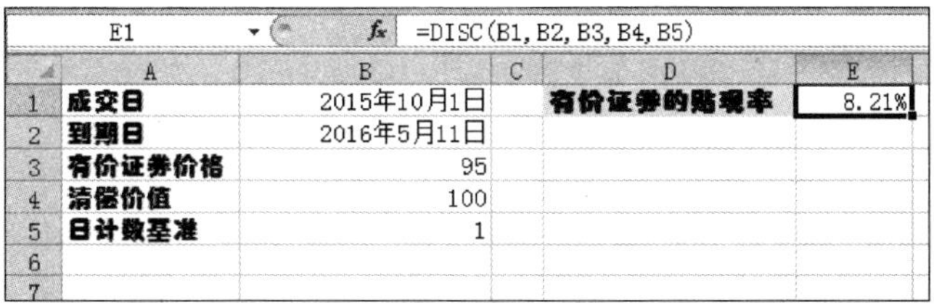

图 7-22

7.6.4　使用 INTRATE 函数计算一次性付息证券的利率

INTRATE 函数用于返回完全投资型证券的利率，下面将分别详细介绍 INTRATE 函数的语法结构以及使用 INTRATE 函数计算一次性付息证券的利率的方法。

1. 语法结构

INTRATE(settlement, maturity, investment, redemption, [basis])

INTRATE 函数具有以下参数。

settlement（必需）：表示有价证券的结算日。有价证券结算日是在发行日之后有价证券卖给购买者的日期。

maturity（必需）：表示有价证券的到期日。到期日是有价证券有效期截止时的日期。

investment（必需）：表示有价证券的投资额。

redemption（必需）：表示有价证券到期时的兑换值。

basis（可选）：表示要使用的日计数基准类型。

2. 应用举例

本例将应用 INTRATE 函数计算一次性付息证券的利率，下面介绍其方法。

选中 E1 单元格，在编辑栏中输入公式"= INTRATE(B1, B2, B3, B4, B5)"并按下键盘上的【Enter】键，计算出一次性付息证券的利率，如图 7-23 所示。

	A	B	C	D	E
				=INTRATE(B1,B2,B3,B4,B5)	
	A	B	C	D	E
1	成交日	2015年10月1日		一次性付息证券的利率	18.24%
2	到期日	2016年5月11日			
3	投资额	18000			
4	清偿价值	20000			
5	日计数基准	1			
6					

图 7-23

7.6.5 使用 YIELD 函数计算有价证券的收益率

YIELD 函数可以返回定期付息有价证券的收益率，是用于计算债券收益率的函数，下面将分别详细介绍 YIELD 函数的语法结构以及使用 YIELD 函数计算有价证券的收益率的操作方法。

1. 语法结构

YIELD(settlement, maturity, rate, pr, redemption, frequency, [basis])

YIELD 函数具有下列参数。

settlement（必需）：表示有价证券的结算日。有价证券结算日是在发行日之后有价证券卖给购买者的日期。

maturity（必需）：表示有价证券的到期日。到期日是有价证券有效期截止时的日期。

rate（必需）：表示有价证券的年息票利率。

pr（必需）：表示有价证券的价格（按面值￥100 计算）。

redemption（必需）：表示面值￥100 的有价证券的清偿价值。

frequency（必需）：表示年付息次数。如果按年支付，frequency = 1；如果按半年支付，frequency = 2；如果按季支付，frequency = 4。

basis（可选）：表示要使用的日计数基准类型。

2. 应用举例

YIELD 函数用于返回定期付息有价证券的收益率，下面具体介绍通过使用 YIELD 函数快速计算证券的收益率的操作方法。

选中 G3 单元格，在编辑栏中输入公式" = YIELD(A3，B3，F3，C3，D3，E3，3)"并按下键盘上的【Enter】键，即可计算出该证券的收益率。选中 G3 单元格，向下拖动复制公式，即可计算出其他证券的收益率，如图 7-24 所示。

	G3			f_x	=YIELD(A3, B3, F3, C3, D3, E3, 3)	
	A	B	C	D	E	F	G
1	证 券 收 益 率 分 析 表						
2	成交日期	结束日期	购买价格	债券面值	日计数基准	息票利率	收益率
3	2008/3/25	2018/3/25	90	100	1	5.00%	6.38%
4	2008/3/25	2018/3/25	90	100	2	4.70%	6.05%
5	2008/3/25	2018/3/25	90	100	4	4.20%	5.51%
6	2008/3/25	2028/3/25	85	100	1	6.00%	7.47%
7	2008/3/25	2028/3/25	85	100	2	5.50%	6.89%
8	2008/3/25	2028/3/25	85	100	4	4.90%	6.22%

图 7-24

Section
7.7 实践案例与上机操作

本章导读

通过本章的学习，用户可以掌握财务函数方面的知识，下面通过几个实践案例进行上机操作，以达到巩固学习、拓展提高的目的。

7.7.1 使用双倍余额递减法计算键盘折旧值

DDB 函数用于使用双倍余额递减法或其他指定方法计算一笔资产在给定期间内的折旧值。在给定条件充足的情况下，使用 DDB 函数可以准确地计算出键盘每一期间的折旧值，下面详细介绍其操作方法。

选择 D2 单元格，在编辑栏中输入公式" = DB($B$2，$B$3，$B$4，ROW(B2))"并按下键盘上的【Enter】键，在 D2 单元格中系统会自动计算第一年的折旧值，向下拖动填充公式至其他单元格，即可完成计算键盘折旧值的操作，如图 7-25 所示。

D2		fx	=DDB($B$2,$B$3,$B$4,ROW(B2))
	A	B	C	D
1	键盘折旧值			
2	键盘价值	1050	第一年折旧	¥252.00
3	键盘残值	80	第二年折旧	¥151.20
4	折旧年限	5	第三年折旧	¥90.72
5			第四年折旧	¥54.43

图 7-25

7.7.2　计算浮动利率存款的未来值

FVSCHEDULE 函数用于计算基于一系列复利返回本金的未来值。该函数用于计算某项投资在变动或可调利率下的未来值。在给定条件充足的情况下，使用 FVSCHEDULE 函数可以快速、方便地计算出浮动利率存款的未来值，下面将详细介绍其操作方法。

选择 D2 单元格，在编辑栏中输入公式 " = FVSCHEDULE(C2,(B2:B13)/12)"，然后按下键盘上的【Ctrl】+【Shift】+【Enter】组合键，在 D2 单元格中系统会自动计算出浮动利率存款的未来值，通过以上方法即可完成计算浮动利率存款的未来值的操作，如图 7-26 所示。

D2		fx	{=FVSCHEDULE(C2,(B2:B13)/12)}	
	A	B	C	D
1	月份	浮动利率	存款额	一年后所得
2	1月	3.90%	80000	83134.2409
3	2月	3.90%		
4	3月	3.90%		
5	4月	3.85%		
6	5月	3.85%		
7	6月	3.85%		
8	7月	3.70%		
9	8月	3.70%		
10	9月	3.70%		
11	10月	3.88%		
12	11月	3.98%		
13	12月	3.98%		

图 7-26

7.7.3　计算贷款在给定期间内偿还的本金

PPMT 函数用于计算基于固定利率及等额分期付款方式下投资在某一给定期间内的本金偿还额。在给定条件充足的情况下，使用 PPMT 函数可以快速、方便地计算贷款在给定期间内偿还的本金，下面详细介绍其操作方法。

选择 B5 单元格，在编辑栏中输入公式 " = PPMT(B4/12,1,B3 * 12,B2)"并按下键盘上的【Enter】键，在 B5 单元格中系统会自动计算出给定期间内偿还的本金，通过以上方法即可完成计算给定期间内偿还的本金的操作，如图 7-27 所示。

B5		f_x	=PPMT(B4/12,1,B3*12,B2)
	A		B
1	第一个月应付本金		
2	贷款金额		600000
3	贷款年限		12
4	年利率		9%
5	应付本金		¥-2,328.18

图 7-27

7.7.4 计算特定投资期内支付的利息

ISPMT 函数用于计算特定投资期内要支付的利息。在给定条件充足的情况下，使用 IS-PMT 函数可以快速、方便地计算特定投资期内支付的利息，下面将详细介绍其操作方法。

选择 B6 单元格，在编辑栏中输入公式 "=ISPMT(B4/12,B5,B3*12,B2)" 并按下键盘上的【Enter】键，在 B6 单元格中系统会自动计算出特定投资期内支付的利息，通过以上方法即可完成计算特定投资期内支付的利息的操作，如图 7-28 所示。

B6		f_x	=ISPMT(B4/12,B5,B3*12,B2)
	A		B
1	指定期数利息		
2	贷款金额		420000
3	贷款年限		12
4	年利率		9%
5	支付期数		15
6	本次支付		-2821.875

Sheet1 Sheet2 Sheet3

图 7-28

7.7.5 计算两个付款期之间累计支付的利息

CUMIPMT 函数用于返回一笔贷款在给定的两个期间累计偿还的利息数额。在给定条件充足的情况下，使用 CUMIPMT 函数可以快速、方便地计算两个付款期之间累计支付的利息，下面详细介绍其操作方法。

选择 B5 单元格，在编辑栏中输入公式 "=CUMIPMT(B4/12,B3*12,B2,25,36,0)" 并按下键盘上的【Enter】键，在 B5 单元格中系统会自动计算出第三年支付的利息，这样即可完成计算两个付款期之间累计支付的利息的操作，如图 7-29 所示。

B5	▼	f_x	=CUMIPMT(B4/12,B3*12,B2,25,36,0)

	A	B
1	计算第三年支付利息	
2	贷款金额	200000
3	贷款年限	10
4	年利率	11%
5	支付利息	−18576.4156

图 7−29

7.7.6 计算两个付款期之间累计支付的本金

CUMPRINC 函数用于返回一笔贷款在给定的两个期间累计偿还的本金数额。在给定条件充足的情况下，使用 CUMPRINC 函数可以快速、方便地计算两个付款期之间累计支付的本金，下面详细介绍其操作方法。

选择 B5 单元格，在编辑栏中输入公式"= CUMPRINC(B4/12,B3 * 12,B2,25,36,0)"并按下键盘上的【Enter】键，在 B5 单元格中系统会自动计算出第三年支付的利息，这样即可完成计算两个付款期之间累计支付的本金的操作，如图 7−30 所示。

B5	▼	f_x	=CUMPRINC(B4/12,B3*12,B2,25,36,0)

	A	B
1	计算第三年支付本金	
2	贷款金额	200000
3	贷款年限	10
4	年利率	11%
5	支付本金	−14483.58711

图 7−30

7.7.7 计算到期付息的有价证券的年收益率

YIELDMAT 函数用于返回到期付息的有价证券的年收益率，下面将详细介绍使用 YIELDMAT 函数计算到期付息的有价证券的年收益率的操作方法。

选中 E1 单元格，在编辑栏中输入公式"= YIELDMAT(B1,B2,B3,B4,B5,B6)"，然后按下键盘上的【Enter】键，即可计算出到期付息的有价证券的年收益率，如图 7−31 所示。

	E1	▼	f_x =YIELDMAT(B1,B2,B3,B4,B5,B6)		
▲	A	B	C	D	E
1	成交日	2014年10月1日		**到期付息的有价证券的年收益率**	6.50%
2	到期日	2016年5月11日			
3	发行日	2011年3月1日			
4	利率	4%			
5	现值	95			
6	日计数基准	1			
7					
8					

图 7-31

第8章
统计函数

本章内容导读

本章主要介绍了平均值函数、数理统计函数和条目统计函数方面的知识及案例，同时讲解了最大值与最小值函数的相关知识及应用案例，在本章的最后还针对实际的工作需要讲解了一些实例的上机操作。通过本章的学习，读者可以掌握统计函数方面的知识，为进一步学习 Excel 2010 公式·函数·图表与数据分析的相关知识奠定了基础。

本章知识要点

☑ 常用的统计函数名称及功能
☑ 平均值函数
☑ 数理统计函数
☑ 条目统计函数
☑ 最大值与最小值函数

本节导读

随着信息化时代的到来，越来越多的数据信息被存放在数据库中。灵活运用各种统计函数，对存储在数据库中的数据信息进行分类统计就显得尤为重要。统计函数的出现方便了 Excel 用户从复杂数据中筛选有效数据。

在 Excel 的统计函数中，函数的种类包括很多种，如计算数值个数函数和计算平均值函数，以及计算数值的最大值函数等多种，表 8-1 中显示了常用的统计函数名称及功能。

表 8-1　常用的统计函数名称及功能

函　　数	功　　能
AVERAGE	返回其参数的平均值
AVERAGEA	计算参数列表中数值的平均值（算术平均值）
AVERAGEIF	返回区域中满足给定条件的所有单元格的平均值（算术平均值）
AVERAGEIFS	返回满足多个条件的所有单元格平均值（算术平均值）
BINOMDIST	返回一元二项式分布的概率值
COUNT	计算参数列表中数字的个数
COUNTBLANK	计算区域内空白单元格的数量
COUNTIF	计算区域中满足给定条件的单元格的数量
COUNTIFS	计算区域内符合多个条件的单元格的数量
COUNTA	计算参数列表中值的个数
DEVSQ	返回偏差的平方和
EXPONDIST	返回指数分布
GEOMEAN	返回几何平均值
GROWTH	返回沿指数趋势的值
KURT	返回数据集的峰值
LARGE	返回数据集中第 k 个最大值
MAX	返回参数列表中的最大值
MAXA	返回参数列表中的最大值，包括数字、文本和逻辑值
MIN	返回参数列表中的最小值
MINA	返回参数列表中的最小值，包括数字、文本和逻辑值
MODE	返回在数据集内出现次数最多的值
SMALL	返回数据集中的第 k 个最小值
TRIMMEAN	返回数据集的内部平均值

Section
8.2　平均值函数

本节导读

在日常生活中，大家经常用平均值函数进行统计分析，本节将列举统计函数中进行平均值计算的一些函数应用案例及相关知识，并对其进行详细的讲解。

8.2.1　使用 AVERAGE 函数计算人均销售额

AVERAGE 函数用于返回参数的平均值（算术平均值），下面将分别详细介绍 AVERAGE 函数的语法结构以及使用 AVERAGE 函数计算人均销售额的方法。

1. 语法结构

　　　AVERAGE(number1,[number2],…)

AVERAGE 函数具有下列参数。

number（必需）：表示要计算平均值的第一个数字、单元格引用（单元格引用：用于表示单元格在工作表上所处位置的坐标集。例如，显示在第 B 列和第 3 行交叉处的单元格，其引用形式为"B3"）或单元格区域。

number2、……（可选）：表示要计算平均值的其他数字、单元格引用或单元格区域，最多可包含 255 个。

2. 应用举例

使用 AVERAGE 函数可以快速地计算出销售额的平均值，下面详细介绍计算人均销售额的操作方法。

选择 D1 单元格在编辑栏中输入公式" = AVERAGE(B2:B8)"并按下【Enter】键，在 D1 单元格中系统会自动计算出人均销售额，通过以上方法即可完成计算人均销售额的操作，如图 8-1 所示。

	D1		fx	=AVERAGE(B2:B8)	
	A	B		C	D
1	员工姓名	销售额		人均销售额	8000
2	王怡	7000			
3	赵尔	8000			
4	刘伞	9000			
5	钱思	7000			
6	孙武	7000			
7	吴琉	9000			
8	李琦	9000			

图 8-1

8.2.2 使用 AVERAGEA 函数求包含文本值的平均值

AVERAGEA 函数用于计算参数列表中数值的平均值（算术平均值），下面将分别详细介绍 AVERAGEA 函数的语法结构以及使用 AVERAGEA 函数求包含文本值的平均值的操作方法。

1. 语法结构

AVERAGEA 函数具有下列参数。

value1（必需）：表示要计算非空值的平均值的第 1 个数字，可以是直接输入的数字、单元格引用或数组。

value2、……（可选）：表示要计算非空值的平均值的第 2 ~255 个数字，可以是直接输入的数字、单元格引用或数组。

2. 应用举例

使用 AVERAGE 函数求平均值，其参数必须为数字，它忽略了文本和逻辑值。如果准备求包含文本值的平均值，那么需要使用 AVERAGEA 函数，下面将详细介绍使用 AVERAGEA 函数求包含文本值的平均值的方法。

选中 D2 单元格，在编辑栏中输入公式“ =AVERAGEA（B2:B5）”，然后按下键盘上的【Enter】键，即可使用 AVERAGEA 函数统计出平均工资，如图 8-2 所示。

D2 　fx =AVERAGE(B2:B5)

	A	B	C	D
1	姓名	工资		平均工资
2	张丽丽	50		66.66666667
3	张烈	70		
4	李磊	80		
5	王福友	请假		
6	毛利兰	65		
7	王澄城	75		
8	柯南	请假		
9	马晓澜	85		
10	张宇	90		

图 8-2

8.2.3 使用 AVERAGEIF 函数求每季度平均支出金额

AVERAGEIF 函数用于返回某个区域内满足给定条件的所有单元格的平均值（算术平均值），下面将分别详细介绍 AVERAGEIF 函数的语法结构以及使用 AVERAGEIF 函数求每季度平均支出金额的方法。

1. 语法结构

AVERAGEIF(range,criteria,[average_range])

AVERAGEIF 函数具有下列参数。

range（必需）：表示要计算平均值的一个或多个单元格，其中包括数字或包含数字的名称、数组或引用。

criteria（必需）：表示数字、表达式、单元格引用或文本形式的条件，用于定义要对哪些单元格计算平均值。例如，条件可以表示为 32、"32"、">32"、"苹果"或 B4。

average_range（可选）：表示要计算平均值的实际单元格集。如果忽略，则使用 range。

2. 应用举例

在本例中，工作表中有每季度的收入和支出金额，现要使用 AVERAGEIF 函数求出每季度平均支出的金额，下面具体介绍其操作方法。

选中 E2 单元格，在编辑栏中输入公式" = AVERAGEIF(B2:B9,"支出",C2)"并按下键盘上的【Enter】键，即可计算出每季度平均支出金额，如图 8-3 所示。

	E2		f_x	=AVERAGEIF(B2:B9,"支出",C2)	
	A	B	C	D	E	F
1	季度	收支	金额		每季度平均支出	
2	一季度	收入	55		69.25	
3	一季度	支出	59			
4	二季度	收入	63			
5	二季度	支出	75			
6	三季度	收入	73			
7	三季度	支出	65			
8	四季度	收入	69			
9	四季度	支出	78			

图 8-3

8.2.4 使用 AVERAGEIFS 函数计算满足多条件数据的平均值

AVERAGEIFS 函数用于返回满足多重条件的所有单元格的平均值（算术平均值），下面将分别介绍 AVERAGEIFS 函数的语法结构以及使用 AVERAGEIFS 函数计算满足多条件数据的平均值的方法。

1. 语法结构

AVERAGEIFS(average_range, criteria_range1, criteria1, [criteria_range2, criteria2], ...)

AVERAGEIFS 函数具有下列参数。

average_range（必需）：表示要计算平均值的一个或多个单元格，其中包括数字或包含数字的名称、数组或引用。

criteria_range1、criteria_range2、……：表示计算关联条件的 1 至 127 个区域。

criteria1、criteria2、……表示数字、表达式、单元格引用或文本形式的 1 至 27 个条件，用于定义将对哪些单元格求平均值。例如，条件可以表示为 32、"32"、">32"、"苹果"或 B4。

2. 应用举例

AVERAGEIFS 函数主要用于计算满足多个给定条件的所有单元格的平均值，用户使用 AVERAGEIFS 函数可以方便地计算出女员工销售额大于 6000 的人均销售额，下面详细介绍其操作方法。

选择 F1 单元格，在编辑栏中输入公式 "= AVERAGEIFS(C2:C9,B2:B9,"女",C2:C9,">6000")" 并按下键盘上的【Enter】键，在 F1 单元格中系统会自动计算出女员工销售额大于 6000 的人均销售额，通过以上方法即可完成计算女员工销售额大于 6000 的人均销售额的操作，如图 8-4 所示。

	A	B	C	D	E	F
		F1	▼	fx	=AVERAGEIFS(C2:C9,B2:B9,"女",C2:C9,">6000")	
1	姓名	性别	销售额	销售额大于6000的女员工平均销售额		7600
2	王怡	女	8000			
3	赵尔	男	5000			
4	刘伞	男	7000			
5	钱思	女	5000			
6	孙武	男	8000			
7	吴琐	女	7000			
8	李琦	女	7800			
9	那巴	男	8000			

图 8-4

8.2.5 使用 GEOMEAN 函数计算几何平均值

GEOMEAN 函数用于返回正数数组或区域的几何平均值，下面将分别详细介绍 GEOMEAN 函数的语法结构以及使用 GEOMEAN 函数计算销售量的几何平均值的方法。

1. 语法结构

GEOMEAN(number1,[number2],...)

GEOMEAN 函数具有下列参数。

number1（必需）：表示要计算几何平均值的第 1 个数字，可以是直接输入的数字、单元格引用或数组。

number2、……（可选）：表示要计算几何平均值的第 2 ~ 255 个数字，可以是直接输入的数字、单元格引用或数组。

2. 应用举例

本例将使用 GEOMEAN 函数计算当前工作表中销售量的几何平均值。

选中 B9 单元格，在编辑栏中输入公式 "= GEOMEAN(B2:B7)" 并按下【Enter】键，即可计算出上半年销售量的几何平均值，如图 8-5 所示。

	A	B	C	D	E
	月份	销售量			
1					
2	1	13625			
3	2	13462			
4	3	13796			
5	4	43625			
6	5	13796			
7	6	13654			
8					
9	上半年销量				
10	几何平均值	16582.8			

B9 ▾ f_x =GEOMEAN(B2:B7)

图 8-5

知识精讲

如果参数为错误值或不能转换为数字文本,将会导致错误。如果任何数据点小于0,GEOMEAN 函数将返回错误值#NUM!。

8.2.6　使用 TRIMMEAN 函数进行评分统计

TRIMMEAN 函数用于返回数据集的内部平均值。TRIMMEAN 函数先从数据集的头部和尾部除去一定百分比的数据点,然后再求平均值。当希望在分析中除去一部分数据的计算时可以使用此函数。下面将分别详细介绍 TRIMMEAN 函数的语法结构以及使用 TRIMMEAN 函数进行评分统计的操作方法。

1. 语法结构

TRIMMEAN(array , percent)

TRIMMEAN 函数具有下列参数。

array (必需):表示要进行整理并求平均值的数组或数值区域。

percent (必需):表示计算时所要除去的数据点的比例,例如,如果 percent = 0.2,在 20 个数据点的集合中就要除去4个数据点(20 × 0.2),即头部除去两个、尾部除去两个。

2. 应用举例

本例将以技能比赛中 10 位评委分别为进入决赛的 3 名选手打分为例介绍使用 TRIM-MEAN 函数进行评分统计的方法。

选中 B13 单元格,在编辑栏中输入公式" = TRIMMEAN(B2:B11 , 0.2)"并按下键盘上的【Enter】键,即可计算出选手"陈华"的最后技能得分。选中 B13 单元格,向右拖动复制公式,即可计算出其他两名选手的最后得分,如图 8-6 所示。

B13 =TRIMMEAN(B2:B11, 0.2)

	A	B	C	D	E
1		陈华	李桂宏	陈红芳	
2	评委1	9.46	8.96	9.36	
3	评委2	9.63	9.6	9.53	
4	评委3	9.65	9.62	9.62	
5	评委4	9.84	9.63	9.62	
6	评委5	9.63	8.62	9.43	
7	评委6	9.64	9.75	9.63	
8	评委7	9.86	9.86	9.85	
9	评委8	9.75	9.9	9.62	
10	评委9	9.63	9.43	9.75	
11	评委10	9.75	8.65	9.63	
12					
13		9.69	9.4375	9.60375	
14					

图 8-6

8.2.7 使用 MEDIAN 函数计算销售额的中间值

MEDIAN 函数用于返回给定数值的中间值，中间值是在一组数值中居于中间的数值。下面将分别详细介绍 MEDIAN 函数的语法结构以及使用 MEDIAN 函数计算销售额的中间值的方法。

1. 语法结构

MEDIAN(number1,[number2],...)

MEDIAN 函数具有下列参数。

number1、number2、……：表示要计算中间值的 1 到 255 个数字。

2. 应用举例

使用 MEDIAN 函数可以计算出一组数据中位于中间位置的数值，下面详细介绍计算销量中间值的操作方法。

选择 B7 单元格，在编辑栏中输入公式“=MEDIAN(B2:B6)”并按下键盘上的【Enter】键，在 B7 单元格中系统会自动计算出销售额的中间值，通过以上方法即可完成计算销售额的中间值的操作，如图 8-7 所示。

B7 =MEDIAN(B2:B6)

	A	B
1	员工姓名	销售额
2	王怡	8000
3	赵尔	2000
4	刘伞	4000
5	钱思	7000
6	孙武	9000
7	销售额的中间值	7000

图 8-7

数理统计函数

本节导语

所谓数理统计函数是以有效的方式收集、整理和分析数据，并在此基础上对随机性问题做出系统判断的公式，对数据进行相关的概率分步统计，从而进行回归分析。本节将列举统计函数中进行数理统计计算的一些函数应用案例及相关知识，并对其进行详细的讲解。

8.3.1 使用 FORECAST 函数预测未来指定日期的天气

FORECAST 函数用于根据已有的数值计算或预测未来值，此预测值为基于给定的 x 值推导出的 y 值。已知的数值为已有的 x 值和 y 值，再利用线性回归对新值进行预测，可以使用该函数对未来销售额、库存需求或消费趋势进行预测。下面将分别详细介绍 FORECAST 函数的语法结构以及使用 FORECAST 函数预测未来指定日期的天气的方法。

1. 语法结构

FORECAST(x,known_y 's,known_x 's)。

FORECAST 函数具有下列参数。

x（必需）：表示需要进行值预测的数据点。

known_y 's（必需）：表示因变量数组或数据区域。

known_x 's（必需）：表示自变量数组或数据区域。

2. 应用举例

FORECAST 函数用于根据已有的数值计算或预测未来值，使用 FORECAST 函数可以预测未来指定日期的天气，下面详细介绍其操作方法。

选择 B8 单元格，在编辑栏中输入公式 " = FORECAST(A8,B2:B7,A2:A7)" 并按下键盘上的【Enter】键，在 B8 单元格中系统会自动预测出未来指定日期的天气，通过以上方法，即可完成预测未来指定日期的天气的操作，如图 8-8 所示。

	B8	▼	f_x	=FORECAST(A8,B2:B7,A2:A7)	
	A		B		C
1	日期（日）		最高温度（℃）		
2	19		2		
3	20		1		
4	21		−3		
5	22		−3		
6	23		0		
7	24		−3		
8	25		−3.8		

图 8-8

8.3.2　使用 FREQUENCY 函数统计每个分数段的人员个数

FREQUENCY 函数用于计算数值在某个区域内出现的频率，然后返回一个垂直数组。下面将分别介绍 FREQUENCY 函数的语法结构以及使用 FREQUENCY 函数分别统计每个分数段的人员个数的方法。

1. 语法结构

FREQUENCY(data_array,bins_array)

FREQUENCY 函数具有下列参数。

data_array（必需）：表示一个值数组或对一组数值的引用，要为它计算频率。如果 data_array 中不包含任何数值，FREQUEY 函数将返回一个零数组。

bins_array（必需）：表示一个区间数组或对区间的引用，该区间用于对 data_array 中的数值进行分组。如果 bins_array 中不包含任何数值，FREQUENCY 函数返回的值与 data_array 中的元素个数相等。

2. 应用举例

在本例中，计算 10 个人中有几个人的成绩在 60 分以下，有几个人的成绩在 60 分到 70 分之间，有几个人的成绩在 70 分到 90 分之间，以及有几个人的成绩超过 90 分。

选中 E2:E5 单元格区域，在编辑栏中输入公式"=FREQUENCY(B2:B11,D2:D5)"并按下键盘上的【Ctrl】+【Shift】+【Enter】组合键，即可计算出每个分数段的人员个数，如图 8-9 所示。

	A	B	C	D	E	F
1	姓名	成绩		分数段	人数	
2	蒋为明	72		60	2	
3	罗晓权	63		70	2	
4	朱蓉	84		90	3	
5	胡兵	94		超过90	3	
6	李劲松	96				
7	商军	69				
8	王中	58				
9	宋玉琴	59				
10	江涛	80				
11	卞晓芳	98				

图 8-9

8.3.3　使用 GROWTH 函数预测下一年的销量

GROWTH 函数用于根据现有的数据预测指数增长值。根据现有的 x 值和 y 值，GROWTH 函数返回一组新的 x 值对应的 y 值。可以使用 GROWTH 工作表函数来拟合满足现有 x 值和 y 值的指数曲线。下面将分别详细介绍 GROWTH 函数的语法结构以及使用 GROWTH 函数预测下一年的销量的方法。

1. 语法结构

$$GROWTH(known\_y\,'s,[known\_x\,'s],[new\_x\,'s],[const])$$

GROWTH 函数具有下列参数。

known_y 's（必需）：表示满足指数回归拟合曲线 $y = b*m^x$ 的一组已知的 y 值。

➤ 如果数组 known_y 's 在单独的一列中，则 known_x 's 的每一列被视为一个独立的变量。

➤ 如果数组 known_y 's 在单独的一行中，则 known_x 's 的每一行被视为一个独立的变量。

➤ 如果 known_y * s 中的任何数为零或为负数，GROWTH 函数将返回错误值#NUM!。

known_x 's（可选）：表示满足指数回归拟合曲线 $y = b*m^x$ 的一组已知的可选 x 值。

➤ 数组 known_x 's 可以包含一组或多组变量。如果仅使用一个变量，那么只要 known_x 's 和 known_y 's 具有相同的维数，则它们可以是任何形状的区域。如果用到多个变量，则 known_y 's 必须为向量。

➤ 如果省略 known_x 's，则假设该数组为{1,2,3,...}，其大小与 known_y 's 相同。

new_x 's（可选）：表示需通过 GROWTH 函数为其返回对应 y 值的一组新 x 值。

➤ new_x 's 与 known_x 's 一样，对于每个自变量必须包括单独的一列。因此，如果 known_y 's 是单列的，known_x 's 和 new_x 's 应该有同样的列数；如果 known_y 's 是单行的，known_x 's 和 new_x 's 应该有同样的行数。

➤ 如果省略 new_x 's，则假设它和 known_x 's 相同。

➤ 如果 known_x 's 与 new_x 's 都被省略，则假设它们为数组{1,2,3,...}，其大小与 known_y 's 相同。

const（可选）：表示一逻辑值，用于指定是否将常量 b 强制设为1。

➤ 如果 const 为 TRUE 或省略 b 将按正常计算。

➤ 如果 const 为 FALSE，b 将设为1，m 值将被调整以满足 $y = m^x$。

2. 应用举例

GROWTH 函数主要是根据现有的数据计算或预测指数的增长值，通过使用 GROWTH 函数可以预测下一年的销量，下面详细介绍其操作方法。

选择 B6 单元格，在编辑栏中输入公式"=GROWTH(B2:B5,A2:A5,A6)"并按下键盘上的【Enter】键，在 B6 单元格中系统会自动预测出下一年的销量，通过以上方法即可完成预测下一年的销量的操作，如图8-10所示。

B6	f_x =GROWTH(B2:B5,A2:A5,A6)	
	A	B
1	年	销量
2	2011	765000
3	2012	774000
4	2013	789000
5	2014	799000
6	2015	811436.5451

图8-10

8.3.4 使用 MODE.SNGL 函数统计配套生产最佳产量值

MODE.SNGL 函数用于返回某一数组或数据区域中出现频率最多的数值,下面将分别详细介绍 MODE.SNGL 函数的语法结构以及使用 MODE.SNGL 统计配套生产最佳产量值的方法。

1. 语法结构

MODE.SNGL(number1,[number2],...)

MODE.SNGL 函数具有下列参数。

number1(必需):表示用于计算众数的第 1 个参数。

number2、……(可选):表示用于计算众数的第 2 到 254 个参数,也可以用单一数组或对某个数组的引用来代替用逗号分隔的参数。

2. 应用举例

本例通过使用 MODE.SNGL 函数统计出配套生产最佳产量值,下面详细介绍其操作方法。

选择 C6 单元格,在编辑栏中输入公式 " = MODE.SNGL(B2:D5)"并按下键盘上的【Enter】键,在 C6 单元格中系统会自动统计出配套生产的最佳产量,通过以上方法即可完成统计配套生产最佳产量的操作,如图 8-11 所示。

C6	fx	=MODE.SNGL(B2:D5)	
	A	B	C	D
1		一月	二月	三月
2	生产车间	1000	1050	950
3	喷涂车间	1100	1000	1020
4	组装车间	1050	1100	1000
5	包装车间	1000	1000	1050
6	最佳产量值	1000		

图 8-11

8.3.5 使用 KURT 函数计算随机抽取产品销量的峰值

KURT 函数用于返回数据集的峰值。峰值反映与正态分布相比某一分布的尖锐度或平坦度,正峰值表示相对尖锐的分布,负峰值表示相对平坦的分布。下面将分别详细介绍 KURT 函数的语法结构以及使用 KURT 函数计算随机抽取产品销量的峰值的方法。

1. 语法结构

KURT(number1,[number2],...)

KURT 函数具有下列参数。

number1、number2、……：表示用于计算峰值的一组参数，参数的个数可以为 1 到 25 个，也可以用单一数组或对某个数组的引用来代替以逗号分隔的参数。

2. 应用举例

使用 KURT 函数可以计算出一段时间内随机抽取产品销量的峰值，下面将详细介绍其操作方法。

选择 C9 单元格，在编辑栏中输入公式"= KURT(A2:D8)"并按下键盘上的【Enter】键，在 C9 单元格中系统会自动计算出一段时间内随机抽取产品销量的峰值，这样即可完成计算一段时间内随机抽取产品销量的峰值的操作，如图 8-12 所示。

C9	fx	=KURT(A2:D8)	
	A	B	C	D
1	本年度随机抽检产品销量			
2	230	689	230	689
3	689	591	580	791
4	791	689	689	715
5	715	591	791	430
6	230	715	515	430
7	580	630	230	580
8	537	537	515	537
9	峰值		0.007446793	

图 8-12

知识精讲

峰值反映与正态分布相比某一部分的尖锐度或平坦度，当返回的峰值为正时，表示相对尖锐的分布；当返回的峰值为负时，表示相对平坦的分布，在这一点上用户需要注意区分。

Section

8.4 条目统计函数

本节导读

条目统计函数用于统计记录数据等。本节将列举统计函数中进行条目统计计算的一些函数应用案例，并对其进行详细的讲解。

8.4.1 使用 COUNT 函数统计生产车间异常机台个数

COUNT 函数计算包含数字的单元格以及参数列表中数字的个数。使用 COUNT 函数可以获取区域或数字数组中数字字段的输入项的个数。下面将分别详细介绍 COUNT 函数的语法结构以及使用 COUNT 函数统计生产车间异常机台个数的方法。

1. 语法结构

COUNT(value1,[value2],...)

COUNT 函数具有下列参数。

value1（必需）：表示要计算其中数字的个数的第 1 个项、单元格引用或区域。

value2、……（可选）：表示要计算其中数字的个数的其他项、单元格引用或区域，最多可包含 255 个。

2. 应用举例

在生产中途因停电、待料、修机等各种因素会造成机台产量异常，现在需要统计出因各种原因造成异常的机台数量。

选中 F2 单元格，在编辑栏中输入公式" = COUNT(C2:C11)"并按下键盘上的【En-ter】键，即可统计出生产车间的异常机台个数，如图 8–13 所示。

	F2	▼		*fx*	=COUNT(C2:C11)	
▲	A	B	C	D	E	F
1	机台	产量	停机时间(分钟)	停机原因		生产异常机台数
2	1号	638	—			3
3	2号	761	—			
4	3号	644	20	停电		
5	4号	464	—			
6	5号	605	80	待料		
7	6号	795	—			
8	7号	689	—			
9	8号	400	120	修机		
10	9号	755	—			
11	10号	468	—			

图 8–13

8.4.2 使用 COUNTIF 函数统计不及格的学生人数

COUNTIF 函数对区域中满足单个指定条件的单元格进行计数，也可以对大于或小于某一指定数字的所有单元格进行计数。下面将分别详细介绍 COUNTIF 函数的语法结构以及使用 COUNTIF 函数统计不及格的学生人数的方法。

1. 语法结构

COUNTIF(range,criteria)

COUNTIF 函数具有下列参数。

range（必需）：表示要对其进行计数的一个或多个单元格，其中包括数字或名称、数组或包含数字的引用。

criteria（必需）：表示用于定义将对哪些单元格进行计数的数字、表达式、单元格引用或文本字符串。例如，条件可以表示为 32、" >32"、B4、"苹果"、"32"。

2. 应用举例

COUNTIF 函数用于计算满足给定条件的单元格个数，使用 COUNTIF 函数可以准确地统计出不及格学生的人数，下面详细介绍具体操作方法。

选择 C5 单元格，在编辑栏中输入公式 " = COUNTIF(B2:B8," <60")" 并按下键盘上的【Enter】键，在 C5 单元格中系统会自动统计出数学不及格的学生人数，通过以上方法即可完成统计数学不及格的学生人数的操作，如图 8-14 所示。

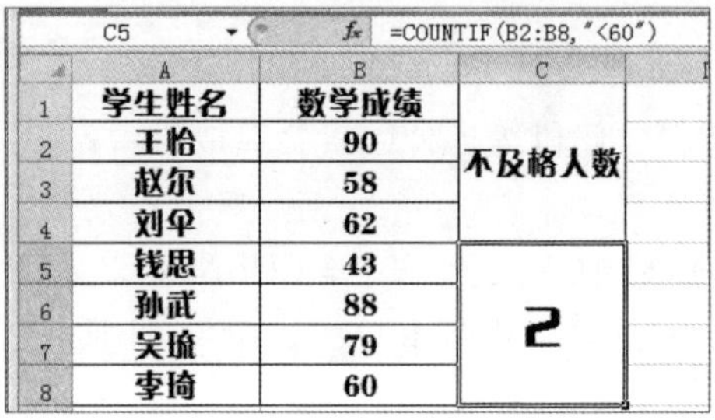

图 8-14

8.4.3 使用 COUNTIFS 函数统计 A 班成绩优秀的学生数

COUNTIFS 函数是将条件应用于跨多个区域的单元格，并计算符合所有条件的次数。下面将分别详细介绍 COUNTIFS 函数的语法结构以及使用 COUNTIFS 函数统计满足多个条件的记录数目的方法。

1. 语法结构

COUNTIFS(criteria_range1 , criteria1 , [criteria_range2 , criteria2] , ⋯)

COUNTIFS 函数具有下列参数。

criteria_range1 （必需）：表示其中计算关联条件的第 1 个区域。

criteria1 （必需）：表示条件的形式为数字、表达式、单元格引用或文本，可用来定义将对哪些单元格进行计数。例如，条件可以表示为 32、" >32"、B4、"苹果"或"32"。

criteria_range2，criteria2、⋯⋯ （可选）：表示附加的区域及其关联条件，最多允许 127 个区域/条件对。

2. 应用举例

以成绩 85 分以上即为 "优秀" 为基础，使用 COUNTIFS 函数可以快速地将 A 班成绩优秀的学生人数统计出来，下面详细介绍其操作方法。

选择 D6 单元格，在编辑栏中输入公式 " = COUNTIFS(B2:B8," >85",C2:C8,"A 班")" 并按下【Enter】键，在 D6 单元格中系统会自动统计出 A 班语文成绩优秀的学生人数，通过以上方法即可完成统计 A 班语文成绩优秀的学生人数的操作，如图 8-15 所示。

D6 =COUNTIFS(B2:B8,">85",C2:C8,"A班")

	A	B	C	D
1	学生姓名	语文成绩	所在班级	A班成绩优秀人数
2	王怡	99	A班	
3	赵尔	80	B班	
4	刘伞	86	B班	
5	钱思	75	A班	
6	孙武	60	A班	2
7	吴琉	56	B班	
8	李琦	89	A班	

图 8-15

8.4.4 使用 COUNTA 函数统计请假人数

COUNTA 函数用于计算区域中不为空的单元格的个数，下面将分别详细介绍 COUNTA 函数的语法结构以及使用 COUNTA 函数统计请假人数的方法。

1. 语法结构

COUNTA(value1,[value2],...)

COUNTA 函数具有下列参数。

value1（必需）：表示要计数的值的第 1 个参数。

value2、……（可选）：表示要计数的值的其他参数，最多可包含 255 个参数。

2. 应用举例

COUNTA 函数主要用于统计非空值的个数，所以使用 COUNTA 函数可以方便地统计一个时间段内请假的人数，下面详细介绍具体操作方法。

选择 G5 单元格，在编辑栏中输入公式“=COUNTA(B2:F8)”并按下键盘上的【Enter】键，在 G5 单元格中系统会自动统计出非空值的单元格个数，即请假的人数，通过以上方法即可完成统计请假人数的操作，如图 8-16 所示。

G5 =COUNTA(B2:F8)

	A	B	C	D	E	F	G
1	姓名	星期一	星期二	星期三	星期四	星期五	统计请假人数
2	王怡	事假					
3	赵尔		病假				
4	刘伞						
5	钱思			事假			4
6	孙武						
7	吴琉					事假	
8	李琦						

图 8-16

8.4.5 使用 COUNTBLANK 函数统计未检验完成的产品数

COUNTBLANK 函数用于计算指定单元格区域中空白单元格的个数，下面将分别详细介绍 COUNTBLANK 函数的语法结构以及使用 COUNTBLANK 函数统计未检验完成的产品数的操作方法。

1. 语法结构

COUNTBLANK(range)

COUNTBLANK 函数具有下列参数。

range（必需）：表示需要计算其中空白单元格个数的区域。

2. 应用举例

使用 COUNTBLANK 函数可以计算指定单元格区域中空白单元格的个数，下面将详细介绍使用 COUNTBLANK 函数统计未检验完成的产品数的方法。

选中 D2 单元格，在编辑栏中输入公式"= COUNTBLANK(B2:B11)"并按下键盘上的【Enter】键，即可统计未检验完成的产品数，如图 8-17 所示。

	A	B	C	D	E
	D2	▼	fx	=COUNTBLANK(B2:B11)	
1	抽样产品	检验结果		未检验完成数	
2	A	合格		3	
3	B				
4	C	不合格			
5	D	合格			
6	E	合格			
7	F				
8	G	不合格			
9	H	不合格			
10	I	合格			
11	J				

图 8-17

Section

8.5 最大值与最小值函数

本节导读

最大值与最小值函数用于统计数据中的大小值等。 本节将列举统计函数中进行最大值与最小值计算的一些函数应用案例， 并对其进行详细的讲解。

8.5.1 使用 LARGE 函数提取销售季军的销售额

LARGE 函数用于返回数据集中第 k 个最大值，使用此函数可以根据相对标准来选择数值。例如，可以使用函数 LARGE 得到第一名、第二名或第三名的得分。下面将分别详细介绍 LARGE 函数的语法结构以及使用 LARGE 函数提取销售季军的销售额的方法。

1. 语法结构

LARGE(array,k)

LARGE 函数具有下列参数。

array（必需）：表示确定 k 个最大值的数组或数据区域。

k（必需）：表示返回值在数组或数据单元格区域中的位置（按从大到小排列）。

2. 应用举例

本例将使用 LARGE 函数提取销售季军的销售额，下面详细介绍其方法。

选择 B8 单元格，在编辑栏中输入公式"=LARGE(B2:B7,3)"并按下键盘上的【Enter】键，在 B8 单元格中系统会自动提取出销售季军的销售额，通过以上方法即可完成提取销售季军的销售额的操作，如图 8-18 所示。

	A	B
	销售员	销售额
1	销售员	销售额
2	王怡	2200
3	赵尔	2300
4	刘伞	3200
5	钱思	5400
6	孙武	5200
7	吴琼	2900
8	销售季军销售额	3200

图 8-18

8.5.2 使用 MAX 函数统计销售额中的最大值

MAX 函数用于返回一组值中的最大值，下面将分别详细介绍 MAX 函数的语法结构以及使用 MAX 函数统计销售额中的最大值的方法。

1. 语法结构

MAX(number1,[number2],...)

MAX 函数具有下列参数。

number1（必需）：表示要返回最大值的第 1 个数字，可以是直接输入的数字、单元格引用或数组。

number2、……（可选）：表示要返回最大值的第 2～255 个数字，可以是直接输入的数字、单元格引用或数组。

2. 应用举例

使用 MAX 函数可以计算出一组数据中的最大值，下面详细介绍统计销售额中的最大值的操作方法。

选择 B7 单元格，在编辑栏中输入公式“=MAX(B2:B6)”并按下键盘上的【Enter】键，在 B7 单元格中系统会自动计算出销售额中的最大值，通过以上方法即可完成计算销售额中的最大值的操作，如图 8-19 所示。

B7 fx =MAX(B2:B6)

	A	B	C
1	姓名	销售额	
2	王怡	8000	
3	赵尔	5000	
4	刘伞	6000	
5	钱思	9000	
6	孙武	7000	
7	销售额最大值	9000	

图 8-19

8.5.3 使用 MIN 函数统计销售额中的最小值

MIN 函数用于返回一组值中的最小值，下面将分别详细介绍 MIN 函数的语法结构以及使用 MIN 函数统计销售额中的最小值的操作方法。

1. 语法结构

MIN(number1,[number2],...)

MIN 函数具有下列参数。

number1、number2、……：表示要从中查找最小值的 1 到 255 个数字。

2. 应用举例

本例将使用 MIN 函数统计销售额中的最小值，下面详细介绍其方法。

选择 D1 单元格，在编辑栏中输入公式“=MIN(B2:B6)”并按下键盘上的【Enter】键，在 D1 单元格中系统会自动计算出销售额中的最小值，通过以上方法即可完成计算销售额中的最小值的操作，如图 8-20 所示。

D1 fx =MIN(B2:B6)

	A	B	C	D
1	姓名	销售额	销售额最小值	2000
2	王怡	6000		
3	赵尔	5000		
4	刘伞	8000		
5	钱思	2000		
6	孙武	9000		

图 8-20

8.5.4　使用 MAXA 函数计算已上报销售额中的最大值

MAXA 函数用于返回参数列表中的最大值，下面将分别详细介绍 MAXA 函数的语法结构以及使用 MAXA 函数计算已上报销售额中的最大值的操作方法。

1. 语法结构

MAXA (value1 , [value2] , …)

MAXA 函数具有下列参数。

value1（必需）：表示从中找出最大值的第 1 个数值参数。

value2、……（可选）：表示从中找出最大值的第 2 到 255 个数值参数。

2. 应用举例

MAXA 函数用于返回一组非空值中的最大值，下面将详细介绍使用 MAXA 函数计算已上报销售额中的最大值的方法。

选择 B8 单元格，在编辑栏中输入公式"＝MAXA（B2：B7）"并按下键盘上的【Enter】键，在 B8 单元格中系统会自动计算出已上报销售额中的最大值，通过以上方法即可完成计算已上报销售额中的最大值的操作，如图 8-21 所示。

	B8	▼ ●	ƒx	=MAXA(B2:B7)
	A	B	C	
1	姓名	上报的销售额		
2	王怡	5000		
3	赵尔			
4	刘伞	6000		
5	钱思			
6	孙武	3000		
7	吴琉	2000		
8	最大值	6000		

图 8-21

8.5.5　使用 SMALL 函数提取最后一名的销售额

SMALL 函数用于返回数据集中第 k 个最小值，使用此函数可以返回数据集中特定位置上的数值。下面将分别详细介绍 SMALL 函数的语法结构以及使用 SMALL 函数提取最后一名的销售额的方法。

1. 语法结构

SMALL (array , k)

SMALL 函数具有下列参数。

array（必需）：表示要找到第 k 个最小值的数组或数字型数据区域。

k（必需）：表示要返回的数据在数组或数据区域里的位置（从小到大）。

2. 应用举例

本例将使用 SMALL 函数提取最后一名的销售额，下面详细介绍其方法。

选择 B8 单元格，在编辑栏中输入公式 " = SMALL(B2 : B7,1)" 并按下键盘上的【Enter】键，在 B8 单元格中系统会自动提取出销售员最后一名的销售额，通过以上方法即可完成提取销售员最后一名的销售额的操作，如图 8-22 所示。

B8	▼	f_x =SMALL(B2:B7,1)
	A	B
1	销售员	销售额
2	王怡	2200
3	赵尔	2300
4	刘伞	3200
5	钱思	5400
6	孙武	5200
7	吴琼	2900
8	最后一名销售额	2200

图 8-22

Section
8.6

实践案例与上机操作

本节导读

通过本章的学习，用户可以掌握统计函数方面的知识，下面通过几个实践案例进行上机操作，以达到巩固学习、拓展提高的目的。

8.6.1 计算已上报销售额中的最小值

MINA 函数用于返回一组非空值中的最小值，下面将详细介绍使用 MINA 函数计算已上报销售额中的最小值的方法。

选择 B7 单元格，在编辑栏中输入公式 " = MINA(B2 : B6)" 并按下键盘上的【Enter】键，在 B7 单元格中系统会自动计算出已上报销售额中的最小值，通过以上方法即可完成计算已上报销售额中的最小值的操作，如图 8-23 所示。

B7	▼	f_x =MINA(B2:B6)
	A	B
1	姓名	销售额
2	王怡	6000
3	赵尔	
4	刘伞	7000
5	钱思	
6	孙武	5000
7	销售额最小值	5000

图 8-23

8.6.2 根据总成绩对考生进行排名

RANK. AVG 函数主要用于返回一个数值在一组数字中的排位，通过使用 RANK. AVG 函数可以对考生成绩进行排名，下面详细介绍其操作方法。

选择 F2 单元格，在编辑栏中输入公式“=RANK. AVG(E2, \$E\$2: \$E\$11)”并按下键盘上的【Enter】键，在 F2 单元格中系统会自动对该考生进行排名，向下填充公式至其他单元格，即可完成根据总成绩对考生进行排名的操作，如图 8-24 所示。

F2 fx =RANK.AVG(E2,\$E\$2:\$E\$11)

	A	B	C	D	E	F
1	考生姓名	数学成绩	语文成绩	英语成绩	总成绩	排名
2	王怡	85	66	133	284	8
3	赵尔	137	119	102	358	1
4	刘伞	94	143	89	326	3
5	钱思	53	60	137	250	10
6	孙武	70	111	110	291	7
7	吴琉	133	101	83	317	4
8	夏舒征	94	123	85	302	5
9	燕七	60	119	102	281	9
10	薛久	111	143	89	343	2
11	苏轼	98	60	137	295	6

图 8-24

8.6.3 检验电视与计算机耗电量的平均值

T. TEST 函数用于返回与 T 检验相关的概率，通过使用 T. TEST 函数可以检验电视与计算机耗电量的平均值，下面详细介绍其操作方法。

选择 C8 单元格，在编辑栏中输入公式“=ROUND(T. TEST(B2:B7,C2:C7,2,2),8)”并按下键盘上的【Enter】键，在 C8 单元格中系统会自动检验出电视与电脑耗电量的平均值，通过以上方法即可完成检验电视与计算机耗电量的平均值的操作，如图 8-25 所示。

C8 fx =ROUND(T.TEST(B2:B7,C2:C7,2,2),8)

	A	B	C
1	月份	电视（千瓦/小时）	电脑（千瓦/小时）
2	一月	30	40
3	二月	35	38
4	三月	32	45
5	四月	29	42
6	五月	27	39
7	六月	33	41
8	T检结果		0.00008783

图 8-25

8.6.4 检验电视与计算机耗电量的方差

F. TEST 函数用于返回与 F 检验相关的概率，通过使用 F. TEST 函数可以检验电视与计算机耗电量的方差，下面详细介绍其操作方法。

选择 C8 单元格，在编辑栏中输入公式" = F. TEST (B2 : B7 , C2 : C7)"并按下键盘上的【Enter】键，在 C8 单元格中系统会自动检验出电视与计算机耗电量的方差，通过以上方法即可完成检验电视与计算机耗电量的方差的操作，如图 8-26 所示。

	C8		fx	=F. TEST(B2:B7,C2:C7)
	A	B		C
1	月份	电视（千瓦/小时）		计算机（千瓦/小时）
2	一月	30		40
3	二月	35		38
4	三月	32		45
5	四月	29		42
6	五月	27		39
7	六月	33		41
8		F检结果		0.742767468

图 8-26

8.6.5 检验本年度与 4 年前商品销量的平均记录

Z. TEST 函数用于返回与 Z 检验的单尾概率，通过使用 Z. TEST 函数可以检验本年度与 4 年前商品销量的平均记录，下面详细介绍其操作方法。

选择 C10 单元格，在编辑栏中输入公式" = Z. TEST (A2 : D8 , C9)"并按下键盘上的【Enter】键，在 C10 单元格中系统会自动检验本年度与 4 年前商品销量的平均记录，通过以上方法即可完成检验本年度与 4 年前商品销量的平均记录的操作，如图 8-27 所示。

	C10		fx	=Z. TEST(A2:D8,C9)
	A	B	C	D
1		本年度随机抽检产品销量		
2	682	689	715	781
3	580	791	506	532
4	537	715	639	571
5	799	639	560	544
6	555	580	600	622
7	737	549	585	514
8	539	608	710	661
9	4年前销量平均值		673	
10	总体平均值检验结果		0.997487528	

图 8-27

8.6.6 计算一段时间内随机抽取销量的不对称度

SKEW 函数用于返回分布的不对称度，使用 SKEW 函数可以计算一段时间内随机抽取销量的不对称度，下面将详细介绍其操作方法。

选择 C9 单元格，在编辑栏中输入公式" = SKEW (A2 : D8)"并按下键盘上的【Enter】键，在 C9 单元格中系统会自动计算出一段时间内随机抽取销量的不对称度，这样即可完成计算一段时间内随机抽取销量不对称度的操作，如图 8-28 所示。

C9 =SKEW(A2:D8)

	A	B	C	D
1	本年度随机抽检产品销量			
2	230	689	591	230
3	580	630	230	515
4	537	537	515	591
5	630	230	580	230
6	230	537	537	515
7	580	630	230	580
8	537	537	515	537
9	不对称度		-0.94608662	

图 8-28

8.6.7 检测产品的合格数

CRITBINOM 函数用于返回使累积二项式分布大于等于临界值的最小值，此函数可以用于质量检验，下面介绍使用 CRITBINOM 函数检测产品的合格数的方法。

选中 E5 单元格，在编辑栏中输入公式“=CRITBINOM(C5,B5,D5)”并按下键盘上的【Enter】键，即可计算出该产品最低件数的合格数。选中 E5 单元格，向下拖动复制公式，即可计算出其他产品最低件数的合格数，如图 8-29 所示。

E5 =CRITBINOM(C5,B5,D5)

	A	B	C	D	E
1	产　品　检　测				
2					日期：2011-11-15
3	商品名称	单价产品合格率	数　据		至少有多少件产品合格
4			抽检的件数	抽检要求达到的合格率	
5	可乐	0.95	100	0.85	97
6	果汁	0.90	100	0.85	93
7	牛奶	0.96	150	0.90	147
8	绿茶	0.85	120	0.80	
9	红茶	0.90	100	0.80	

图 8-29

第 9 章
查找与引用函数

本章内容导读

　　本章主要介绍了查找和引用函数方面的知识，同时讲解了普通查询、引用表中数据和引用查询的一些应用举例操作，在本章的最后还针对实际的工作需要讲解了一些实例的上机操作。通过本章的学习，读者可以掌握查找与引用函数方面的知识，为进一步学习Excel 2010 公式·函数·图表与数据分析的相关知识奠定了基础。

本章知识要点

- ☑ 查找和引用函数概述
- ☑ 普通查询
- ☑ 引用表中数据
- ☑ 引用查询

查找和引用函数概述

　　当需要在数据清单或表格中查找特定数值或者需要查找某一单元格的引用时，可以使用查询和引用工作表函数。例如，如果需要在表格中查找与第1列中的值相匹配的数值，可以使用 VLOOKUP 函数。本节将详细介绍查找和引用函数的一些基础知识。

　　如果准备快速而准确地在工作表中查询或引用数据，可以使用 Excel 2010 提供的查找和引用函数，在 Excel 2010 中提供的查找与引用函数共有 18 种，表 9-1 中显示了 Excel 2010 中查找和引用函数的名称及功能。

表 9-1　查找与引用函数名称及其功能

函　　数	功　　能
ADDRESS	创建一个以文本方式对工作簿中某一单元格的引用
AREAS	返回引用中涉及的区域个数
CHOOSE	根据给定的索引值从参数串中选出相应的值或操作
COLUMN	返回某一引用的列号
COLUMNS	返回某一引用或数组的列数
GETPIVOTDATA	提取存储在数据透视表中的数据
HLOOKUP	搜索数组区域首行满足条件的元素，确定待检索单元格在区域中的列序号，再进一步返回选定单元格的值
HYPERLINK	创建一个快捷方式或链接，以便打开一个存储在硬盘、网络服务器或 Internet 上的文档
INDEX	在给定的单元格区域中返回特定行列交叉处单元格的值或引用
INDIRECT	返回文本字符串所指定的引用
LOOKUP	从单行或者单列或从数组中查找一个值，条件是向后兼容性
MATCH	返回符合特定值特定顺序的项在数组中的相对位置
OFFSET	以指定的引用为参照系，通过给定便宜重返回信的引用
ROW	返回一个引用的行号
ROWS	返回某一引用或数组的行数
RTD	从一个支持 COM 自动化的程序中获取实时数据
TRANSPOSE	转置单元格区域
VLOOKUP	搜索表区域首列满足条件的元素，确定待检索单元格在区域中的行序号，再进一步返回选定单元格的值。在默认情况下，表是以升序排列的

9.2 普通查询

本节导读

在工作表中经常需要查找一些特定的数值，这时就需要用户使用查找函数，从而有利于查询资料的方便。本节将列举一些查找和引用函数中进行普通查询的函数应用案例，并对其进行详细的讲解。

9.2.1 使用 LOOKUP 函数查找信息（向量型）

LOOKUP 函数用于从单行、单列区域或从一个数组中返回值。LOOKUP 函数有两种语法格式，即向量型和数组型。

向量是只含有一行或一列的区域。LOOKUP 的向量形式在单行区域或单列区域（称为"向量"）中查找值，然后返回第 2 个单行区域或单列区域中相同位置的值。下面将分别详细介绍 LOOKUP 函数的语法结构以及使用 LOOKUP 函数查找信息（向量型）的方法。

1. 语法结构

LOOKUP(lookup_value, lookup_vector, [result_vector])

LOOKUP 函数向量形式语法具有以下参数。

lookup_value（必需）：LOOKUP 在第 1 个向量中搜索的值。lookup_value 可以是数字、文本、逻辑值、名称或对值的引用。

lookup_vector（必需）：只包含一行或一列的区域。lookup_vector 中的值可以是文本、数字或逻辑值。lookup_vector 中的值必须按升序排列，即……、-2、-1、0、1、2、……、A～Z、FALSE、TRUE，否则 LOOKUP 可能无法返回正确的值。文本不区分大小写。

result_vector（可选）：只包含一行或一列的区域。result_vector 参数必须与 lookup_vector 参数大小相同。

知识精讲

如果 LOOKUP 函数找不到 lookup_value，则该函数会与 lookup_vector 中小于或等于 lookup_value 的最大值进行匹配。

2. 应用举例

在档案管理、销售管理表等数据表中经常需要进行大量的数据查询工作，本例要实现输入编号后即可查询相应信息的功能，下面具体介绍使用 LOOKUP（向量型）函数查找信息的操作方法。

首先需要在工作表中建立相应的查询列标识，并输入准备查询的编号，如图 9-1 所示。

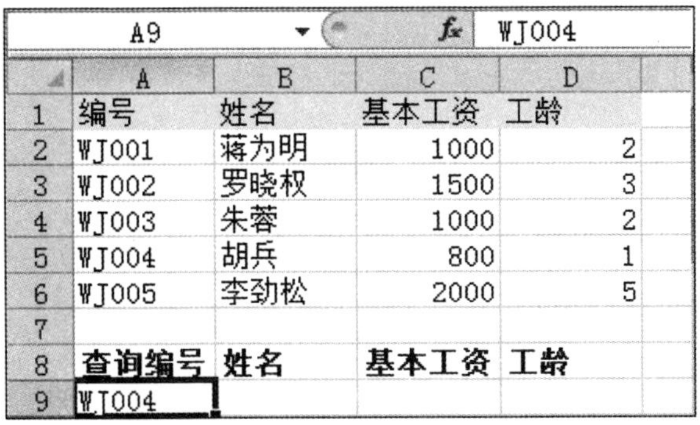
A9 | fx | WJ004

	A	B	C	D
1	编号	姓名	基本工资	工龄
2	WJ001	蒋为明	1000	2
3	WJ002	罗晓权	1500	3
4	WJ003	朱蓉	1000	2
5	WJ004	胡兵	800	1
6	WJ005	李劲松	2000	5
7				
8	查询编号	姓名	基本工资	工龄
9	WJ004			

图 9-1

选中 B9 单元格，在编辑栏中输入公式“=LOOKUP($A$9, $A$2: $A$6,B$2:B$6)”并按键盘上的【Enter】键，即可得到编号为“WJ004”的员工姓名。选中 B9 单元格，向右拖动复制公式，即可得到该编号员工的其他相关信息，如图 9-2 所示。

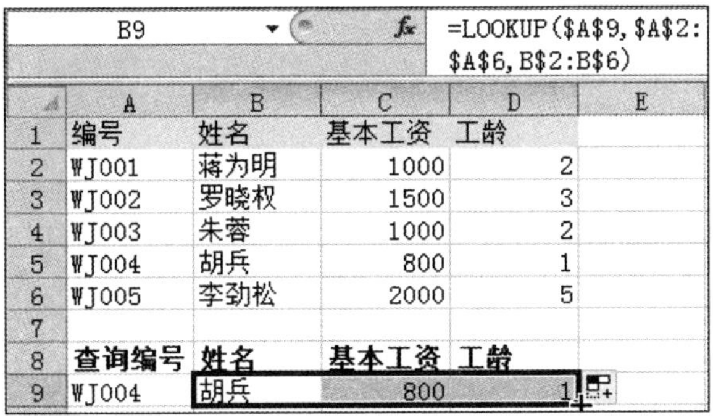
B9 | fx | =LOOKUP($A$9,$A$2:$A$6,B$2:B$6)

	A	B	C	D	E
1	编号	姓名	基本工资	工龄	
2	WJ001	蒋为明	1000	2	
3	WJ002	罗晓权	1500	3	
4	WJ003	朱蓉	1000	2	
5	WJ004	胡兵	800	1	
6	WJ005	李劲松	2000	5	
7					
8	查询编号	姓名	基本工资	工龄	
9	WJ004	胡兵	800	1	

图 9-2

9.2.2 使用 LOOKUP 函数查找信息（数组型）

LOOKUP 函数的数组形式用于在数组的第 1 行或第 1 列中查找指定数值，然后返回最后一行或最后一列中相同位置处的数值，下面将分别详细介绍 LOOKUP 函数的语法结构以及使用 LOOKUP 函数查找信息（数组型）的方法。

1. 语法结构

LOOKUP(lookup_value,array)

LOOKUP 函数数组形式语法具有以下参数。

lookup_value（必需）：表示 LOOKUP 函数在数组中搜索的值。lookup_value 参数可以是数字、文本、逻辑值、名称或对值的引用。

- 如果 LOOKUP 找不到 lookup_value 的值，它会使用数组中小于或等于 lookup_value 的最大值。

➢ 如果 lookup_value 的值小于第 1 行或第 1 列中的最小值（取决于数组维度），LOOKUP 会返回 #N/A 错误值。

array（必需）：表示包含要与 lookup_value 进行比较的文本、数字或逻辑值的单元格区域。

2. 应用举例

LOOKUP 函数有向量形式和数组形式两种，LOOKUP 函数的数组型语法是在数组的第 1 行或第 1 列中查找指定数值，然后返回最后一行或最后一列中相同位置处的数值，下面具体介绍使用 LOOKUP 函数（数组型）查找信息的操作方法。

首先在工作表中建立相应的查询列标识，并输入准备查询的编号。选中 B9 单元格，在编辑栏中输入公式“=LOOKUP($A$9, $A2:B6)”并按键盘上的【Enter】键，即可得到编号为“WJ004”的员工姓名。选中 B9 单元格，向右拖动复制公式，即可得到该编号员工的其他相关信息，如图 9-3 所示。

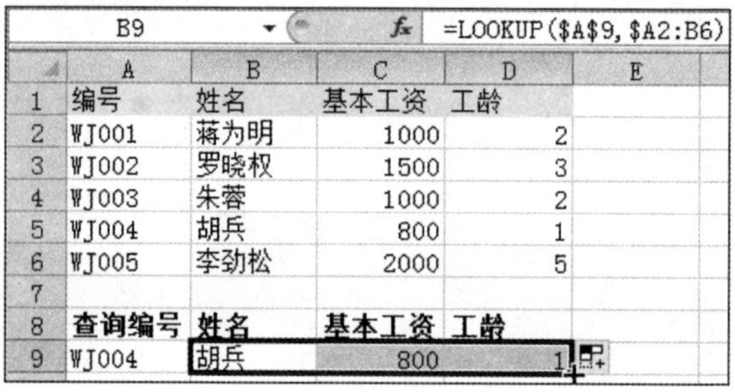
B9　=LOOKUP($A$9,$A2:B6)

	A	B	C	D	E
1	编号	姓名	基本工资	工龄	
2	WJ001	蒋为明	1000	2	
3	WJ002	罗晓权	1500	3	
4	WJ003	朱蓉	1000	2	
5	WJ004	胡兵	800	1	
6	WJ005	李劲松	2000	5	
7					
8	查询编号	姓名	基本工资	工龄	
9	WJ004	胡兵	800	1	

图 9-3

知识精讲

在一般情况下，最好使用 HLOOKUP 或 VLOOKUP 函数，而不是 LOOKUP 的数组形式。LOOKUP 的这种形式是为了与其他电子表格程序兼容而提供的。

9.2.3 使用 CHOOSE 函数标注热销产品

CHOOSE 函数用于从给定的参数中返回指定的值。下面将分别详细介绍 CHOOSE 函数的语法结构以及使用 CHOOSE 函数标注热销产品的方法。

1. 语法结构

CHOOSE(index_num,value1,[value2],...)

CHOOSE 函数具有下列参数。

index_num（必需）：表示指定所选定的值参数。index_num 必须为 1 到 254 之间的数字，或者为公式或对包含 1 到 254 之间某个数字的单元格的引用。

➢ 如果 index_num 为 1，CHOOSE 函数返回 value1；如果为 2，CHOOSE 函数返回 value2，以此类推。

> 如果 index_num 小于 1 或大于列表中最后一个值的序号，CHOOSE 函数返回错误值 # VALUE！。

> 如果 index_num 为小数，则在使用前将被截尾取整。

value1、value2、……：value1 是必需的，后续值是可选的。这些值参数的个数介于 1 到 254 之间，CHOOSE 函数基于 index_num 从这些值参数中选择一个数值或一项要执行的操作。参数可以为数字、单元格引用、已定义名称、公式、函数或文本。

2. 应用举例

CHOOSE 函数可以从列表中提取某个值的函数，使用 CHOOSE 函数配合 IF 函数即可标注热销产品，下面详细介绍具体操作方法。

选择 C2 单元格，在编辑栏中输入公式" = CHOOSE(IF(B2 > 15000,1,2)," 热销","")"并按下键盘上的【Enter】键，在 C2 单元格中系统会自动标记出该商品是否热销，向下拖动填充公式至其他单元格，即可完成标注热销产品的操作，如图 9-4 所示。

	A	B	C
			fx =CHOOSE(IF(B2>15000,1,2),"热销","")
	A	B	C
1	产品	销量	标注
2	产品1	18971	热销
3	产品2	19542	热销
4	产品3	13021	
5	产品4	12561	
6	产品5	15024	热销
7			

图 9-4

9.2.4 使用 HLOOKUP 函数提取商品在某一季度的销量

HLOOKUP 函数用于在表格或数值数组的首行查找指定的数值，并在表格或数组中指定行的同一列中返回一个数值。下面将分别详细介绍 HLOOKUP 函数的语法结构以及使用 HLOOKUP 函数提取商品在某一季度的销量的方法。

1. 语法结构

HLOOKUP(lookup_value,table_array,row_index_num,[range_lookup])

HLOOKUP 函数具有下列参数。

lookup_value（必需）：表示需要在数据表的第 1 行中进行查找的数值。lookup_value 可以为数值、引用或文本字符串。

table_array（必需）：表示需要在其中查找数据的信息表，可以使用对区域或区域名称的引用。table_array 的第 1 行的数值可以为文本、数字或逻辑值。

row_index_num（必需）：表示 table_array 中待返回的匹配值的行序号。当 row_index_num 为 1 时，返回 table_array 第 1 行的数值；当 row_index_num 为 2 时，返回 table_array 第 2

行的数值，以此类推。如果 row_index_num 小于 1，则 HLOOKUP 返回错误值#VALUE!；如果 row_index_num 大于 table_array 的行数，则 HLOOKUP 返回错误值#REF!。

range_lookup（可选）：表示一逻辑值，指明 HLOOKUP 函数查找时是精确匹配还是近似匹配。如果为 TRUE 或省略，则返回近似匹配值。也就是说，如果找不到精确匹配值，则返回小于 lookup_value 的最大数值。如果 range_lookup 为 FALSE，HLOOKUP 函数将查找精确匹配值，如果找不到，则返回错误值#N/A。

2. 应用举例

HLOOKUP 函数用于在区域或数组的首行查找指定的值，使用 HLOOKUP 函数可以提取商品在某一季度的销量，下面详细介绍其操作方法。

选择 G3 单元格，在编辑栏中输入公式" = HLOOKUP(G2，A1：E10，MATCH(G1，A1：A10，0))"并按下键盘上的【Enter】键，在 G3 单元格中系统会自动提取出商品在某一季度的销量，这样即可完成提取商品在某一季度的销量的操作，如图9-5所示。

	G3	fx	=HLOOKUP(G2,A1:E10,MATCH(G1,A1:A10,0))			
	A	B	C	D	E	F	G
1	商品	一季度	二季度	三季度	四季度	商品	手机
2	电视	593	752	564	841	时间	三季度
3	冰箱	579	639	590	925	销量	503
4	洗衣机	899	869	507	671		
5	空调	532	723	655	941		
6	音响	826	977	584	550		
7	电脑	580	780	850	629		
8	手机	729	777	503	714		
9	微波炉	797	968	869	832		
10	电暖气	791	641	571	681		

图9-5

注意

本例中应用的 MATCH 函数在下面的内容中会进行详细介绍。

9.2.5　使用 VLOOKUP 函数对岗位考核成绩进行评定

VLOOKUP 函数用于在表格或数组的首列查找指定的数值，并由此返回表格数组当前行中其他列的值。下面将分别详细介绍 VLOOKUP 函数的语法结构以及使用 VLOOKUP 函数对岗位考核成绩进行评定的方法。

1. 语法结构

VLOOKUP(lookup_value，table_array，col_index_num，[range_lookup])

VLOOKUP 函数具有下列参数。

lookup_value（必需）：表示要在表格或区域的第 1 列中搜索的值。lookup_value 参数可以是值或引用。如果 lookup_value 参数提供的值小于 table_array 参数第 1 列中的最小值，则

VLOOKUP 将返回错误值#N/A。

table_array（必需）：表示两列或多列数据，执行对一个区域或区域名称的引用。table_array 第 1 列中的值是由 lookup_value 搜索的值，这些值可以是文本、数字或逻辑值，不区分大小写。

col_index_num（必需）：表示 table_array 参数中必须返回的匹配值的列号。当 col_index_num 参数为 1 时，返回 table_array 第 1 列中的值；当 col_index_num 为 2 时，返回 table_array 第 2 列中的值，以此类推。

如果 col_index_num 参数：

➢ 小于 1，则 VLOOKUP 返回错误值 #VALUE!。

➢ 大于 table_array 的列数，则 VLOOKUP 返回错误值#REF!。

range_lookup（可选）：表示一个逻辑值，指定希望 VLOOKUP 查找精确匹配值还是近似匹配值。

➢ 如果 range_lookup 为 TRUE 或被省略，则返回精确匹配值或近似匹配值。如果找不到精确匹配值，则返回小于 lookup_value 的最大值。

➢ 如果 range_lookup 为 TRUE 或被省略，则必须按升序排列 table_array 第 1 列中的值，否则 VLOOKUP 可能无法返回正确的值。

➢ 如果 range_lookup 为 FALSE，则不需要对 table_array 第 1 列中的值进行排序。

➢ 如果 range_lookup 参数为 FALSE，VLOOKUP 将只查找精确匹配值。如果 table_array 的第 1 列中有两个或更多值与 lookup_value 匹配，则使用第 1 个找到的值。如果找不到精确匹配值，则返回错误值#N/A。

2. 应用举例

VLOOKUP 函数在指定区域中的首列查找指定的值，返回与指定值同行的该区域中的其他列的值，使用 VLOOKUP 函数可以对岗位考核成绩进行评定，下面详细介绍具体操作方法。

选择 C2 单元格，在编辑栏中输入公式 "= VLOOKUP(B2, {0,"不及格";60,"及格";75,"良";85,"优秀"},2)"并按下键盘上的【Enter】键，在 C2 单元格中系统会自动对该员工的考核成绩进行评定，向下填充公式至其他单元格，即可完成对岗位考核成绩进行评定的操作，如图 9-6 所示。

	fx	=VLOOKUP(B2,{0,"不及格";60,"及格";75,"良";85,"优秀"},2)

	A	B	C
1	员工姓名	考核成绩	评定
2	王怡	86	优秀
3	赵尔	75	良
4	刘伞	60	及格
5	钱思	58	不及格
6	孙武	92	优秀
7	吴琉	87	优秀
8	李琦	65	及格

图 9-6

Section

9.3 引用表中数据

本节导读

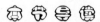

在查找和引用数据时，引用数据的函数主要有 ROW 函数、ADDRESS 函数、AREAS 函数、COLUMNS 函数和 HYPERLINK 函数等，本节将列举查找和引用函数中引用表中数据的一些函数应用案例，并对其进行详细的讲解。

9.3.1 使用 ADDRESS 函数定位年会抽奖号码位置

ADDRESS 函数用于按照给定的行号和列标建立文本类型的单元格地址，下面将分别详细介绍 ADDRESS 函数的语法结构以及使用 ADDRESS 函数定位年会抽奖号码位置的方法。

1. 语法结构

ADDRESS(row_num,column_num,[abs_num],[a1],[sheet_text])

ADDRESS 函数具有下列参数。

row_num（必需）：表示在单元格引用中使用的行号。

column_num（必需）：表示在单元格引用中使用的列标。

abs_num（可选）：表示指定要返回的引用类型。表 9-2 中列出了参数 abs_num 的取值及其作用。

表 9-2 参数 abs_num 的取值及其作用

abs_num 参数值	返回的引用类型
1 或省略	绝对引用行和列
2	绝对引用行号，相对引用列标
3	相对引用行号，绝对引用列标
4	相对引用行和列

2. 应用举例

使用 ADDRESS 函数可以定位指定的单元格位置，下面将详细介绍使用 ADDRESS 函数定位年会抽奖号码位置的方法。

选择 D5 单元格，在编辑栏中输入公式“=ADDRESS(5,1,1)”并按下键盘上的【Enter】键，在 D5 单元格中系统会自动定位中奖号码所在的员工编号的位置，通过以上方法即可完成定位年会抽奖号码位置的操作，如图 9-7 所示。

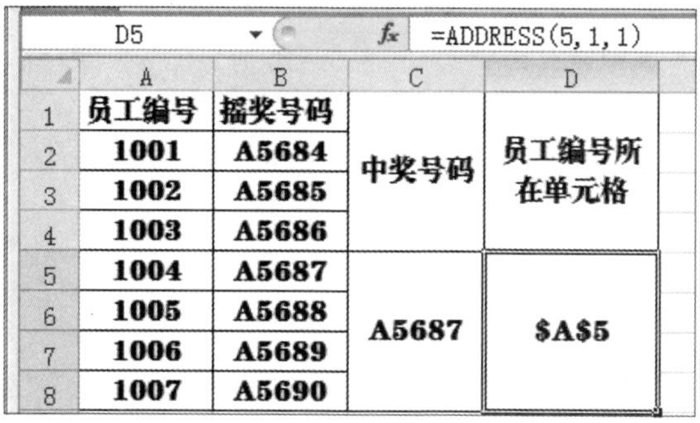

图 9-7

9.3.2 使用 AREAS 函数统计选手组别数量

AREAS 函数用于返回引用中包含的区域个数，区域表示连续的单元格区域或某个单元格。下面将分别详细介绍 AREAS 函数的语法结构以及使用 AREAS 函数统计选手组别数量的方法。

1. 语法结构

AREAS(reference)

AREAS 函数具有下列参数。

reference（必需）：表示对某个单元格或单元格区域的引用，也可以引用多个区域。如果需要将几个引用指定为一个参数，则必须用括号括起来，以免 Microsoft Excel 将逗号视为字段分隔符。

2. 应用举例

本例以公司开运动会为例，使用 AREAS 函数快速地统计出共有几个组别的选手，下面详细介绍其操作方法。

选择 D6 单元格，在编辑栏中输入公式 " = AREAS((B1 : B5 , C1 : C5 , D1 : D5 , E1 : E5))" 并按下键盘上的【Enter】键，在 D6 单元格中系统会自动计算出组别的数量，通过以上方法即可完成统计选手组别数量的操作，如图 9-8 所示。

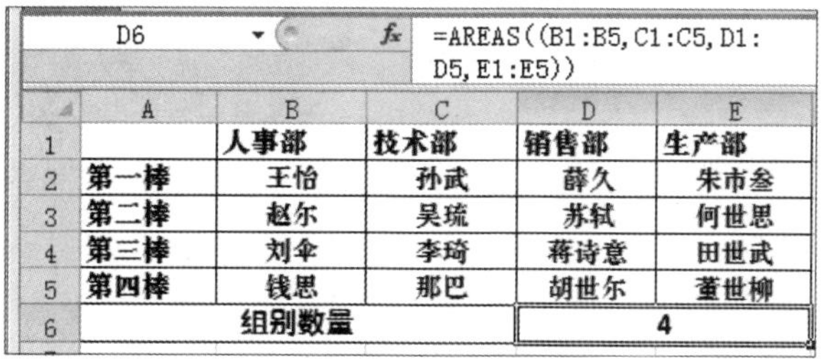

图 9-8

9.3.3 使用 COLUMNS 函数统计公司的部门数量

COLUMNS 函数用于返回数据或引用的列数，下面将分别详细介绍 COLUMNS 函数的语法结构以及使用 COLUMNS 函数统计公司的部门数量的方法。

1. 语法结构

COLUMNS(array)

COLUMNS 函数具有下列参数。

array（必需）：表示需要得到其列数的数组、数组公式或对单元格区域的引用。

2. 应用举例

COLUMNS 函数用于返回单元格区域或者数组中包含的列数，使用 COLUMNS 函数可以快速地统计出公司的部门数量，下面详细介绍其操作方法。

选择 F4 单元格，在编辑栏中输入公式"=COLUMNS(B:H)"并按下键盘上的【Enter】键，在 F4 单元格中系统会自动统计出公司的部门数量，通过以上方法即可完成统计公司部门数量的操作，如图 9-9 所示。

	A	B	C	D	E	F	G	H
1		财务部	人事部	技术部	生产部	信息部	运输部	公关部
2	人数	15	20	50	800	12	45	30
3	职能	财务相关	人事相关	技术相关	生产相关	企业文化	货物运送	拓展
4	公司的部门数量					7		

F4 　 fx =COLUMNS(B:H)

图 9-9

9.3.4 使用 HYPERLINK 函数添加客户的电子邮件地址

HYPERLINK 函数用于创建快捷方式或跳转，以打开存储在网络服务器、Intranet 或 Internet 中的文档。当单击 HYPERLINK 函数所在的单元格时，Excel 将打开存储在 link_location 中的文件。下面将分别详细介绍 HYPERLINK 函数的语法结构以及使用 HYPERLINK 函数添加客户的电子邮件地址的方法。

1. 语法结构

HYPERLINK(link_location,[friendly_name])

HYPERLINK 函数具有下列参数。

link_location（必需）：表示要打开的文档的路径和文件名。link_location 可以指向文档中的某个位置，如 Excel 工作表或工作簿中特定的单元格或命名区域，也可以指向 Microsoft Word 文档中的书签。路径可以是存储在硬盘驱动器上的文件的路径，也可以是服务器（URL）路径。

friendly_name（可选）：表示单元格中显示的跳转文本或数字值。friendly_name 显示为蓝色并带有下划线。如果省略 friendly_name，单元格会将 link_location 显示为跳转文本。

2. 应用举例

HYPERLINK 函数用于为指定的内容创建超链接，使用 HYPERLINK 函数可以在工作表中为客户添加相应的邮件地址，下面详细介绍其操作方法。

选择 C4 单元格，在编辑栏中输入公式“ = HYPERLINK(" mailto：xx@ xx. xx" ," 单击发送")”并按下键盘上的【Enter】键，在 C4 单元格中系统会自动创建一个超链接项，单击该超链接项即可发送电子邮件，通过以上方法即可完成添加客户电子邮件地址的操作，如图 9-10 所示。

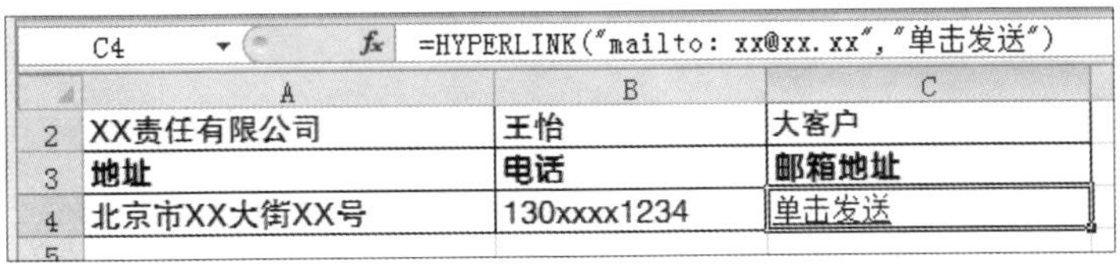

C4 =HYPERLINK("mailto: xx@xx.xx","单击发送")

	A	B	C
2	XX责任有限公司	王怡	大客户
3	**地址**	**电话**	**邮箱地址**
4	北京市XX大街XX号	130xxxx1234	单击发送
5			

图 9-10

9.3.5 使用 ROW 函数快速输入 12 个月份

ROW 函数用于返回引用的行号，该函数与 COLUMN 函数分别返回给定引用的行号与列标，下面将分别详细介绍 ROW 函数的语法结构以及使用 ROW 函数快速输入 12 个月份的方法。

1. 语法结构

ROW([reference])

ROW 函数具有下列参数。

reference（可选）：表示要得到其行号的单元格或单元格区域。

2. 应用举例

ROW 函数可以用于返回单元格或者单元格区域首行的行号，使用 ROW 函数可以快速地输入 12 个月份，下面详细介绍具体操作方法。

选择 A1 单元格，在编辑栏中输入公式“ = ROW( )&" 月" ”并按下键盘上的【Enter】键，在 A1 单元格中系统会自动显示“1 月”，向下填充公式至其他单元格，即可完成快速输入 12 个月份的操作，如图 9-11 所示。

A1 =ROW()&"月"

	A	B	C	D	E	F	G	H	I	J	K	L	M	N	O	P	Q	R	S	T	U	V	W	X	Y	Z	AA	AB	AC	AD	AE	AF
1	1月	1	2	3	4	5	6	7	8	9	10	11	12	13	14	15	16	17	18	19	20	21	22	23	24	25	26	27	28	29	30	31
2	2月	1	2	3	4	5	6	7	8	9	10	11	12	13	14	15	16	17	18	19	20	21	22	23	24	25	26	27	28			
3	3月	1	2	3	4	5	6	7	8	9	10	11	12	13	14	15	16	17	18	19	20	21	22	23	24	25	26	27	28	29	30	31
4	4月	1	2	3	4	5	6	7	8	9	10	11	12	13	14	15	16	17	18	19	20	21	22	23	24	25	26	27	28	29	30	
5	5月	1	2	3	4	5	6	7	8	9	10	11	12	13	14	15	16	17	18	19	20	21	22	23	24	25	26	27	28	29	30	31
6	6月	1	2	3	4	5	6	7	8	9	10	11	12	13	14	15	16	17	18	19	20	21	22	23	24	25	26	27	28	29	30	
7	7月	1	2	3	4	5	6	7	8	9	10	11	12	13	14	15	16	17	18	19	20	21	22	23	24	25	26	27	28	29	30	31
8	8月	1	2	3	4	5	6	7	8	9	10	11	12	13	14	15	16	17	18	19	20	21	22	23	24	25	26	27	28	29	30	31
9	9月	1	2	3	4	5	6	7	8	9	10	11	12	13	14	15	16	17	18	19	20	21	22	23	24	25	26	27	28	29	30	
10	10月	1	2	3	4	5	6	7	8	9	10	11	12	13	14	15	16	17	18	19	20	21	22	23	24	25	26	27	28	29	30	31
11	11月	1	2	3	4	5	6	7	8	9	10	11	12	13	14	15	16	17	18	19	20	21	22	23	24	25	26	27	28	29	30	
12	12月	[illegible]	2	3	4	5	6	7	8	9	10	11	12	13	14	15	16	17	18	19	20	21	22	23	24	25	26	27	28	29	30	31

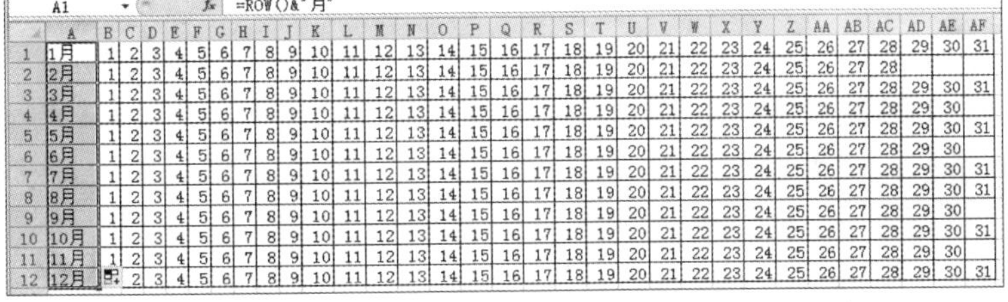

图 9-11

如果 reference 为一个单元格区域，并且 ROW 函数作为垂直数组输入，则 ROW 函数将以垂直数组的形式返回 reference 的行号。

Section

9.4 引用查询

在查找数据时，除了普通查询之外，有时也需要适当的引用才能够查找到所要的信息。本节将列举查找和引用函数中进行引用查询的一些函数应用案例，并对其进行详细的讲解。

9.4.1 使用 INDEX 函数快速提取员工编号

INDEX 函数用于返回指定的行与列交叉处的单元格引用。如果引用由不连续的选定区域组成，可以选择某一选定区域。下面将分别详细介绍 INDEX 函数的语法结构以及使用 INDEX 函数快速提取员工编号的方法。

1. 语法结构

INDEX(reference,row_num,[column_num],[area_num])

INDEX 函数具有下列参数。

reference（必需）：表示对一个或多个单元格区域的引用。

➢ 如果为引用输入一个不连续的区域，必须用括号括起来。

➢ 如果引用中的每个区域只包含一行或一列，则相应的参数 row_num 或 column_num 分别为可选项。例如，对于单行的引用，用户可以使用函数 INDEX(reference,,column_num)。

row_num（必需）：表示引用中某行的行号，函数从该行返回一个引用。

column_num（可选）：表示引用中某列的列标，函数从该列返回一个引用。

area_num（可选）：表示选择引用中的一个区域，以从中返回 row_num 和 column_num 的交叉区域。选中或输入的第 1 个区域序号为 1，第 2 个为 2，以此类推。如果省略 area_num，则 INDEX 函数使用区域 1。

2. 应用举例

INDEX 函数用于返回单元格区域或数组中行列交叉位置上的值，使用 INDEX 函数即可快速提取员工编号，下面将详细介绍其操作方法。

选择 D4 单元格，在编辑栏中输入公式“=INDEX(A1:A7,MATCH(D1,B1:B7,0))”并按下键盘上的【Enter】键，在 D4 单元格中系统会自动提取出该员工的员工编号，通过以上方法即可完成快速提取员工编号的操作，如图 9-12 所示。

D4 =INDEX(A1:A7,MATCH(D1,B1:B7,0))

	A	B	C	D
1	员工编号	员工姓名	姓名	刘伞
2	HW1023	王怡		
3	HW2046	赵尔		
4	HW1954	刘伞	员工编号	HW1954
5	HW1654	钱思		
6	HW2037	孙武		
7	HW1679	吴琉		

图 9-12

9.4.2 使用 OFFSET 函数对每日销售量做累计求和

OFFSET 函数用于以指定的引用为参照系，通过给定偏移量得到新的引用，返回的引用可以为一个单元格或单元格区域，并可以指定返回的行数或列数。下面将分别详细介绍 OFFSET 函数的语法结构以及使用 OFFSET 函数对每日销售量做累计求和的方法。

1. 语法结构

OFFSET(reference,rows,cols,[height],[width])

OFFSET 函数具有下列参数。

reference（必需）：表示作为偏移量参照系的引用区域。reference 必须为对单元格或相连单元格区域的引用，否则 OFFSET 返回错误值#VALUE!。

rows（必需）：表示相对于偏移量参照系的左上角单元格上（下）偏移的行数。如果使用 5 作为参数 rows，则说明目标引用区域的左上角单元格比 reference 低 5 行。行数可以为正数（代表在起始引用的下方）或负数（代表在起始引用的上方）。

cols（必需）：表示相对于偏移量参照系的左上角单元格左（右）偏移的列数。如果使用 5 作为参数 cols，则说明目标引用区域的左上角的单元格比 reference 靠右 5 列。列数可以为正数（代表在起始引用的右边）或负数（代表在起始引用的左边）。

height（可选）：高度，即所要返回的引用区域的行数。height 必须为正数。

width（可选）：宽度，即所要返回的引用区域的列数。width 必须为正数。

2. 应用举例

OFFSET 函数可以根据给定的偏移量返回新的引用区域，使用 OFFSET 函数配合 SUM 函数可以对每日销售量做累计求和，下面详细介绍其操作方法。

选择 C1 单元格，在编辑栏中输入公式“=SUM(OFFSET($B$2,,,ROW()-1))”并按下键盘上的【Enter】键，在 C1 单元格中系统会自动计算出第 1 天的累计销售量，向下拖动填充公式至其他单元格，即可完成对每日销售量做累计求和的操作，如图 9-13 所示。

C2 =SUM(OFFSET($B$2,,,ROW()-1))

	A	B	C
1	销售日期	销售量	累计销售量
2	10月1日	121	121
3	10月2日	151	272
4	10月3日	134	406
5	10月4日	124	530
6	10月5日	165	695
7	10月6日	126	821
8	10月7日	127	948
9			

图 9-13

9.4.3 使用 TRANSPOSE 函数转换数据区域

TRANSPOSE 函数用于转至数据区域的行列位置，使用 TRANSPOSE 函数可以将表格中的纵向数据转换为横向数据，下面详细介绍其操作方法。

1. 语法结构

TRANSPOSE(array)

TRANSPOSE 函数具有以下参数。

array（必需）：表示需要进行转置的数组或工作表上的单元格区域。所谓数组的转置就是将数组的第 1 行作为新数组的第 1 列，将数组的第 2 行作为新数组的第 2 列，以此类推。

2. 应用举例

选择 A8 ~ F10 单元格区域，在编辑栏中输入公式“=TRANSPOSE(A1:C6)”并按下【Ctrl】+【Shift】+【Enter】组合键，在 A8 ~ F10 单元格区域中系统会自动将表中原有的纵向数据转换为横向显示的数据，通过以上方法即可完成转换数据区域的操作，如图 9-14 所示。

A8 {=TRANSPOSE(A1:C6)}

	A	B	C	D	E	F
1	员工编号	员工姓名	员工业绩			
2	A1001	王怡	12000			
3	A1002	赵尔	13000			
4	A1003	刘伞	16000			
5	A1004	钱思	15000			
6	A1005	孙武	17000			
7						
8	员工编号	A1001	A1002	A1003	A1004	A1005
9	员工姓名	王怡	赵尔	刘伞	钱思	孙武
10	员工业绩	12000	13000	16000	15000	17000
11						

图 9-14

在使用 TRANSPOSE 函数转换数据区域的时候，用户需要注意的是，如果在被转换的数据中包含日期格式的数据，用户需要将转换的目标单元格区域中的单元格设置为日期格式，否则在使用 TRANSPOSE 函数转换数据之后返回的日期结果会显示为序列号。

9.4.4 使用 MATCH 函数不区分大小写提取成绩

MATCH 函数用于在单元格区域中搜索指定项，然后返回该项在单元格区域中的相对位置。下面将分别详细介绍 MATCH 函数的语法结构以及使用 MATCH 函数不区分大小写提取成绩的方法。

1. 语法结构

MATCH（lookup_value，lookup_array，[match_type]）

MATCH 函数具有下列参数。

lookup_value（必需）：表示需要在 lookup_array 中查找的值。例如，如果要在电话簿中查找某人的电话号码，则应该将姓名作为查找值，但实际上需要的是电话号码。lookup_value 参数可以为值（数字、文本或逻辑值）或对数字、文本或逻辑值的单元格引用。

lookup_array（必需）：表示要搜索的单元格区域。

match_type（可选）：表示查找方式，用于指定精确查找或模糊查找，取值为 -1、0 或 1。表 9-3 中列出了 MATCH 函数在参数 match_type 取不同值时的返回值。

表 9-3 参数 match_type 与 MATCH 函数的返回值

match_type 参数值	MATCH 返回值
1 或省略	MATCH 函数会查找小于或等于 lookup_value 的最大值，lookup_array 参数中的值必须按升序排列
0	MATCH 函数会查找等于 lookup_value 的第 1 个值，lookup_array 参数中的值可以按任何顺序排列
-1	MATCH 函数会查找大于或等于 lookup_value 的最小值，lookup_array 参数中的值必须按降序排列

2. 应用举例

MATCH 函数用于返回指定数据的相对位置，使用 MATCH 函数配合 INDEX 函数可以在不区分大小写的情况下提取成绩，下面详细介绍其操作方法。

选择 C5 单元格，在编辑栏中输入公式 " = INDEX（B2：B6，MATCH（C1，A2：A6，0））" 并按下键盘上的【Enter】键，在 C5 单元格中系统会自动提取出成绩，通过以上方法即可完成不区分大小写提取成绩的操作，如图 9-15 所示。

C5 =INDEX(B2:B6,MATCH(C1,A2:A6,0))

	A	B	C
1	姓名	成绩	LAU
2	andy	80	
3	lee	90	
4	lau	120	
5	chio	124	120
6	iori	10	

图 9-15

Section

9.5 实践案例与上机操作

本节导读

通过本章的学习，用户可以掌握输入和编辑数据方面的知识，下面通过几个实践案例进行上机操作，以达到巩固学习、拓展提高的目的。

9.5.1 统计销售人员数量

ROWS 函数用于返回数据区域包含的行数，通过使用 ROWS 函数可以快速地统计出公司共有多少个销售员，下面详细介绍其操作方法。

选择 D6 单元格，在编辑栏中输入公式“ = ROWS(A3:A5) + ROWS(C3:C5) + ROWS(E3:E5)”并按下键盘上的【Enter】键，在 D6 单元格中系统会自动计算出 3 个部门的销售人员的数量总和，通过以上方法即可完成统计销售人员数量的操作，如图 9-16 所示。

D6 =ROWS(A3:A5)+ROWS(C3:C5)+ROWS(E3:E5)

	A	B	C	D	E	F
1	销售一部		销售二部		销售三部	
2	姓名	销售额	姓名	销售额	姓名	销售额
3	王怡	2000	钱思	4000	李琦	3000
4	赵尔	3000	孙武	5000	燕七	4000
5	刘伞	2300	吴琉	4500	薛久	3400
6	统计销售员人数			9		
7						

图 9-16

9.5.2　从数据透视表中提取数据

GETPIVOTDATA 函数用于返回存储在数据透视表中的数据。如果报表中的汇总数据可见，则可以使用 GETPIVOTDATA 函数从数据透视表中检索汇总数据。本例将应用 GETPIV-OTDATA 函数从数据透视表中提取数据，下面详细介绍其操作方法。

选中 B14 单元格，在编辑栏中输入公式"＝GETPIVOTDATA("销售额",A1,A12,B12,A13,B13)"并按下键盘上的【Enter】键，即可从数据透视表中提取北京地区电脑的销售额，如图 9-17 所示。

	B14			f_x =GETPIVOTDATA("销售额",A1,A12,B12,A13,B13)			
	A	B	C	D	E	F	G
1		城市 ▼	值				
2		北京		长春		长沙	
3	商品 ▼	销售额	本地区市场占有率	销售额	本地区市场占有率	销售额	本地区市场占
4	冰箱	1075000	24.21%	980000	19.47%	1199500	
5	彩电	1508500	33.98%	1526000	30.32%	1666000	
6	电脑	348000	7.84%	756000	15.02%		
7	空调	1372000	30.90%	1523200	30.26%	1299200	
8	洗衣机	136000	3.06%	248000	4.93%	374400	
9	总计	4439500	100.00%	5033200	100.00%	4539100	
10							
11							
12	城市	北京					
13	商品	电脑					
14	销售额	348000					
15							

图 9-17

知识精讲

在上面的公式中，由于最后返回的数据是销售额，因此设置 GETPIVOTDATA 函数的第 1 个参数为"销售额"，但是如果改用 B3 单元格引用，公式会返回错误值。GETPIV-OTDATA 函数的第 2 个参数可以任意设置，只要其位于数据透视表的数据区域内即可。而 GETPIVOTDATA 函数的第 3 个、第 4 个参数的确定要查找数据的行位置，第 5 个、第 6 个参数的确定要查找数据的列位置，它们的交叉位置即为要提取的销售额数据。

9.5.3　汇总各销售区域的销售量

COLUMN 函数用于返回单元格或者单元格区域首列的列号，配合 SUM 函数和 MOD 函数可以对各销售区域的销售量进行汇总，下面详细介绍具体操作方法。

选择 E6 单元格，在编辑栏中输入公式"＝SUM(IF(MOD(COLUMN(A:F),2)＝0,A2:F5))"并按下【Ctrl】＋【Shift】＋【Enter】组合键，在 E6 单元格中系统会自动计算出各区域的销售汇总，通过以上方法即可完成汇总各销售区域的销售量的操作，如图 9-18 所示。

| E6 | ▼ | f_x | {=SUM(IF(MOD(COLUMN(A:F),2)=0,A2:F5))} |

	A	B	C	D	E	F
1	华东区域		华北区域		华南区域	
2	华东一部	32000	华北一部	63000	华南一部	56000
3	华东二部	33000	华北二部	62000	华南二部	65000
4	华东三部	23000	华北三部	56000	华南三部	69000
5	华东四部	25000	华北四部	45000	华南四部	59000
6	各区域销售汇总				588000	

图 9-18

知识精讲

COLUMN(reference)函数中的参数 reference 只能引用一个单元格区域,而且 COLUMN 函数作为水平数组输入到单元格区域中时参数 reference 中的首行首列的列号将以水平数组返回。

9.5.4 统计未完成销售额的销售员数量

这里以每个销售员每月销售额不得低于 50000 为例,使用 INDIRECT 函数统计出没有完成销售额的销售员数量,下面详细介绍具体操作方法。

选择 C5 单元格,在编辑栏中输入公式 " = SUM(COUNTIF(INDIRECT(" B2:B7 ") ," < 50000") " 并按下键盘上的【Enter】键,在 C5 单元格中系统会自动统计出未完成销售额的销售员数量,通过以上方法即可完成统计未完成销售额的销售员数量的操作,如图 9-19 所示。

| C5 | ▼ | f_x | =SUM(COUNTIF(INDIRECT("B2:B7"),"<50000")) |

	A	B	C
1	销售员	销售额	
2	王怡	65000	未完成销售额的销售员数量
3	赵尔	48000	
4	刘伞	70000	
5	钱思	82000	**3**
6	孙武	39000	
7	吴琉	49000	
8			

图 9-19

9.5.5 通过差旅费报销明细统计出差人数

使用 ROWS 函数配合 COLUMNS 函数可以快速地统计出公司出差的人数,下面详细介绍具体操作方法。

选择 C8 单元格，在编辑栏中输入公式 " = ROWS(2:7) * COLUMNS(A:C)/2"并按下键盘上的【Enter】键，在 C8 单元格中系统会自动统计出出差的人数，通过以上方法即可完成通过差旅费报销明细统计出差人数的操作，如图 9-20 所示。

C8	▼	fx	=ROWS(2:7)*COLUMNS(A:C)/2
	A	B	C
1	差旅费报销明细		
2	王怡	赵尔	刘伞
3	1500	300	700
4	钱思	孙武	吴琉
5	600	900	840
6	李琦	那巴	薛久
7	450	720	650
8	出差人数		9

图 9-20

9.5.6　查询指定员工的信息

使用 OFFSET 函数配合 MATCH 函数可以快速地查询指定员工的信息，下面详细介绍具体操作方法。

选择 F5 单元格，在编辑栏中输入公式 " = OFFSET(B1,MATCH(F1,B1:B8,0) - 1,MATCH(E5,B1:D1,0) -1)"并按下键盘上的【Enter】键，在 F5 单元格中系统会自动显示该员工所在的部门，通过以上方法即可完成查询指定员工的信息的操作，如图 9-21 所示。

F5	▼	fx	=OFFSET(B1,MATCH(F1,B1:B8,0)-1,MATCH(E5,B1:D1,0)-1)		
	A	B	C	D	E	F
1	编号	姓名	部门	工资		
2	A001	王怡	人事部	3800	姓名	刘伞
3	A002	赵尔	生产部	6200		
4	A003	刘伞	公关部	6500		
5	A004	钱思	技术部	6200	部门	公关部
6	A005	孙武	供应部	4500		
7	A006	吴琉	销售部	6500		
8	A007	李琦	运输部	5000		

图 9-21

第10章
数据库函数

本章内容导读

本章主要介绍了数据库函数方面的知识，同时讲解了计算数据库中的数据、数据库常规统计和数据库散布度统计相关应用案例的操作，在本章的最后还针对实际的工作需要讲解了一些实例的上机操作。通过本章的学习，读者可以掌握数据库函数相关方面的知识，为进一步学习 Excel 2010 公式·函数·图表与数据分析的相关知识奠定了基础。

本章知识要点

☑ 数据库函数概述
☑ 计算数据库中的数据
☑ 数据库常规统计
☑ 数据库散布度统计

本节导读

在处理一些数据时，大家经常会用到数据库函数，数据库函数是根据特定条件从数据库中筛选出所要的信息。对于每一个数据库函数都有一个基础数据与之相对应，每一个数据库函数基本上都包括"数据库""字段"和"条件区域"3个部分，条件区域包括列名和条件两部分。本节将详细介绍数据库函数的相关基础知识。

数据库函数是用来对表中的数据进行计算和统计的公式，数据库函数的作用包括计算数据库数据、对数据库数据进行常规统计、对数据库数据进行散布度统计等，常见的数据库函数及其功能如表10-1所示。

表10-1 常见的数据库函数名称及其功能

函　数	功　能
DAVERAGE	返回所选数据库条目的平均值
DCOUNT	计算数据库中包含数字的单元格的数量
DCOUNTA	计算数据库中非空单元格的数量
DGET	从数据库中提取符合指定条件的单个记录
DMAX	返回所选数据库条目的最大值
DMIN	返回所选数据库条目的最小值
DPRODUCT	将数据库中符合条件的记录的特定字段中的值相乘
DSTDEV	基于所选数据库条目的样本估算标准偏差
DSTDEVP	基于所选数据库条目的样本总体计算标准偏差
DSUM	对数据库中符合条件的记录的字段列中的数字求和
DVAR	基于所选数据库条目的样本估算方差
DVARP	基于所选数据库条目的样本总体计算方差

本节导读

Excel 2010提供了12个数据库函数，它们用来对表中的数据进行计算和统计，用户可以使用DPRODUCT函数和DSUM函数计算数据库中的数据，本节将列举数据库函数中计算数据库中数据的一些函数应用案例，并对其进行详细的讲解。

10.2.1 使用 DPRODUCT 函数统计手机的返修记录

DPRODUCT 函数用于返回列表或数据库中满足指定条件的记录字段（列）中的数值的乘积。下面将分别详细介绍 DPRODUCT 函数的语法结构以及使用 DPRODUCT 函数统计手机的返修记录的方法。

1. 语法结构

DPRODUCT(database,field,criteria)

DPRODUCT 函数具有以下参数。

database（必需）：表示构成列表或数据库的单元格区域。数据库是包含一组相关数据的列表，其中包含相关信息的行为记录，而包含数据的列为字段。列表的第 1 行包含每一列的标签。

field（必需）：表示指定函数所使用的列，输入两端带双引号的列标签，如"使用年数"或"产量"；或是代表列在列表中的位置的数字（不带引号），1 表示第 1 列，2 表示第 2 列，以此类推。

criteria（必需）：表示包含所指定条件的单元格区域。用户可以为参数 criteria 指定任意区域，只要此区域至少包含一个列标签，并且列标签下方至少包含一个指定列条件的单元格。

2. 应用举例

DPRODUCT 函数用于返回满足条件的数值的乘积，通过使用 DPRODUCT 函数可以方便地统计出手机的返修情况，下面将详细介绍其操作方法。

选择 C9 单元格，在编辑栏中输入公式“ =DPRODUCT(A1:C7,3,D1:F3)”并按下键盘上的【Enter】键，在 C9 单元格中系统会自动统计出该手机是否有过返修记录，通过以上方法即可完成统计手机的返修记录的操作，如图 10-1 所示。

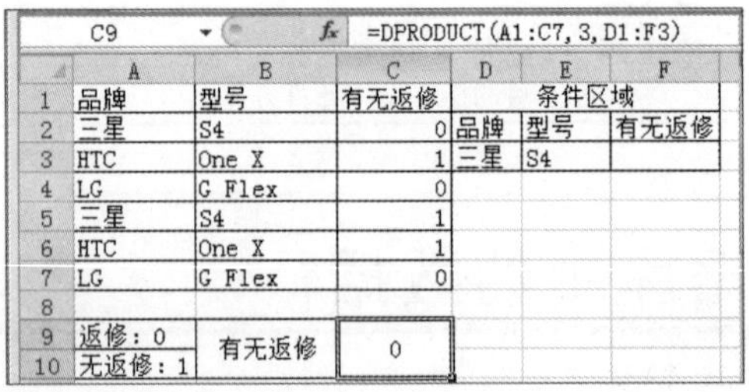
C9 =DPRODUCT(A1:C7,3,D1:F3)

	A	B	C	D	E	F
1	品牌	型号	有无返修	条件区域		
2	三星	S4	0	品牌	型号	有无返修
3	HTC	One X	1	三星	S4	
4	LG	G Flex	0			
5	三星	S4	1			
6	HTC	One X	1			
7	LG	G Flex	0			
8						
9	返修：0	有无返修	0			
10	无返修：1					

图 10-1

10.2.2 使用 DSUM 函数统计符合条件的销售额总和

DSUM 函数用于返回列表或数据库中满足指定条件的记录字段（列）中的数字之和。下面将分别详细介绍 DSUM 函数的语法结构以及使用 DSUM 函数统计符合条件的销售额总和的方法。

1. 语法结构

DSUM(database,field,criteria)

DSUM函数具有下列参数。

database（必需）：表示构成列表或数据库的单元格区域。数据库是包含一组相关数据的列表，其中包含相关信息的行为记录，而包含数据的列为字段。列表的第1行包含每一列的标签。

field（必需）：表示指定函数所使用的列，输入两端带双引号的列标签，如"树龄"或"产量"；或是代表列在列表中的位置的数字（不带引号），1表示第1列，2表示第2列，以此类推。

criteria（必需）：表示包含指定条件的单元格区域。用户可以为参数criteria指定任意区域，只要此区域至少包含一个列标签，并且列标签下方至少包含一个指定列条件的单元格。

2. 应用举例

DSUM函数用于计算数据库中满足指定条件的指定列中数字的总和，通过使用DSUM函数可以方便地统计出符合条件的销售额总和，下面详细介绍其方法。

选择C11单元格，在编辑栏中输入公式"=DSUM(A1:D9,4,E2:G3)"并按下键盘上的【Enter】键，在C11单元格中系统会自动统计出符合条件的销售额总和，通过以上方法即可完成统计符合条件的销售额总和的操作，如图10-2所示。

图10-2

Section

10.3 **数据库常规统计**

用户可以使用 DAVERAGE 函数、DCOUNT 函数、DCOUNTA 函数、DGET 函数、DMAX 函数和 DMIN 函数进行数据库常规统计，本节将列举数据库函数中进行常规统计的一些函数应用案例，并对其进行详细的讲解。

10.3.1　使用 DAVERAGE 函数统计符合条件的平均值

DAVERAGE 函数用于对列表或数据库中满足指定条件的记录字段（列）中的数值求平均值。下面将分别详细介绍 DAVERAGE 函数的语法结构以及使用 DAVERAGE 统计符合条件的销售额平均值的方法。

1. 语法结构

DAVERAGE(database , field , criteria)

DAVERAGE 函数具有以下参数。

database（必需）：表示构成列表或数据库的单元格区域。数据库是包含一组相关数据的列表，其中包含相关信息的行为记录，而包含数据的列为字段。列表的第 1 行包含着每一列的标签。

field（必需）：表示指定函数所使用的列，输入两端带双引号的列标签，如"使用年数"或"产量"；或是代表列表中列位置的数字（没有引号），1 表示第 1 列，2 表示第 2 列，以此类推。

criteria（必需）：表示包含所指定条件的单元格区域。用户可以为参数 criteria 指定任意区域，只要此区域至少包含一个列标签，并且列标签下方至少包含一个指定列条件的单元格。

2. 应用举例

DAVERAGE 函数用于计算数据库中满足指定条件的指定列中数字的平均值，使用 DAVERAGE 函数可以方便地统计符合条件的销售额平均值，下面将详细介绍其操作方法。

选择 C11 单元格，在编辑栏中输入公式"＝DAVERAGE（A1：D9，4，E2：G3）"并按下键盘上的【Enter】键，在 C11 单元格中系统会自动统计出符合条件的销售额平均值，通过以上方法即可完成统计符合条件的销售额平均值的操作，如图 10-3 所示。

	C11		f_x	=DAVERAGE(A1:D9,4,E2:G3)		
	A	B	C	D	E	F	G
1	姓名	销售部门	职称	销售额	条件区域		
2	王怡	销售一部	销售员	200000	销售部门	职称	销售额
3	赵尔	销售二部	销售精英	500000	销售二部		
4	刘伞	销售一部	销售精英	450000			
5	钱思	销售二部	销售员	220000			
6	孙武	销售一部	销售眼	180000			
7	吴琉	销售二部	销售精英	460000			
8	李琦	销售一部	销售精英	600000			
9	那巴	销售二部	销售员	210000			
10							
11		销售额平均值	347500				

图 10-3

10.3.2 使用 DCOUNT 函数统计销售精英人数

DCOUNT 函数用于返回列表或数据库中满足指定条件的记录字段（列）中包含数字的单元格的个数。下面将分别详细介绍 DCOUNT 函数的语法结构以及使用 DCOUNT 函数统计销售精英人数的方法。

1. 语法结构

DCOUNT(database, field, criteria)

DCOUNT 函数具有以下参数。

database（必需）：表示构成列表或数据库的单元格区域。数据库是包含一组相关数据的列表，其中包含相关信息的行为记录，而包含数据的列为字段。列表的第 1 行包含每一列的标签。

field（必需）：表示指定函数所使用的列，输入两端带双引号的列标签，如"使用年数"或"产量"；或是代表列在列表中的位置的数字（不带引号），1 表示第 1 列，2 表示第 2 列，以此类推。

criteria（必需）：表示包含所指定条件的单元格区域。用户可以为参数 criteria 指定任意区域，只要此区域至少包含一个列标签，并且列标签下方至少包含一个指定列条件的单元格。

2. 应用举例

DCOUNT 函数用于计算满足条件的包含数字的单元格个数，通过使用 DCOUNT 函数可以方便地统计出销售精英人数，下面详细介绍其操作方法。

选择 C11 单元格，在编辑栏中输入公式 "= DCOUNT(A1 : D9 , 4 , E2 : G3)" 并按下键盘上的【Enter】键，在 C11 单元格中系统会自动统计出销售精英人数，通过以上方法即可完成统计销售精英人数的操作，如图 10-4 所示。

	A	B	C	D	E	F	G
	C11	▼	fx	=DCOUNT(A1:D9,4,E2:G3)			
1	姓名	销售部门	职称	销售额		条件区域	
2	王怡	销售一部	销售员	200000	销售部门	职称	销售额
3	赵尔	销售二部	销售精英	500000		销售精英	
4	刘伞	销售一部	销售精英	450000			
5	钱思	销售二部	销售员	220000			
6	孙武	销售一部	销售眼	180000			
7	吴琉	销售二部	销售精英	460000			
8	李琦	销售一部	销售精英	600000			
9	那巴	销售二部	销售员	210000			
10							
11	销售精英人数		4				

图 10-4

10.3.3 使用 DCOUNTA 函数统计销售额上报人数

DCOUNTA 函数用于返回列表或数据库中满足指定条件的记录字段（列）中的非空单元

格的个数。下面将分别详细介绍 DCOUNTA 函数的语法结构以及使用 DCOUNTA 函数统计销售额上报人数的方法。

1. 语法结构

DCOUNTA(database,field,criteria)

DCOUNTA 函数具有以下参数。

database（必需）：表示构成列表或数据库的单元格区域。数据库是包含一组相关数据的列表，其中包含相关信息的行为记录，而包含数据的列为字段。列表的第 1 行包含每一列的标签。

field（必需）：表示指定函数所使用的列，输入两端带双引号的列标签，如"使用年数"或"产量"；或是代表列在列表中的位置的数字（不带引号），1 表示第 1 列，2 表示第 2 列，以此类推。

criteria（必需）：表示包含所指定条件的单元格区域。用户可以为参数 criteria 指定任意区域，只要此区域至少包含一个列标签，并且列标签下方至少包含一个指定列条件的单元格。

2. 应用举例

DCOUNTA 函数用于计算满足条件的非空单元格个数，通过使用 DCOUNTA 函数可以方便地统计出销售额上报人数，下面详细介绍其操作方法。

选择 C10 单元格，在编辑栏中输入公式"=DCOUNTA(A1:D9,4,E2:G3)"并按下键盘上的【Enter】键，在 C10 单元格中系统会自动统计出销售额上报人数，通过以上方法即可完成统计销售额上报人数的操作，如图 10-5 所示。

	A	B	C	D	E	F	G
C10			=DCOUNTA(A1:D9,4,E2:G3)				
1	姓名	销售部门	职称	销售额		条件区域	
2	王怡	销售一部	销售员	200000	销售部门	职称	销售额
3	赵尔	销售二部	销售精英	500000			
4	刘伞	销售一部	销售精英				
5	钱思	销售二部	销售员	220000			
6	孙武	销售一部	销售眼				
7	吴琉	销售二部	销售精英	460000			
8	李琦	销售一部	销售精英				
9	那巴	销售二部	销售员	210000			
10	销售额上报人数		5				

图 10-5

10.3.4 使用 DGET 函数提取指定条件的销售额

DGET 函数用于从列表或数据库的列中提取符合指定条件的单个值，下面将分别详细介绍 DGET 函数的语法结构以及使用 DGET 函数提取指定条件的销售额的操作方法。

1. 语法结构

DGET(database,field,criteria)

DGET 函数具有下列参数。

database（必需）：表示构成列表或数据库的单元格区域。数据库是包含一组相关数据的列表，其中包含相关信息的行为记录，而包含数据的列为字段。列表的第 1 行包含每一列的标签。

field（必需）：表示指定函数所使用的列，输入两端带双引号的列标签，如"使用年数"或"产量"；或是代表列在列表中的位置的数字（不带引号），1 表示第 1 列，2 表示第 2 列，以此类推。

criteria（必需）：表示包含所指定条件的单元格区域。用户可以为参数 criteria 指定任意区域，只要此区域至少包含一个列标签，并且列标签下方至少包含一个指定列条件的单元格。

2. 应用举例

DGET 函数用于计算满足条件的单个值，通过使用 DGET 函数可以方便地提取出指定条件的销售额，下面详细介绍其操作方法。

选择 C10 单元格，在编辑栏中输入公式" = DGET(A1 : D9 , 4 , E2 : G3)"并按下键盘上的【Enter】键，在 C10 单元格中系统会自动提取出指定条件的销售额，通过以上方法即可完成提取指定条件的销售额的操作，如图 10-6 所示。

	C10	▼	fx	=DGET(A1:D9,4,E2:G3)		
	A	B	C	D	E	F	G
1	姓名	销售部门	职称	销售额		条件区域	
2	王怡	销售一部	销售员	200000	姓名	销售部门	职称
3	赵尔	销售二部	销售精英	500000	赵尔	销售二部	销售精英
4	刘伞	销售一部	销售精英	650000			
5	钱思	销售二部	销售员	220000			
6	孙武	销售一部	销售员	320000			
7	吴琉	销售二部	销售精英	460000			
8	李琦	销售一部	销售精英	640000			
9	那巴	销售二部	销售员	210000			
10	提取的销售额		500000				

图 10-6

10.3.5　使用 DMAX 函数提取销售员的最高销售额

DMAX 函数用于返回列表或数据库中满足指定条件的记录字段（列）中的最大数字。下面将分别详细介绍 DMAX 函数的语法结构以及使用 DMAX 函数提取销售员的最高销售额的操作方法。

1. 语法结构

DMAX(database , field , criteria)

DMAX 函数具有下列参数。

database（必需）：表示构成列表或数据库的单元格区域。数据库是包含一组相关数据的列表，其中包含相关信息的行为记录，而包含数据的列为字段。列表的第 1 行包含每一列的标签。

field（必需）：表示指定函数所使用的列，输入两端带双引号的列标签，如"使用年数"或"产量"；或是代表列在列表中的位置的数字（不带引号），1 表示第 1 列，2 表示第 2 列，以此类推。

criteria（必需）：表示包含所指定条件的单元格区域。用户可以为参数 criteria 指定任意区域，只要此区域至少包含一个列标签，并且列标签下方至少包含一个指定列条件的单元格。

2. 应用举例

DMAX 函数用于返回满足条件的最大值，通过使用 DMAX 函数可以方便地提取出销售员的最高销售额，下面将详细介绍其操作方法。

选择 C10 单元格，在编辑栏中输入公式"= DMAX（A1:D9,4,E2:G3）"并按下键盘上的【Enter】键，在 C10 单元格中系统会自动提取出销售员的最高销售额，通过以上方法即可完成提取销售员的最高销售额的操作，如图 10-7 所示。

	A	B	C	D	E	F	G
	C10		f_x =DMAX(A1:D9,4,E2:G3)				
1	姓名	销售部门	职称	销售额		条件区域	
2	王怡	销售一部	销售员	200000	姓名	销售部门	职称
3	赵尔	销售二部	销售精英	500000			销售员
4	刘伞	销售一部	销售精英	650000			
5	钱思	销售二部	销售员	220000			
6	孙武	销售一部	销售员	320000			
7	吴琉	销售二部	销售精英	460000			
8	李琦	销售一部	销售精英	640000			
9	那巴	销售二部	销售员	210000			
10	提取的销售额		320000				

图 10-7

Section
10.4

数据库散布度统计

本节导读

用户可以使用 DSTDEV 函数、DSTDEVP 函数、DVAR 函数和 DVARP 函数进行数据库散布度统计，本节将详细介绍数据库散布度统计类函数的相关知识及应用案例。

10.4.1 使用 DSTDEV 函数计算销售额的样本标准偏差值

DSTDEV 函数用于返回使用列表或数据库中满足指定条件的记录字段（列）中的数字

作为样本估算出的样本标准偏差。下面将分别详细介绍 DSTDEV 函数的语法结构以及使用 DSTDEV 计算销售精英销售额的样本标准偏差值的方法。

1. 语法结构

DSTDEV(database,field,criteria)

DSTDEV 函数具有以下参数。

database（必需）：表示构成列表或数据库的单元格区域。数据库是包含一组相关数据的列表，其中包含相关信息的行为记录，而包含数据的列为字段。列表的第 1 行包含每一列的标签。

field（必需）：表示指定函数所使用的列，输入两端带双引号的列标签，如"使用年数"或"产量"；或是代表列在列表中的位置的数字（不带引号），1 表示第 1 列，2 表示第 2 列，以此类推。

criteria（必需）：表示包含所指定条件的单元格区域。用户可以为参数 criteria 指定任意区域，只要此区域至少包含一个列标签，并且列标签下方至少包含一个指定列条件的单元格。

2. 应用举例

DSTDEV 函数用于返回满足条件的样本标准偏差，通过使用 DSTDEV 函数可以方便地计算销售精英销售额的样本标准偏差值，下面详细介绍其操作方法。

选择 C10 单元格，在编辑栏中输入公式"=DSTDEV(A1:D9,4,E2:G3)"并按下键盘上的【Enter】键，在 C10 单元格中系统会自动计算出销售精英销售额的样本标准偏差值，这样即可完成计算销售精英销售额的样本标准偏差值的操作，如图 10-8 所示。

C10			fx	=DSTDEV(A1:D9,4,E2:G3)		
	A	B	C	D	E	F	G
1	姓名	销售部门	职称	销售额		条件区域	
2	王怡	销售一部	销售员	200000	姓名	销售部门	职称
3	赵尔	销售二部	销售精英	500000			销售精英
4	刘伞	销售一部	销售精英	650000			
5	钱思	销售二部	销售员	220000			
6	孙武	销售一部	销售员	320000			
7	吴琉	销售二部	销售精英	460000			
8	李琦	销售一部	销售精英	640000			
9	那巴	销售二部	销售员	210000			
10	销售精英偏差值		96738.47907				

图 10-8

10.4.2 使用 DSTDEVP 函数计算销售额的总体标准偏差值

DSTDEVP 函数用于返回使用列表或数据库中满足指定条件的记录字段（列）中的数字作为样本计算出的总体标准偏差。下面将分别详细介绍 DSTDEVP 函数的语法结构以及使用 DSTDEVP 函数计算销售精英销售额的总体标准偏差值的方法。

1. 语法结构

DSTDEVP(database,field,criteria)

DSTDEVP 函数具有以下参数。

database（必需）：表示构成列表或数据库的单元格区域。数据库是包含一组相关数据的列表，其中包含相关信息的行为记录，而包含数据的列为字段。列表的第 1 行包含每一列的标签。

field（必需）：表示指定函数所使用的列，输入两端带双引号的列标签，如"使用年数"或"产量"；或是代表列在列表中的位置的数字（不带引号），1 表示第 1 列，2 表示第 2 列，以此类推。

criteria（必需）：表示包含所指定条件的单元格区域。用户可以为参数 criteria 指定任意区域，只要此区域至少包含一个列标签，并且列标签下方至少包含一个指定列条件的单元格。

2. 应用举例

DSTDEVP 函数用于返回满足条件的总体标准偏差，通过使用 DSTDEVP 函数可以方便地计算销售精英销售额的总体标准偏差值，下面详细介绍其操作方法。

选择 C10 单元格，在编辑栏中输入公式" = DSTDEVP(A1 : D9 , 4 , E2 : G3)"并按下键盘上的【Enter】键，在 C10 单元格中系统会自动计算出销售精英销售额的总体标准偏差值，这样即可完成计算销售精英销售额的总体标准偏差值的操作，如图 10-9 所示。

图 10-9

10.4.3 使用 DVAR 函数计算销售额的样本总体方差值

DVAR 函数用于返回使用列表或数据库中满足指定条件的记录字段（列）中的数字作为样本估算出的总体方差。下面将分别详细介绍 DVAR 函数的语法结构以及使用 DVAR 函数计算销售员销售额的样本总体方差值的方法。

1. 语法结构

DVAR(database,field,criteria)

DVAR 函数具有下列参数。

database（必需）：表示构成列表或数据库的单元格区域。数据库是包含一组相关数据的列表，其中包含相关信息的行为记录，而包含数据的列为字段。列表的第 1 行包含每一列的标签。

field（必需）：表示指定函数所使用的列。

criteria（必需）：表示包含所指定条件的单元格区域。用户可以为参数指定 criteria 任意区域，只要此区域至少包含一个列标签，并且列标签下至少有一个在其中为列指定条件的单元格。

2. 应用举例

DVAR 函数用于返回满足条件的样本总体方差，通过使用 DVAR 函数可以方便地计算销售员销售额的样本总体方值，下面详细介绍其操作方法。

选择 C10 单元格，在编辑栏中输入公式" = DVAR(A1:D9,4,E2:G3)"并按下键盘上的【Enter】键，在 C10 单元格中系统会自动计算出销售员销售额的样本总体方差值，这样即可完成计算销售员销售额的样本总体方差值的操作，如图 10-10 所示。

	C10	▼	fx	=DVAR(A1:D9,4,E2:G3)		
	A	B	C	D	E	F	G
1	姓名	销售部门	职称	销售额	条件区域		
2	王怡	销售一部	销售员	200000	姓名	销售部	职称
3	赵尔	销售二部	销售精英	500000			销售员
4	刘伞	销售一部	销售精英	650000			
5	钱思	销售二部	销售员	220000			
6	孙武	销售一部	销售员	320000			
7	吴琉	销售二部	销售精英	460000			
8	李琦	销售一部	销售精英	640000			
9	那巴	销售二部	销售员	210000			
10	销售员样本总体方差值		3091666667				

图 10-10

10.4.4 使用 DVARP 函数计算销售员销售额的总体方差值

DVARP 函数用于通过使用列表或数据库中满足指定条件的记录字段（列）中的数字计算样本总体方差，下面将分别详细介绍 DVARP 函数的语法结构以及使用 DVARP 函数计算销售员销售额的总体方差值的方法。

1. 语法结构

DVARP(database,field,criteria)

DVARP 函数具有以下参数。

database（必需）：表示构成列表或数据库的单元格区域。数据库是包含一组相关数据的列表，其中包含相关信息的行为记录，而包含数据的列为字段。列表的第 1 行包含每一列的标签。

field（必需）：表示指定函数所使用的列，输入两端带双引号的列标签，如"使用年数"或"产量"；或是代表列表中列位置的数字（不带引号），1 表示第 1 列，2 表示第 2 列，以此类推。

criteria（必需）：表示包含所指定条件的单元格区域。用户可以为参数 criteria 指定任意区域，只要此区域至少包含一个列标签，并且列标签下至少有一个在其中为列指定条件的单元格。

2. 应用举例

DVARP 函数用于返回满足条件的总体方差，通过使用 DVARP 函数可以方便地计算销售员销售额的总体方差值，下面详细介绍其操作方法。

选择 C8 单元格，在编辑栏中输入公式"= DVARP（A1:D9,4,E2:G3）"并按下键盘上的【Enter】键，在 C8 单元格中系统会自动计算出销售员销售额的总体方差值，这样即可完成计算销售员销售额的总体方差值的操作，如图 10-11 所示。

	A	B	C	D	E	F	G
	姓名	销售部门	职称	销售额		条件区域	
1							
2	王怡	销售一部	销售员	200000	姓名	销售部门	职称
3	赵尔	销售二部	销售精英	500000			销售员
4	刘伞	销售一部	销售精英	650000			
5	钱恩	销售二部	销售员	220000			
6	孙武	销售一部	销售员	320000			
7	吴琉	销售二部	销售精英	460000			
8	销售员总体方差值		2755555556				

C8 ▼ fx =DVARP(A1:D7,4,E2:G3)

图 10-11

Section 10.5 实践案例与上机操作

本节导读

通过本章的学习，用户可以掌握数据库函数方面的知识，本节将通过几个实践案例进行上机操作，以达到巩固学习、拓展提高数据库函数相关知识的目的。

10.5.1 提取销售二部的最低销售额

DMIN 函数用于返回满足条件的最小值，通过使用 DMIN 函数可以方便地提取出销售二部的最低销售额，下面详细介绍具体操作方法。

选择 C10 单元格，在编辑栏中输入公式"= DMIN（A1:D9,4,E2:G3）"并按下键盘上的

【Enter】键，在 C10 单元格中系统会自动提取出销售二部的最低销售额，通过以上方法即可完成提取销售二部的最低销售额的操作，如图 10-12 所示。

	A	B	C	D	E	F	G
	姓名	销售部门	职称	销售额		条件区域	
1							
2	王怡	销售一部	销售员	200000	姓名	销售部门	职称
3	赵尔	销售二部	销售精英	500000		销售二部	
4	刘伞	销售一部	销售精英	650000			
5	钱思	销售二部	销售员	220000			
6	孙武	销售一部	销售员	320000			
7	吴琉	销售二部	销售精英	460000			
8	李琦	销售一部	销售精英	640000			
9	那巴	销售二部	销售员	210000			
10	提取的销售额		210000				

C10 = DMIN(A1:D9,4,E2:G3)

图 10-12

10.5.2 统计符合多条件的销售额总和

使用 DSUM 函数可以同时对多条件进行统计，下面以统计销售额总和为例详细介绍统计符合多条件的销售额总和的操作方法。

选择 G7 单元格，在编辑栏中输入公式"= DSUM（A1:E10,4,F2:H4）"并按下键盘上的【Enter】键，在 G7 单元格中系统会自动统计出符合多条件的销售额总和，通过以上方法即可完成统计符合多条件的销售额总和的操作，如图 10-13 所示。

	A	B	C	D	E	F	G	H
1	姓名	部门	职称	销售额	工龄		条件区域	
2	王怡	销售一部	销售员	230000	2	部门	职称	工龄
3	赵尔	销售二部	销售精英	460000	6	销售一部	销售精英	>5
4	刘伞	销售三部	销售员	240000	7	销售三部	销售员	
5	钱思	销售一部	销售精英	480000	7			
6	孙武	销售二部	销售员	250000	3			
7	吴琉	销售三部	销售精英	500000	9	销售总和	990000	
8	李琦	销售一部	销售员	260000	4			
9	那巴	销售二部	销售精英	520000	8			
10	薛久	销售三部	销售员	270000	6			

G7 = DSUM(A1:E10,4,F2:H4)

图 10-13

10.5.3 计算销售精英的平均月销售额

使用 DAVERAGE 函数可以计算指定条件的平均值，下面将详细介绍计算销售精英的平均月销售额的方法。

选择 C10 单元格，在编辑栏中输入公式"= DAVERAGE（A1:D9,4,A11:C12）/12"并按下键盘上的【Enter】键，在 C10 单元格中系统会自动计算出销售精英的平均月销售额，通过以上方法即可完成计算销售精英的平均月销售额的操作，如图 10-14 所示。

图 10-14

10.5.4 使用 DCOUNT 函数忽略 0 值统计数据

如果准备忽略 0 值统计记录条数，其关键仍在于条件的设置，现要忽略 0 值统计成绩小于 60 分的人数，下面详细介绍其操作方法。

首先设置条件，在本例的 D4:E5 单元格中设置条件，其条件包含列标识"成绩"，区间为"<60"、"<>0"。选中 D8 单元格，在编辑栏中输入公式"=DCOUNT(A1:B10, 2, D4:E5)"并按下键盘上的【Enter】键，即可统计出成绩小于 60 且不为 0 值的人数，如图 10-15 所示。

图 10-15

10.5.5 使用 DAVERAGE 函数进行计算后查询

本例中统计了各班学生的各科目考试成绩，现要统计某一班级各个科目的平均分，下面具体介绍其操作方法。

首先设置条件，在本例的 A12：A13 单元格中设置条件，并建立求解标识。选中 B13 单元格，在编辑栏中输入公式" = DAVERAGE（$A$1：$F$10，COLUMN（C1），$A$12：$A$13）"并按下键盘上的【Enter】键，即可统计出班级为"1"的语文科目平均分。选中 B11 单元格，向右拖动复制公式，即可得到班级为"1"的各个科目的平均分，如图 10-16 所示。

	B13	▼	fx	=DAVERAGE($A$1:$F$10,COLUMN(C1),$A$12:$A$13)	
△	A	B	C	D	E	F
2	1 蒋为明		78	89	82	249
3	2 罗晓权		58	55	50	163
4	1 朱蓉		76	71	80	227
5	2 胡兵		78	92	85	255
6	1 卞晓芳		100	90	100	290
7	2 郭乃星		90	80	90	260
8	1 李劲松		90	80	80	250
9	2 商军		80	80	80	240
10	1 王中		90	90	90	270
11						
12	班级	语文（平均分）	数学（平均分）	英语（平均分）	总成绩（平均分）	
13	1	86.8	84	86.4	257.2	

图 10-16

如果准备查询其他班级的各科目平均分，那么直接在 A13 单元格中更改查询条件即可，例如更改为"2"。

知识精讲

如果想返回某一班级各个科目的平均分，其查询条件不改变，需要改变的只是 field 参数，即指定对哪一列求平均值。本例中为了方便对公式的复制，使用 COLUMN（C1）公式来返回这一列数。

第11章
图表的应用

本章内容导读

本章主要介绍了在工作表中输入数据、快速填充表格数据和查找与替换数据方面的知识，同时讲解了撤销与恢复的操作，在本章的最后还针对实际的工作需要讲解了一些实例的上机操作。通过本章的学习，读者可以掌握输入和编辑数据方面的知识，为进一步学习 Excel 2010 公式·函数·图表与数据分析的相关知识奠定了基础。

本章知识要点

- ☑ 认识图表
- ☑ 创建图表的方法
- ☑ 设置图表
- ☑ 创建各种类型的图表
- ☑ 美化图表

11.1 认识图表

本节导读

图表是指对数据和信息可以直观展示起到关键作用的图形结构。应用图表可以使数据更加直观，更清晰地显示各个数据之间的关系和数据的变化情况，从而方便用户快速而准确地获得信息。本节将详细介绍图表的类型以及图表的组成等相关知识。

11.1.1 图表的类型

按照 Microsoft Excel 2010 对图表类型的分类，图表可分为柱形图、折线图、饼图、条形图、面积图、散点图、股价图、曲面图、圆环图、气泡图和雷达图 11 种。不同类型的图表可能具有不同的构成要素，下面分别详细介绍图表的类型。

1. 柱形图

柱形图用于显示一段时间内数据变化或各项数据之间的比较情况，绘制柱形图时，通常水平轴表示组织类型、垂直轴表示数值。柱形图种类包括二维柱形图、三维柱形图、圆柱柱形图、圆锥柱形图和棱锥柱形图 5 个子类型，如图 11-1 所示。

2. 折线图

折线图可以显示随时间（根据常用比例设置）变化的连续数据。绘制折线图时，通常类别数据沿水平轴均匀分布、所有值数据沿垂直轴均匀分布。折线图可分为二维折线图和三维折线图两种，如图 11-2 所示。

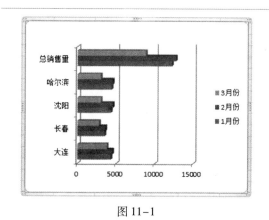

图 11-1

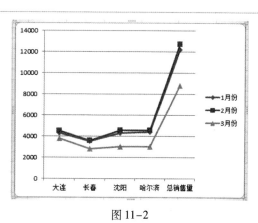

图 11-2

3. 饼图

饼图可以清晰、直观地反映数据中各项所占的百分比或某个单项占总体的比例，使用饼图能够很方便地查看整体与个体之间的关系。饼图的特点是只能将工作表中的一列或一行绘制到饼图中。饼图可分为二维饼图和三维饼图两种，如图 11-3 所示。

4. 条形图

条形图是用来描绘各个项目之间数据差别情况的一种图表，重点强调的是在特定时间点上分类轴和数值之间的比较。条形图主要包括二维条形图、三维条形图、圆柱图、圆锥图、棱锥图等，如图 11-4 所示。

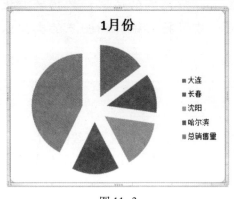

图 11-3

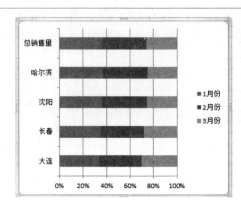

图 11-4

5. 面积图

面积图用于显示某个时间阶段总数与数据系列的关系，面积图强调数量随时间变化的程度，还可以使观看图表的人更加注意总值趋势的变化。面积图包括二维面积图和三维面积图两种子类型，如图 11-5 所示。

6. 散点图

散点图又称为 XY 散点图，用于显示若干数据系列中各数值之间的关系。利用散点图可以绘制函数曲线。散点图通常用于显示和比较数值，如科学数据、统计数据或工程数据等。

散点图中包括 5 种类型，仅带数据标记的散点图、带平滑线和数据标记的散点图、带平滑线的散点图、带直线和数据标记的散点图以及带直线的散点图，如图 11-6 所示。

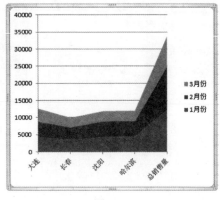

图 11-5

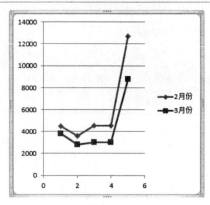

图 11-6

7. 股价图

顾名思义，股价图是用来分析股价的波动和走势的图表，在实际工作中，股价图也可用于计算和分析科学数据。需要注意的是，用户必须按正确的顺序组织数据才能创建股价图，股价图分为盘高－盘底－收盘图、开盘－盘高－盘底－收盘图、成交量－盘高－盘底－收盘图和成交量－开盘－盘高－盘底－收盘图4个子类型，如图11-7所示。

8. 曲面图

曲面图主要用于两组数据之间的最佳组合，如果Excel工作表中的数据较多，而用户又准备找到两组数据之间的最佳组合，可以使用曲面图。曲面图包含4种子类型，分别为曲面图、曲面图（俯视框架）、三维曲面图和三维曲面图（框架图），如图11-8所示。

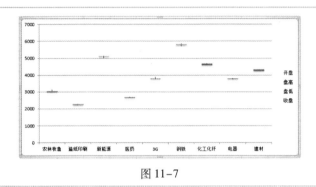

图 11-7

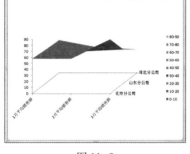

图 11-8

9. 圆环图

圆环图与饼图类似，同样是用来表示各个数据间整体与部分的比例关系，但圆环图可以包含多个数据系列，使数据量更加丰富。圆环图主要包括圆环图和分离型圆环图两组子类型，如图11-9所示。

10. 气泡图

气泡图与XY散点图类似，用于显示变量之间的关系，但气泡图可以对成组的3个数值进行比较。气泡图包括气泡图和三维气泡图两组子类型，如图11-10所示。

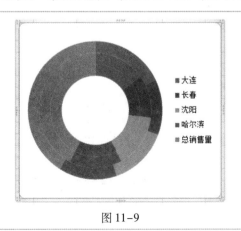

图 11-9

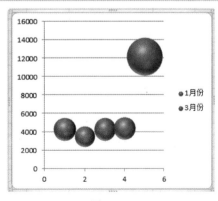

图 11-10

11. 雷达图

雷达图可以比较若干数据系列的聚合值，用于显示数据中心点以及数据类别之间的变化趋势，也可以将覆盖的数据系列用不同的演示显示出来。雷达图主要包括雷达图、带数据标记的雷达图和填充雷达图3种电子图表类型，如图11-11所示。

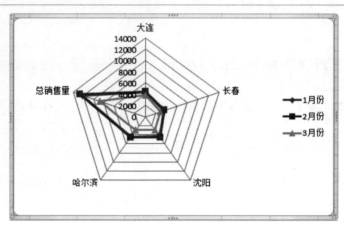

图 11-11

11.1.2 图表的组成

在Excel 2010中，创建完成的图表由图表区、绘图区、图表标题、数据系列、图例项和坐标轴等多个部分组成，如图11-12所示。

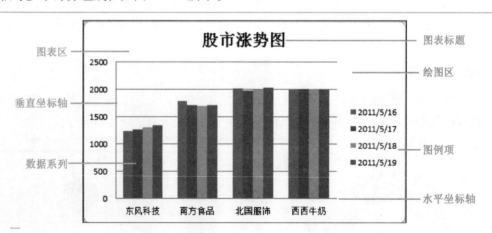

图 11-12

知识精讲

图表类型大体可以分为11种，但每个图表类型又包括多种子类型和多个小类别，所以图表是多种多样的，用户可以根据需要选择不同的图表来使用。

创建图表的方法

　　在 Excel 2010 中创建图表的方法有 3 种，包括使用图表向导创建图表、使用功能区创建图表和使用快捷键创建图表，本节将详细介绍创建图表的相关知识及操作方法。

11.2.1　通过对话框创建图表

　　通过对话框创建图表是指在【插入图表】对话框中选择准备创建图表的类型，下面详细介绍在 Excel 2010 工作表中通过对话框创建图表的操作方法。

图 11-13

01 单击【创建图表启动器】按钮

No1　选中准备创建图表的单元格区域。

No2　选择【插入】选项卡。

No3　在【图表】组中单击【创建图表启动器】按钮，如图 11-13 所示。

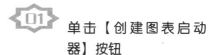

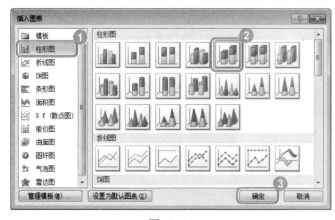

图 11-14

02 弹出对话框，选择图表样式

No1　弹出【插入图表】对话框，在图表类型列表框中选择准备应用的图表类型。

No2　选择准备应用的图表样式。

No3　单击【确定】按钮，如图 11-14 所示。

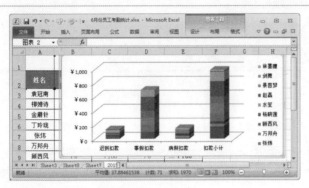

图 11-15

如图 11-15 所示。

03 完成通过对话框创建图表的操作

返回到工作表界面，可以看到已经按照所选择的图表样式创建了一个图表，这样即可完成通过对话框创建图表的操作，如图 11-15 所示。

11.2.2　使用功能区创建图表

通过功能区创建图表是指在【插入】选项卡的【图表】组中选择准备创建的图表类型，下面以创建柱形图为例介绍通过功能区创建图表的操作方法。

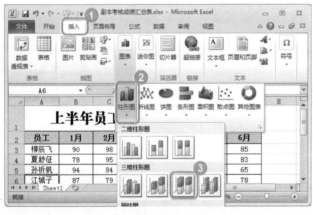

图 11-16

01 单击【柱形图】下拉按钮

No 1　选择【插入】选项卡。

No 2　在【图表】组中单击【柱形图】下拉按钮 ▥。

No 3　在弹出的下拉列表框中选择准备使用的柱形图的样式选项，如图 11-16 所示。

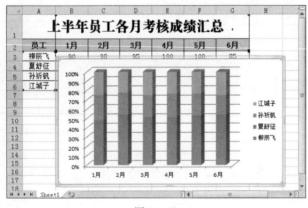

图 11-17

02 完成使用功能区创建图表的操作

可以看到，在工作表界面中系统会自动添加一个柱形图表，并以柱形图表的形式显示表格中的数据，通过以上方法即可完成在工作表中插入图表的操作，如图 11-17 所示。

11.2.3 使用快捷键创建图表

在 Excel 2010 工作表中可以使用快捷键创建图表，其中包括在原工作表中创建图表和在新建的工作表中创建图表，下面分别详细介绍。

1. 在原工作表中创建图表

在原工作表中创建图表，顾名思义是在原数据所在工作表中创建一个图表，下面详细介绍具体操作方法。

单击

A1	fx	商品销售统计

	A	B	C	D
1	商品销售统计	商品A	商品B	商品C
2	一月	4217	4751	3164
3	二月	3637	3863	4353
4	三月	3672	4427	4185
5	四月	4994	4904	4869
6	五月	4021	4139	4355
7	六月	4324	3141	3354
8				

图 11-18

01 单击任意单元格，按下快捷键

单击工作表中数据区域的任意单元格，按下键盘上的【Alt】+【F1】组合键，如图 11-18 所示。

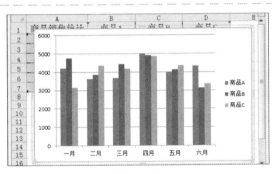

图 11-19

02 完成在原工作表中创建图表的操作

可以看到，在工作表中已经创建好一个图表，通过以上方法，即可完成在原工作表中创建图表的操作，如图 11-19 所示。

2. 在新建的工作表中创建图表

除了可以在原工作表中创建图表之外，用户还可以通过快捷键在新建的工作表中创建图表，下面详细介绍具体操作方法。

单击

A1	fx	商品销售统计

	A	B	C	D	E
1	商品销售统计	商品A	商品B	商品C	
2	一月	4217	4751	3164	
3	二月	3637	3863	4353	
4	三月	3672	4427	4185	
5	四月	4994	4904	4869	
6	五月	4021	4139	4355	
7	六月	4324	3141	3354	

图 11-20

01 单击任意单元格，按下快捷键

单击工作表中数据区域的任意单元格，按下键盘上的【F11】键，如图 11-20 所示。

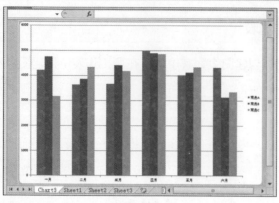

图 11-21

完成在新建的工作表中创建图表的操作

可以看到在工作簿中系统新建了一个工作表，并在其中显示创建好的图表，这样即可完成在新建的工作表中创建图表的操作，如图 11-21 所示。

Section
11.3 设置图表

在创建图表之后，如果图表不能明确地把数据表现出来，那么可以重新设计图表类型，选择适当的图表类型，本节将介绍设计图表方面的知识及操作。

11.3.1 更改图表类型

在 Excel 2010 工作表中，如果对已经创建的图表类型不满意，那么可以对图表类型进行更改，下面详细介绍更改图表类型的操作方法。

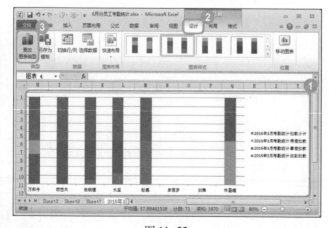

图 11-22

01 **单击【更改图表类型】按钮**

No1 选择已创建的图表。

No2 选择【设计】选项卡。

No3 在【类型】组中单击【更改图表类型】按钮，如图 11-22 所示。

举一反三

用户也可以右键单击图表，在弹出的快捷菜单中选择【更改图表类型】菜单项。

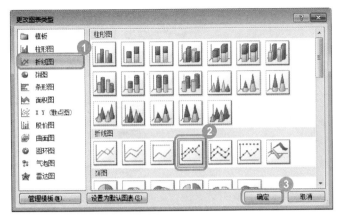

图 11-23

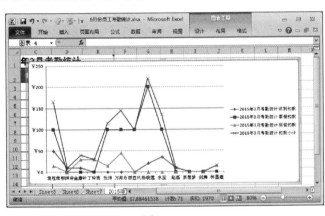

图 11-24

02 选择准备更改的图表类型

No1 弹出【更改图表类型】对话框，在图表类型列表框中选择准备更改的图表类型。

No2 选择准备进行更改的图表样式。

No3 单击【确定】按钮 确定 ，如图 11－23 所示。

03 完成更改图表类型的操作

返回到工作表界面，可以看到图表类型已经发生改变，这样即可完成更改图表类型的操作，如图 11-24 所示。

 教你一招

设置默认图表

在【更改图表类型】对话框中，如果用户准备在以后的图表中一直使用某一个图表类型，可以在选择图表类型之后单击【设置为默认图表】按钮 设置为默认图表(S) ，这样系统会将选择的图表类型设置为默认类型。

11.3.2 更改数据源

在 Excel 中用户可以对图表中的数据源进行选择，从而在图表中显示准备显示的数据信息，下面以显示一组、二组数据为例详细介绍更改图表数据源的操作方法。

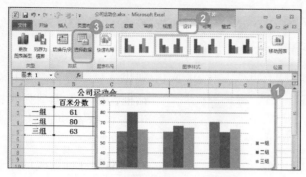

图 11-25

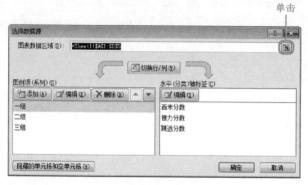

图 11-26

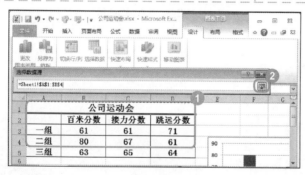

图 11-27

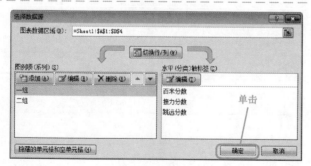

图 11-28

01 单击【选择数据】按钮

No1 选择已创建的图表。

No2 选择【设计】选项卡。

No3 在【数据】组中单击【选择数据】按钮 ，如图 11-25 所示。

02 弹出对话框,单击【折叠】按钮

弹出【选择数据源】对话框,单击【图表数据区域】文本框右侧的【折叠】按钮 ,如图 11-26 所示。

03 选择准备重新设置图表的数据源

No1 返回到 Excel 2010 工作表中,选择准备重新设置图表的数据源,如选择准备显示的一组、二组数据。

No2 单击【展开】按钮 ,如图 11-27 所示。

04 返回对话框,单击【确定】按钮

返回到【选择数据源】对话框,单击【确定】按钮 ,如图 11-28 所示。

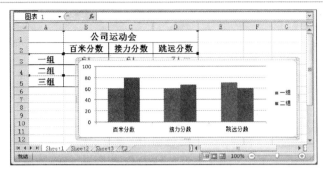

图 11-29

05 完成更改数据源

返回工作表界面，可以看到图表中的数据显示已经发生改变，显示了一组和二组的数据，这样即可完成更改图表数据源的操作，如图 11-29 所示。

11.3.3 设计图表布局

在选择完数据之后，用户可以对图表的布局进行设计，以达到美化图表的目的，图表类型不同，其布局的方式也不同，下面将详细介绍设计图表布局的操作方法。

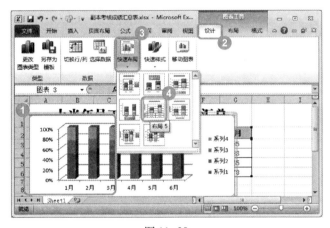

图 11-30

01 选择准备应用的图表布局

No1 选择准备更改布局的图表。

No2 选择【设计】选项卡。

No3 在【图表布局】组中单击【快速布局】下拉按钮。

No4 在弹出的下拉列表中选择准备应用的图表布局，如图 11-30 所示。

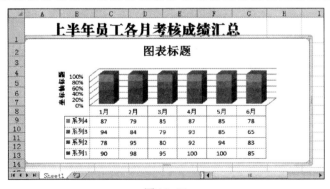

图 11-31

02 完成设计图表布局的操作

返回到工作表界面，可以看到工作表中图表的布局样式已经发生改变，通过以上方法即可完成设计图表布局的操作，如图 11-31 所示。

11.3.4 设计图表样式

在 Excel 2010 工作表中，图表类型不同，其样式也不同，图表样式包括图表中的绘图区、背景、系列、标题等一系列元素的样式，下面将详细介绍设计图表样式的操作方法。

图 11-32

01 选择准备应用的图表样式

No1 选择准备更改样式的图表。

No2 选择【设计】选项卡。

No3 在【图表样式】组中单击【快速样式】下拉按钮。

No4 在弹出的下拉列表中选择准备应用的图表样式，如图 11-32 所示。

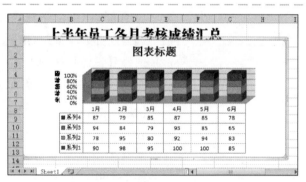

图 11-33

02 完成设计图表样式的操作

返回到工作表界面，可以看到工作表中图表的样式已经发生改变，通过以上方法即可完成改变图表样式的操作，如图 11-33 所示。

11.4 创建各种类型的图表

本节导读

图表是一种形象、直观的表达形式，使用图表显示数据可以使结果一目了然，让用户快速了解到报表所表达的核心信息。本节将通过一些案例详细讲解创建各种类型的图表的相关知识以及操作方法。

11.4.1 使用折线图显示产品销量

折线图非常适用于显示在相同时间间隔内数据的变化趋势，下面将详细介绍使用折线图显示产品销量的操作方法。

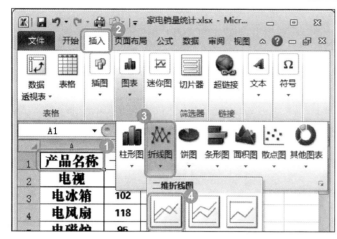

图 11-34

01 选择准备应用的图表样式

No1 单击工作表中的任意单元格。

No2 选择【插入】选项卡。

No3 单击【图表】组中的【折线图】下拉按钮 。

No4 在弹出的下拉列表中选择准备应用的折线图样式，如图 11-34 所示。

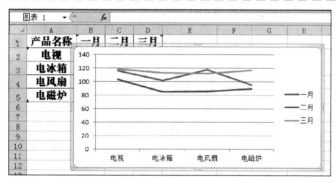

图 11-35

02 完成使用折线图显示产品销量的操作

返回到工作表中可以看到已经插入了一个以折线图显示产品销量的图表，通过以上操作步骤即可使用折线图显示产品销量，如图 11-35 所示。

知识精讲

在 Excel 2010 工作表中把鼠标指针移动至已创建图表的右边框上，待鼠标指针变为∞形状时单击并向右拖动鼠标指针，可以完成在水平方向上调整图表宽度的操作，把鼠标指针移动至已创建图表的下边框上，待鼠标指针变为↕形状时单击并向下拖动鼠标指针，可以完成在垂直方向上调整图表高度的操作。

11.4.2 使用饼图显示人口比例

饼图可以非常清晰、直观地反映统计数据中各项所占的百分比或某个单项占总体的比例，下面将介绍使用饼图显示人口比例的操作方法。

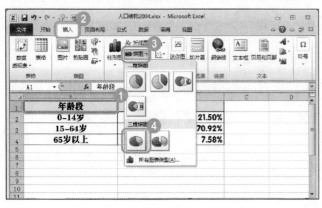

图 11-36

01 选择准备应用的图表样式

No1 单击工作表中的任意单元格。

No2 选择【插入】选项卡。

No3 单击【图表】组中的【饼图】下拉按钮。

No4 在弹出的下拉列表中选择准备应用的饼图样式，如图 11-36 所示。

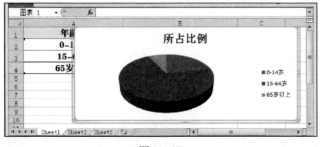

图 11-37

02 完成使用饼图显示人口比例的操作

返回到工作表中可以看到已经插入了一个饼图以显示人口比例，通过以上操作步骤即可完成使用饼图显示人口比例的操作，如图 11-37 所示。

11.4.3 使用柱形图显示员工培训成绩

使用柱形图可以显示工作表中列或行中的数据，其主要功能是显示一段时间内的数据变化或显示各项之间的比较情况，下面将详细介绍使用柱形图显示员工培训成绩的操作方法。

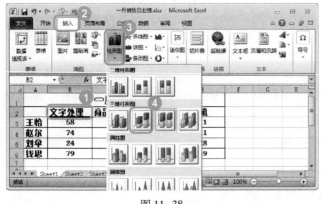

图 11-38

01 选择准备应用的图表样式

No1 单击工作表中的任意单元格。

No2 选择【插入】选项卡。

No3 单击【图表】组中的【柱形图】下拉按钮。

No4 在弹出的下拉列表中选择准备应用的柱形图样式，如图 11-38 所示。

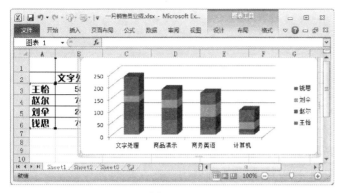

图 11-39

02 完成使用柱形图显示培训成绩的操作

返回到工作表中可以看到已经插入了一个柱形图以显示员工培训成绩，通过以上操作步骤即可完成使用柱形图显示员工培训成绩的操作，如图 11-39 所示。

11.4.4 使用 XY 散点图显示人口分布

散点图常用于显示和比较数值，下面将详细介绍使用 XY 散点图显示人口分布的操作方法。

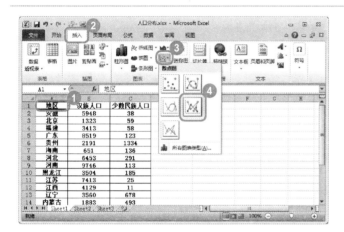

图 11-40

01 选择准备应用的图表样式

No1 单击工作表中的任意单元格。

No2 选择【插入】选项卡。

No3 单击【图表】组中的【散点图】下拉按钮。

No4 在弹出的下拉列表中选择准备应用的散点图样式，如图 11-40 所示。

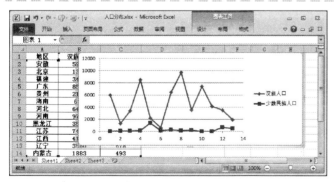

图 11-41

02 完成用 XY 散点图显示人口分布的操作

返回到工作表中可以看到已经插入了一个 XY 散点图以显示人口分布，通过以上操作步骤即可完成使用 XY 散点图显示人口分布的操作，如图 11-41 所示。

11.5 美化图表

本节导读

在 Excel 2010 工作表中用户可以对已创建的图表进行美化，如进行设置图表标题、设置图表区、设置绘图区、设置图例、设置坐标轴标题和设置网格线等操作，本节将详细介绍美化图表的相关知识。

11.5.1 设置图表标题

图表的标题一般放置在图表的上方，用来概括图表中的数据内容，下面详细介绍设置图表标题的操作方法。

图 11-42

01 单击【图标标题】下拉按钮

No1 选择设置标题的图表。

No2 选择【布局】选项卡。

No3 单击【标签】组中的【图标标题】下拉按钮。

No4 在弹出的下拉菜单中选择【图表上方】菜单项，如图 11-42 所示。

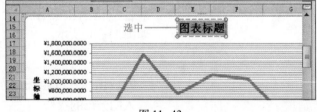

图 11-43

02 将文本框中的文字选中

弹出【图表标题】文本框，将文本框中的文字选中，如图 11-43 所示。

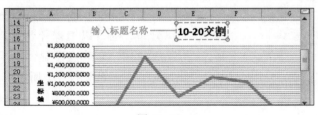

图 11-44

03 输入标题名称

使用【Backspace】键将文本删除，并输入标题名称，如图 11-44 所示。

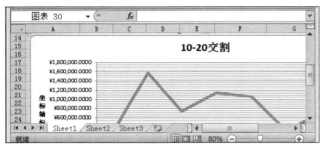

图 11-45

04 完成设置图表标题的操作

可以看到图表的标题已经完成设置，通过以上方法即可完成设置图表标题的操作，效果如图 11-45 所示。

11.5.2 设置图表背景

在完成图表的创建后，用户可以通过【设置图表区格式】对话框设置图表背景，从而达到美化图表的效果，下面详细介绍设置图表背景的操作方法。

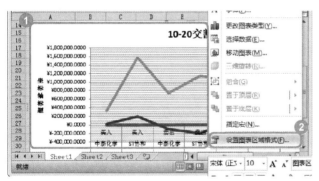

图 11-46

01 右键单击准备设置背景的图表

No1 使用鼠标右键单击准备设置背景的图表。

No2 在弹出的快捷菜单中选择【设置图表区域格式】菜单项，如图 11-46 所示。

图 11-47

02 选择准备应用的背景图案

No1 弹出【设置图表区格式】对话框，选择【填充】选项卡。

No2 在【填充】区域中选择【图案填充】单选按钮。

No3 在图案列表框中选择准备应用的背景图案。

No4 单击【关闭】按钮 关闭 ，如图 11-47 所示。

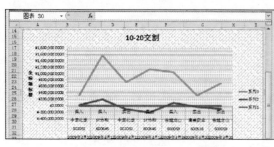

图 11-48

03 完成设置图表背景的操作

返回到工作界面，可以看到已经为图表设置了背景，这样即可完成设置图表背景的操作，效果如图 11-48 所示。

为背景图案选择"前景"和"背景"颜色

在【设置图表区格式】对话框中用户还可以分别单击【前景色】和【背景色】下拉按钮，在弹出的下拉列表中为背景图案选择"前景"和"背景"颜色。

11.5.3 设置图例

图例包含对图表中每个类别的说明，即图例项。图例始终包含一个或多个图例项，下面以顶部显示图例为例详细介绍设置图例的操作。

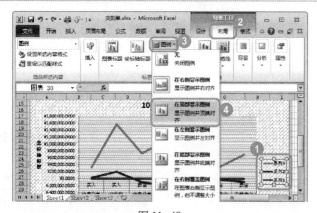

图 11-49

01 选择【在顶部显示图例】菜单项

No1 选择图表中的图例。

No2 选择【布局】选项卡。

No3 单击【标签】组中的【图例】下拉按钮。

No4 在弹出的菜单中选择【在顶部显示图例】菜单项，如图 11-49 所示。

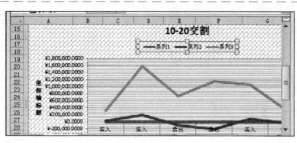

图 11-50

02 完成设置图例的操作

可以看到，图例已经显示在图表的上方，通过以上方法即可完成设置顶部显示图例的操作，效果如图 11-50 所示。

11.5.4 设置数据标签

使用数据标签可将图表元素的实际值放置在数据点上，以方便查看图表中的数据，下面详细介绍设置数据标签的操作方法。

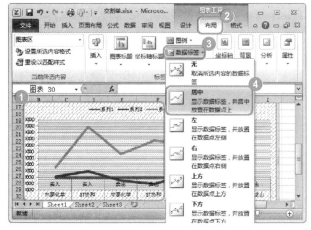

图 11-51

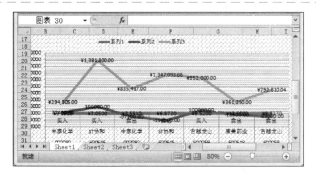

图 11-52

01 单击【数据标签】下拉按钮

No1 选择准备设置数据标签的图表。

No2 选择【布局】选项卡。

No3 在【标签】组中单击【数据标签】下拉按钮 数据标签▾。

No4 在弹出的下拉菜单中选择【居中】菜单项，如图 11-51 所示。

02 完成设置数据标签的操作

可以看到，在图表中的各个数据点上分别显示了相应的数据值，通过以上方法即可完成设置数据标签的操作，如图 11-52 所示。

隐藏图表中的元素

在使用图表的过程中，当需要隐藏图表中相应的元素时，如标题、图例等，用户可以选择【图表工具】中的【布局】选项卡，然后单击【标签】组中相应的元素按钮，在展开的下拉菜单中选择【无】选项即可。

11.5.5 设置坐标轴标题

坐标轴分为横坐标轴和纵坐标轴两种，用户可以设置坐标轴的放置方向，下面以横排显示纵坐标轴标题为例详细介绍设置坐标轴标题的操作方法。

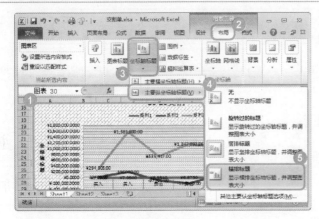

图 11-53

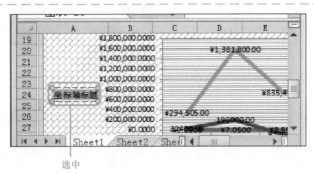

图 11-54

选中

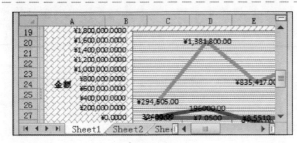

输入坐标轴名称

图 11-55

图 11-56

01 单击【坐标轴标题】下拉按钮

No1 选择准备设置坐标轴标题的图表。

No2 选择【布局】选项卡。

No3 单击【标签】组中的【坐标轴标题】下拉按钮。

No4 在弹出的下拉菜单中选择【主要纵坐标轴标题】菜单项。

No5 选择【横排标题】子菜单项，如图 11-53 所示。

02 将文本框中的文本选中

可以看到，纵坐标轴标题以横排方式显示，同时变为可编辑的文本框状态，将文本框中的文本选中，如图 11-54 所示。

03 输入准备作为坐标轴标题的名称

使用【Backspace】键将选中的文本删除，并重新输入准备作为坐标轴标题的名称，如图 11-55 所示。

04 完成设置坐标轴标题的操作

可以看到，纵坐标轴的标题已经设置完成，这样即可完成设置坐标轴标题的操作，效果如图 11-56 所示。

11.5.6 设置网格线

网格线在图表中的作用是显示刻度单位，以方便用户查看图表，下面以显示主要横网格线为例详细介绍设置网格线的操作方法。

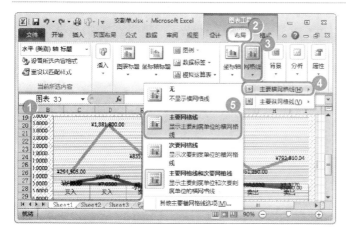

图 11-57

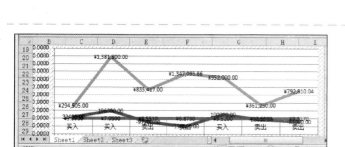

图 11-58

01 单击【网格线】下拉按钮

No1 选择准备设置网格线的图表。

No2 选择【布局】选项卡。

No3 单击【坐标轴】组中的【网格线】下拉按钮。

No4 在弹出的下拉菜单中选择【主要横网格线】菜单项。

No5 在弹出的子菜单中选择【主要网格线】子菜单项，如图 11-57 所示。

02 完成设置网格线的操作

可以看到图表中已经显示了主要的横向网格线，这样即可完成设置网格线的操作，效果如图 11-58 所示。

Section

11.6 实践案例与上机操作

本节导读

通过本章的学习，用户可以掌握图表应用方面的知识，下面通过几个实践案例进行上机操作，以达到巩固学习、拓展提高的目的。

11.6.1 调整图表大小

创建完成的图表在工作表中是按照默认大小显示的，如果用户不满意，可以调整其大小，以达到美化的效果，下面详细介绍调整图表大小的操作方法。

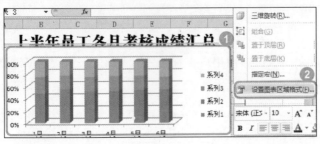

图 11-59

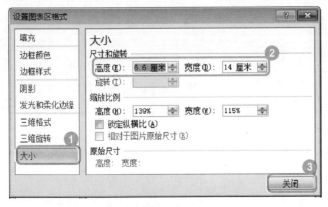

图 11-60

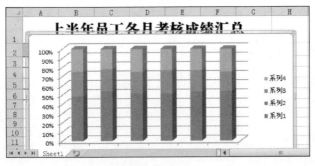

图 11-61

01 右键单击准备调整大小的图表

No1 使用鼠标右键单击准备调整大小的图表。

No2 弹出快捷菜单，选择【设置图表区域格式】菜单项，如图 11-59 所示。

02 弹出对话框，设置相关参数

No1 弹出【设置图表区格式】对话框，选择【大小】选项卡。

No2 在【尺寸和旋转】区域中设置图表的【高度】和【宽度】的具体数值。

No3 单击【关闭】按钮 关闭，如图 11-60 所示。

03 完成调整图表大小的操作

返回到工作表界面，可以看到工作表中图表的大小已经发生改变，通过以上方法即可完成调整图表大小的操作，如图 11-61 所示。

知识精讲

Excel 2010 中预设了 40 多种图表样式，图表样式包括图表中绘图区、背景、系列、标题等一系列元素的样式。

11.6.2 移动图表位置

图表在创建之后，系统一般会默认将其放置在工作表中的某一区域，如果用户不满意图表所在的位置，可以将其移动至满意的位置，下面介绍移动图表位置的方法。

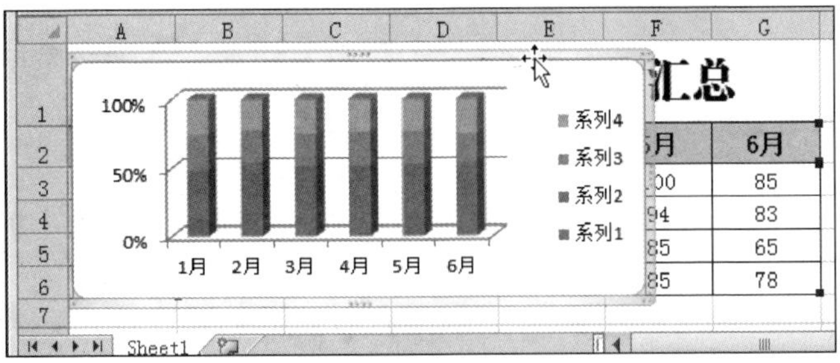

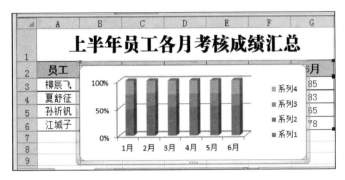

图 11-62

01 按住鼠标左键不放进行拖动

将鼠标指针停留在图表的边缘，待鼠标指针变为 ✛ 形状时按住鼠标左键不放进行拖动，如图 11-62 所示。

图 11-63

02 完成移动图表位置的操作

将图表拖动至目标位置后释放鼠标左键，通过以上方法即可完成移动图表位置的操作，如图 11-63 所示。

11.6.3 插入迷你图

迷你图为 Excel 2010 中的一个新功能，是工作表单元格中的一个微型图表，可提供数据的直观表示。迷你图共分为折线图、柱形图和盈亏 3 种表达形式，用户可以根据实际的工作情况选择相应的迷你图形式，下面以插入折线图为例详细介绍插入迷你图的操作方法。

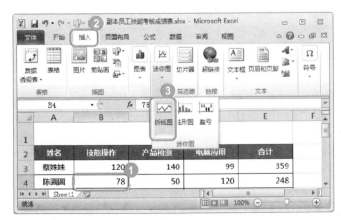

图 11-64

01 在【迷你图】组中单击【折线图】按钮

No.1 单击工作表中的任意单元格。

No.2 选择【插入】选项卡。

No.3 在【迷你图】组中选择准备插入的迷你图类型，例如单击【折线图】按钮，如图 11-64 所示。

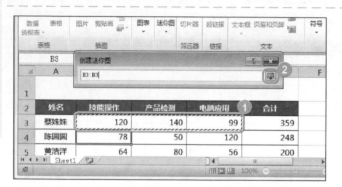

图 11-65

02 单击【数据范围】右侧的【折叠】按钮

弹出【创建迷你图】对话框，单击【数据范围】右侧的【折叠】按钮，如图 11-65 所示。

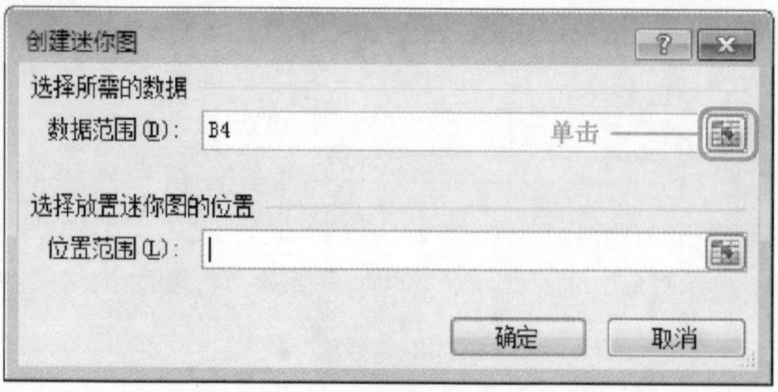

图 11-66

03 选择准备应用的数据范围

No1 【创建迷你图】对话框变为折叠形式，在工作表中选择准备应用数据范围的单元格区域。

No2 单击【创建迷你图】对话框中的【展开】按钮，如图 11-66 所示。

图 11-67

04 单击【位置范围】右侧的【折叠】按钮

返回到【创建迷你图】对话框，单击【位置范围】右侧的【折叠】按钮，如图 11-67 所示。

图 11-68

05 选择准备插入迷你图的单元格

No1 【创建迷你图】对话框变为折叠形式，在工作表中选择准备插入迷你图的单元格。

No2 单击【创建迷你图】对话框中的【展开】按钮，如图 11-68 所示。

图 11-69

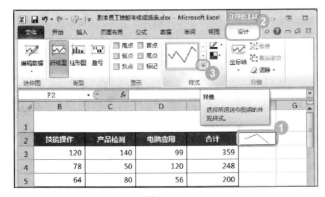

图 11-70

06 返回对话框，单击【确定】按钮

返回到【创建迷你图】对话框，可以看到数据范围和位置范围都已选择，单击【确定】按钮 确定 ，如图 11-69 所示。

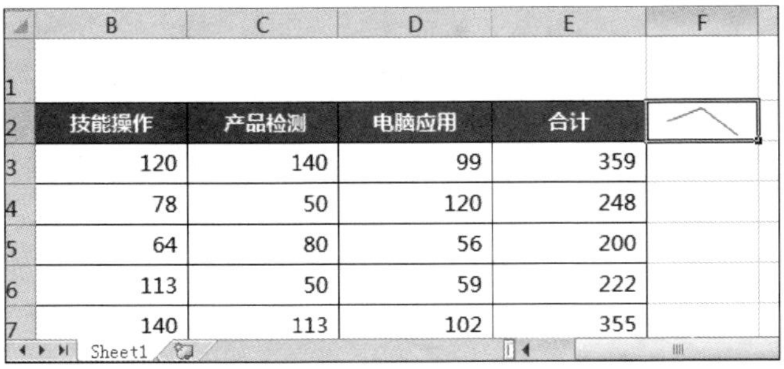

07 完成插入迷你图的操作

返回到工作表中，可以看到在选择的位置范围单元格中已经插入了一个迷你图，这样即可完成插入迷你图的操作，如图 11-70 所示。

教你一招

迷你图可以通过清晰、简明的图形表示方法显示相邻数据的趋势，且只需要占用少量的空间，通过在数据旁边插入迷你图即可为这些数字提供上下文。

11.6.4 设置迷你图样式

在工作表中插入迷你图之后，用户可以对迷你图的样式进行更改，以达到美观的效果，下面详细介绍设置迷你图样式的操作方法。

图 11-71

01 单击【样式】组中的【其他】按钮

No1 在工作表中选择插入迷你图的单元格。

No2 选择【设计】选项卡。

No3 单击【样式】组中的【其他】按钮，如图 11-71 所示。

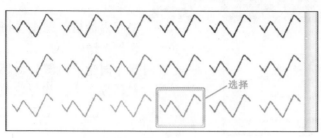

图 11-72

02 选择准备应用的迷你图样式

系统会弹出一个样式库，用户可以在其中选择准备应用的迷你图样式，如图 11-72 所示。

图 11-73

03 完成设置迷你图样式的操作

通过以上方法即可完成设置迷你图样式的操作，如图 11-73 所示。

11.6.5 显示并更改迷你图标记颜色

若用户需要在迷你图中标识一些特殊数据，可以根据自身需要在迷你图中显示出高点、低点、首点、尾点、负点或标记。下面将详细介绍显示并更改迷你图标记颜色的操作方法。

图 11-74

01 选中需要添加标记的迷你图所在的单元格区域

选中需要添加标记的迷你图所在的单元格区域，如图 11-74 所示。

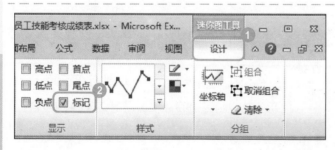

图 11-75

02 选择要显示的点

No1 选择【设计】选项卡。

No2 在【显示】组中选择要显示的点，例如选择【标记】复选框，如图 11-75 所示。

	B	C	D	E	F
1					
2	技能操作	产品检测	电脑应用	合计	
3	120	140	99	359	
4	78	50	120	248	
5	64	80	56	200	
6	113	50	59	222	

图 11-76

03 **迷你图中显示出了标记点**

此时可以看到在选中区域的迷你图中显示出了标记点，如图 11-76 所示。

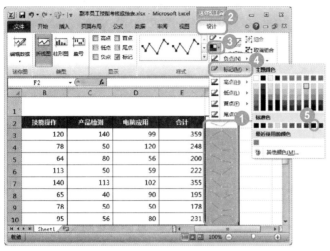

图 11-77

04 **选择标记颜色**

No1 选择准备添加迷你图标记颜色的单元格区域。

No2 选择【设计】选项卡。

No3 单击【标记颜色】下拉按钮。

No4 在弹出的下拉菜单中选择【标记】菜单项。

No5 选择准备应用的颜色，如图 11-77 所示。

2	技能操作	产品检测	电脑应用	合计	
3	120	140	99	359	
4	78	50	120	248	
5	64	80	56	200	
6	113	50	59	222	
7	140	113	102	355	
8	65	40	90	195	
9	78	50	50	178	
10	95	56	80	231	
11	96	40	50	186	

图 11-78

05 **完成显示并更改迷你图标记颜色的操作**

此时可以看到选中区域的迷你图已经添加了标记点并改变了颜色，这样即可完成显示并更改迷你图标记颜色的操作，如图 11-78 所示。

第12章

数据处理与分析

本章内容导读

本章主要介绍了数据的筛选、数据的排序、数据的分类汇总和合并计算方面的知识，同时讲解了分级显示数据的操作，在本章的最后还针对实际的工作需要讲解了一些实例的上机操作。通过本章的学习，读者可以掌握数据处理与分析方面的知识，为进一步学习Excel 2010公式·函数·图表与数据分析的相关知识奠定了基础。

本章知识要点

- ☑ 数据的筛选
- ☑ 数据的排序
- ☑ 数据的分类汇总
- ☑ 合并计算
- ☑ 分级显示数据

Section
12.1 数据的筛选

本节导读

　　筛选数据是一个隐藏所有除了符合用户指定条件之外的行的过程。例如对于一个员工数据表，用户可以通过筛选只显示指定部门员工的数据。对于筛选得到的数据，不需要重新排列或者移动即可执行复制、查找、编辑和打印等相关操作。

12.1.1 自动筛选

　　自动筛选可以在当前工作表中快速地保留筛选项，而隐藏其他数据，下面详细介绍自动筛选的操作方法。

图 12-1

图 12-2

01 选择区域，单击【筛选】按钮

No1 将准备进行自动筛选的工作表区域选中。

No2 选择【数据】选项卡。

No3 单击【排序和筛选】组中的【筛选】按钮 ，如图 12-1 所示。

举一反三

　　对于 Excel 表格在创建时就自动在标题行中添加了自动筛选的按钮，可以直接进行筛选操作。

02 系统会自动添加一个下拉按钮

　　在标题处系统会自动添加一个下拉按钮，单击下拉按钮，如图 12-2 所示。

图 12-3

03 选择准备进行筛选的名称复选框

No1 在弹出的下拉列表框中，选择准备进行筛选的名称复选框。

No2 单击【确定】按钮 确定 ，如图 12-3 所示。

图 12-4

04 完成自动筛选的操作

系统会自动筛选出选择的数据，这样即可完成自动筛选的操作，如图 12-4 所示。

12.1.2 高级筛选

如果用户准备通过详细的筛选条件来筛选数据列表，那么可以使用 Excel 中的高级筛选功能，下面将详细介绍使用高级筛选的操作方法。

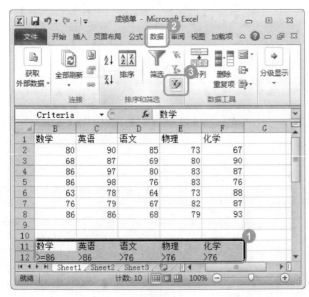

图 12-5

01 输入筛选条件，单击【高级】按钮

No1 在空白区域中输入详细的高级筛选的条件。

No2 选择【数据】选项卡。

No3 在【排序和筛选】组中单击【高级】按钮，如图 12-5 所示。

举一反三

如果多个条件在同一行上，则必须同时满足这多个条件；如果多个条件在不同的行上，则只需满足其中一个条件即可。

图 12-6

02 选择【将筛选结果复制到其他位置】单选按钮

No1 系统会弹出【高级筛选】对话框，选择【将筛选结果复制到其他位置】单选按钮。

No2 单击【条件区域】右侧的【折叠】按钮📧，如图 12-6 所示。

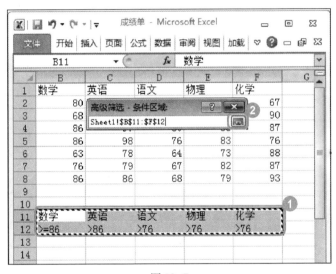

图 12-7

03 弹出对话框，选择单元格区域

No1 弹出【高级筛选－条件区域】对话框，拖动鼠标选择刚刚在空白区域输入的高级筛选条件的单元格区域。

No2 单击【高级筛选－条件区域】对话框右下方的【展开】按钮📧，如图 12-7 所示。

图 12-8

04 单击【复制到】文本框右侧的【折叠】按钮

返回【高级筛选】对话框，单击【复制到】文本框右侧的【折叠】按钮📧，如图 12-8 所示。

图 12-9

05 弹出对话框，选择单元格

No1 弹出【高级筛选 – 复制到】对话框，在表格空白位置单击任意单元格，例如"B14"单元格。

No2 单击【高级筛选 – 复制到】对话框右下方的【展开】按钮，如图 12-9 所示。

图 12-10

06 返回对话框，单击【确定】按钮

返回到【高级筛选】对话框，单击【确定】按钮，如图 12-10 所示。

图 12-11

07 完成高级筛选的操作

返回到工作表中，可以看到在单元格"B14"起始处显示了所筛选的结果。通过以上步骤即可完成高级筛选的操作，如图 12-11 所示。

知识精讲

高级筛选中的多组条件是指在筛选过程中为表格设立多种条件，让筛选功能有更多的选择。在筛选时，如果数据不能满足一组条件，却可以满足另一组条件，同样可以将结果筛选出来。设立多组条件的筛选是高级筛选的一种。

12.2　数据的排序

对于 Excel 工作表或 Excel 表格中的数据，不同的用户因关注的方面不同，可能需要对这些数据进行不同的排列，这时就可以使用 Excel 的数据排序功能对数据进行分析。Excel 2010 中的排序方法多种多样，本节将详细介绍数据排序的相关知识及操作方法。

12.2.1　单条件排序

在 Excel 2010 工作表中用户可以设定某个条件，对当前工作表内容进行排序。下面以单条件"技能操作"的排序为例，介绍单条件排序的操作方法。

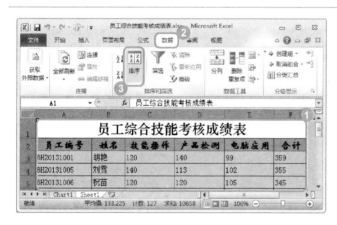

图 12-12

图 12-13

01 单击【排序和筛选】组中的【排序】按钮

No1　将准备进行排序的工作表选中。

No2　选择【数据】选项卡。

No3　单击【排序和筛选】组中的【排序】按钮，如图 12-12 所示。

02 弹出对话框，设置排序参数

No1　弹出【排序】对话框，在【主关键字】下拉列表项中选择【技能操作】选项。

No2　分别设置排序依据和次序条件。

No3　单击【确定】按钮 ，如图 12-13 所示。

图 12-14

03 **完成单条件排序的操作**

返回到工作表中，可以看到数据已按照单条件"技能操作"的数值升序排序，这样即可完成单条件排序的操作，如图 12-14 所示。

删除排序条件

在添加了过多的条件后，当需要对其进行删除时，首先选中要删除的关键字，然后单击【删除条件】按钮 ✕删除条件(D)，这样即可将该条件删除。

12.2.2 多条件排序

如果准备精确地排序工作表中的数据，那么可以通过 Excel 2010 中的多条件排序功能进行数据排序，下面详细介绍其操作方法。

01 **单击【排序和筛选】组中的【排序】按钮**

No1 选择【数据】选项卡。

No2 单击【排序和筛选】组中的【排序】按钮 ，如图 12-15 所示。

图 12-15

02 **单击【添加条件】按钮**

弹出【排序】对话框，单击【添加条件】按钮 ，如图 12-16 所示。

图 12-16

图 12-17

03 分别设置排序所需的条件

No1 系统会自动添加新的条件选项，在【主要关键字】和【次要关键字】区域中分别设置排序所需的条件。

No2 单击【确定】按钮 [确定]，如图 12-17 所示。

图 12-18

04 完成多条件排序的操作

返回到工作表中，可以看到工作表中的数据已按照多条件排序，这样即可完成多条件排序的操作，如图 12-18 所示。

12.2.3　按行排序

在默认情况下，排序都是按列进行的，但是如果表格中的数值是按行分布的，那么在进行数据排序时可以将排序的选项更改为按行排序。

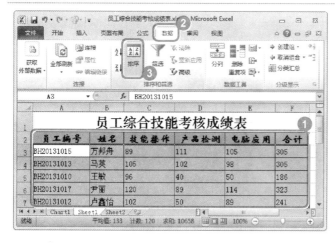

图 12-19

01 单击【排序和筛选】组中的【排序】按钮

No1 选中准备按行排序的单元格区域。

No2 选择【数据】选项卡。

No3 单击【排序和筛选】组中的【排序】按钮 ，如图 12-19 所示。

图 12-20

02 弹出对话框，单击【选项】按钮

系统会弹出【排序】对话框，单击【选项】按钮 选项(O)... ，如图 12-20 所示。

图 12-21

03 选择【按行排序】单选按钮

No1 弹出【排序选项】对话框，在【方向】区域下方选择【按行排序】单选按钮。

No2 单击【确定】按钮 确定 ，如图 12-21 所示。

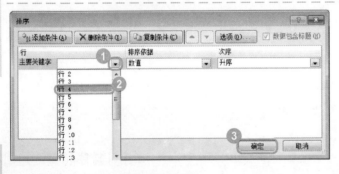

图 12-22

04 选择准备按行排序的行区域

No1 返回到【排序】对话框，单击【主要关键字】右侧的下拉按钮。

No2 在展开的下拉列表框中选择【行4】选项。

No3 单击【确定】按钮 确定 ，如图 12-22 所示。

员工综合技能考核成绩表					
电脑应用	产品检测	技能操作	合计	员工编号	姓名
105	111	89	305	BH20131015	万邦舟
98	102	105	305	BH20131013	马英
50	40	96	186	BH20131010	王敏
114	89	120	323	BH20131017	卢鑫怡
89	50	102	241	BH20131017	卢鑫怡
102	113	140	355	BH20131005	刘雪
56	80	64	200	BH20131003	李鹏

图 12-23

05 完成按行排序的操作

返回到工作表界面，可以看到在选中的单元格区域已经按行进行排序，这样即可完成按行排序的操作，如图 12-23 所示。

12.2.4 按笔划排序

在 Excel 2010 工作表中，用户可以按照文字的笔划对工作表内容进行排序，下面详细介绍按笔划排序的操作方法。

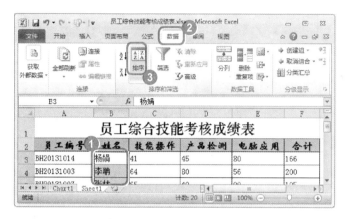

图 12-24

01 单击【排序和筛选】组中的【排序】按钮

No1 选中准备按笔划排序的单元格区域。

No2 选择【数据】选项卡。

No3 单击【排序和筛选】组中的【排序】按钮，如图 12-24 所示。

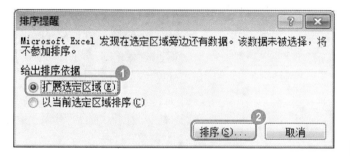

图 12-25

02 弹出对话框，单击【排序】按钮

No1 弹出【排序提醒】对话框，选择【扩展选定区域】单选按钮。

No2 单击【排序】按钮，如图 12-25 所示。

图 12-26

03 弹出对话框，单击【选项】按钮

弹出【排序】对话框，单击【选项】按钮，如图 12-26 所示。

图 12-27

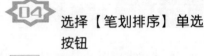

图 12-28

图 12-29

04 选择【笔划排序】单选按钮

No1 弹出【排序选项】对话框，在【方法】区域下方选择【笔划排序】单选按钮。

No2 单击【确定】按钮 [确定]，如图 12-27 所示。

05 设置排序所需的条件

No1 返回到【排序】对话框，在【主要关键字】下拉列表中选择【姓名】列表项，并设置排序依据和次序条件。

No2 单击【确定】按钮 [确定]，如图 12-28 所示。

06 完成按笔划排序的操作

返回到工作表界面，可以看到工作表中的内容按照笔划重新进行了排序，通过以上方法即可完成按笔划排序的操作，如图 12-29 所示。

Section

12.3 数据的分类汇总

📖 本节导读

在 Excel 中，创建分类汇总的功能是一个很便捷的特性，能为用户节省大量的时间。分类汇总是对表格中的同一类字段进行汇总，汇总时可以根据需要选择汇总的方式，在对数据进行汇总后，同时会将该类字段组合为一组，并可以进行隐藏，本节将介绍分类汇总的知识。

12. 3. 1 　简单分类汇总

在 Excel 2010 工作表中，使用分类汇总功能可以不必手工创建公式来进行分级显示，下面详细介绍简单分类汇总的操作方法。

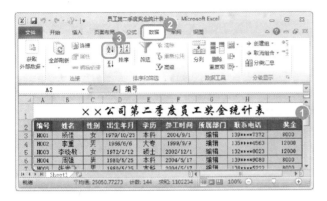

图 12-30

01 单击【排序和筛选】组中的【升序】按钮

No1　选中准备分类汇总的单元格区域。

No2　选择【数据】选项卡。

No3　单击【排序和筛选】组中的【升序】按钮 ▲↓，如图 12-30 所示。

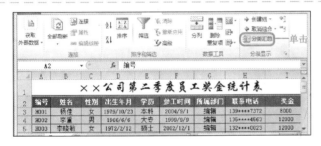

图 12-31

02 单击【分类汇总】按钮

此时可以看到数据以升序自动排列，在【分级显示】组中单击【分类汇总】按钮 ，如图 12-31 所示。

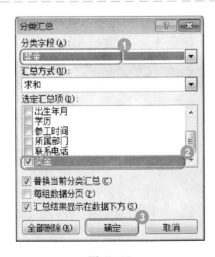

图 12-32

03 弹出对话框，设置分类汇总参数

No1　弹出【分类汇总】对话框，在【分类字段】下拉列表中选择【奖金】列表项。

No2　在【选定汇总项】列表框中选择【奖金】复选框。

No3　单击【确定】按钮 确定 ，如图 12-32 所示。

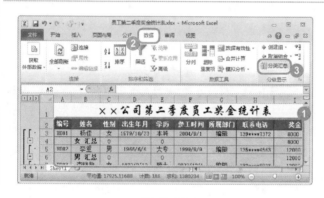

图 12-33

04 完成简单分类汇总的操作

返回到工作表界面，可以看到已经按"奖金"进行简单的分类汇总，这样即可完成简单分类汇总的操作，如图 12-33 所示。

12.3.2 删除分类汇总

在将数据进行分类汇总后，当不再需要汇总时可以直接将其删除，下面详细介绍删除分类汇总的操作方法。

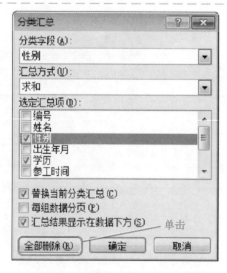

图 12-34

01 单击【分类汇总】按钮

No1 选中准备删除分类汇总的单元格区域。

No2 选择【数据】选项卡。

No3 在【分级显示】组中单击【分类汇总】按钮 ，如图 12-34 所示。

图 12-35

02 单击【全部删除】按钮

弹出【分类汇总】对话框，单击【全部删除】按钮 ，如图 12-35 所示。

举一反三

在删除分类汇总时，无论表格中应用了多少个汇总结果都会一起删除。

图 12-36

03 完成删除分类汇总的操作

返回到工作表界面，可以看到所有的汇总方式都已经删除，这样即可完成删除分类汇总的操作，如图 12-36 所示。

教你一招

删除自动建立的分级显示

当需要删除自动建立的分级显示时，可单击【数据】选项卡下【分级显示】组中的【取消组合】按钮，在展开的下拉列表框中选择【清除分级显示】选项。

Section 12.4 合并计算

本节导读

在 Excel 2010 工作表中，合并计算是指把单个工作表中的数据合并计算到一个工作表。合并计算数据分为按位置合并计算数据和按类别合并计算数据两种方法。本节将详细介绍合并计算的相关知识及操作方法。

 按位置合并计算

按位置合并计算数据要求每列的第 1 行都有一个标签、列中包含相应的数据、每个区域都具有相同的布局，下面将详细介绍按位置合并计算数据的操作方法。

图 12-37

01 选择准备放置按位置合并计算数值的单元格区域

切换到要进行计算的工作表中，拖动鼠标，选择准备放置按位置合并计算数据的单元格区域，例如"B2：D2"单元格区域，如图 12-37 所示。

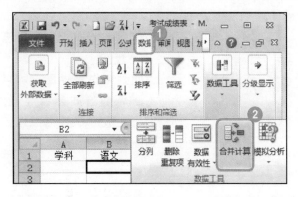

图 12-38

02 单击【合并计算】按钮

No1 选择【数据】选项卡。

No2 在【数据工具】组中单击【合并计算】按钮，如图 12-38 所示。

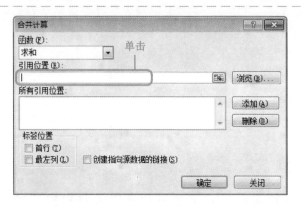

图 12-39

03 单击【引用位置】文本框

弹出【合并计算】对话框，单击【引用位置】文本框，此时文本框中出现闪烁的光标，如图 12-39 所示。

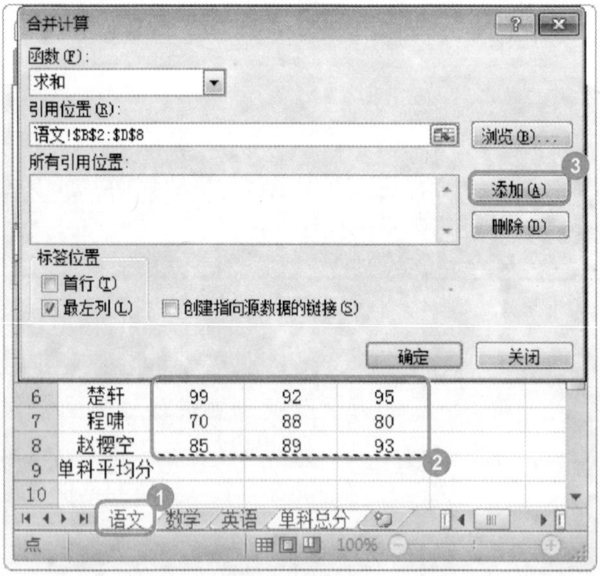

04 选择准备合并计算的单元格区域

No1 返回到工作表中，选择【语文】工作表标签。

No2 在工作表中选择准备合并计算的单元格区域。

No3 单击【添加】按钮，如图 12-40 所示。

举一反三

用户也可以直接在【引用位置】文本框中输入准备合并计算的单元格区域，例如"语文!$B$2:$D$8"。

图 12-40

图 12-41

图 12-42

05 选择下一个工作表标签，单击【添加】按钮

No1 在工作表中选择【数学】工作表标签。

No2 在【合并计算】对话框中单击【添加】按钮，这样即可添加"数学"工作表中的数据，如图 12-41 所示。

06 选择下一个工作表标签，单击【确定】按钮

No1 返回到工作表中，选择【英语】工作表标签。

No2 单击【添加】按钮。

No3 单击【确定】按钮，这样即可添加"英语"工作表中的数据，如图 12-42 所示。

	A	B	C	D	E
1	学科	语文	数学	英语	
2		294	237	282	
3		234	285	228	
4		285	279	246	
5		270	252	192	
6		297	276	285	
7		210	264	240	
8		255	267	279	

图 12-43

07 完成按位置合并计算的操作

系统会自动返回到"单科总分"工作表并计算出结果，这样即可完成按位置合并计算的操作，如图 12-43 所示。

12.4.2 按类别合并计算

按类别合并计算是指在主工作表中用不同的方式组织其他工作表中的数据，需要注意的是，在主工作表中需使用与其他工作表相同的行标签和列标签，以便能够与其他工作表中的数据匹配，下面介绍按类别合并计算数据的操作方法。

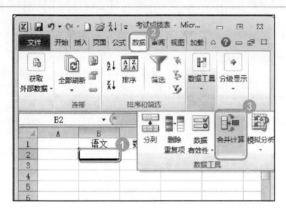

图 12-44

01 单击【合并计算】按钮

No1 选中放置结果区域的第 1 个单元格，如选择 "B2" 单元格。

No2 选择【数据】选项卡。

No3 在【数据工具】组中单击【合并计算】按钮，如图 12-44 所示。

图 12-45

02 弹出对话框，单击【折叠】按钮

No1 弹出【合并计算】对话框，单击【引用位置】文本框。

No2 单击【引用位置】文本框右侧的【折叠】按钮，如图 12-45 所示。

图 12-46

03 选择准备按分类合并计算数据的单元格区域

No1 选择准备按分类合并计算数据的工作表标签。

No2 在工作表中选择准备按分类合并计算数据的单元格区域。

No3 单击【展开】按钮，如图 12-46 所示。

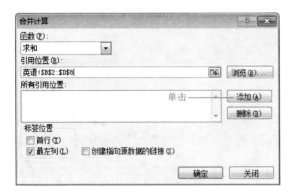

图 12-47

04 返回对话框，单击【添加】按钮

返回到【合并计算】对话框，此时【合并计算】对话框呈现展开状态，在其中单击【添加】按钮 添加(A)，如图 12-47 所示。

图 12-48

05 再次单击准备按分类合并计算数据的工作表标签

No1 再次单击准备按分类合并计算数据的工作表标签。

No2 单击【合并计算】对话框中的【添加】按钮 添加(A)。

No3 选择【最左列】复选框。

No4 单击【确定】按钮 确定，如图 12-48 所示。

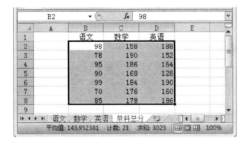

图 12-49

06 完成按类别合并计算的操作

系统会自动返回到"单科总分"工作表并计算出结果，这样即可完成按类别合并计算的操作，如图 12-49 所示。

 教你一招

删除引用位置

在【合并计算】对话框中添加了引用位置后，当需要将其删除时，首先在【所有引用位置】列表框中选中要删除的引用位置，然后单击【删除】按钮 删除(D)。

12.5 分级显示数据

如果有一个要进行组合和汇总的数据列表，则可以创建分级显示。每个内部级别显示前一外部级别的明细数据。使用分级显示可以快速显示摘要行或摘要列，或者显示每组的明细数据。本节将详细介绍分级显示的相关知识及操作方法。

12.5.1 新建分级显示

在 Excel 2010 工作表中，为了方便查看数据信息，用户可以新建分级显示，使工作表按一定的要求分级显示，下面详细介绍新建分级显示的操作方法。

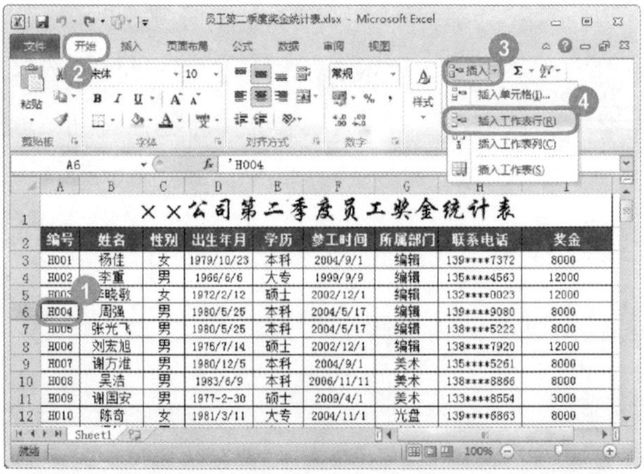

图 12-50

01 选择【插入工作表行】选项

No1 单击准备创建分级显示的区域中的任意一个单元格。

No2 选择【开始】选项卡。

No3 在【单元格】组中单击【插入】下拉按钮。

No4 在弹出的下拉列表框中选择【插入工作表行】选项，如图 12-50 所示。

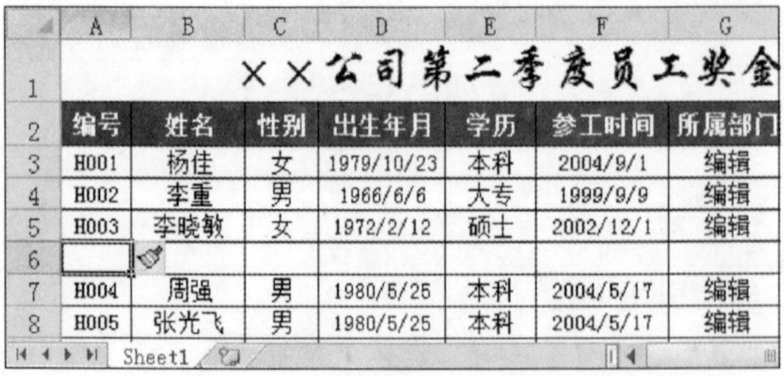

图 12-51

02 在已选的单元格上方会出现一行单元格

在 Excel 2010 工作表中出现新的工作界面，在已选单元格上方会出现一行单元格，如图 12-51 所示。

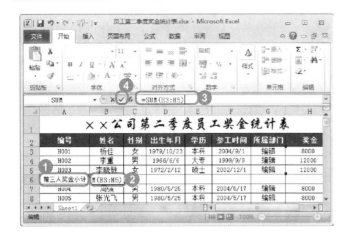

图 12-52

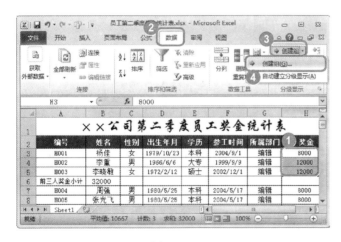

图 12-53

03 输入说明文字和汇总公式

No1 在已插入行的 A6 单元格中输入说明文字。

No2 单击 B6 单元格。

No3 在编辑栏中输入汇总公式。

No4 单击【输入】按钮✔，如图 12-52 所示。

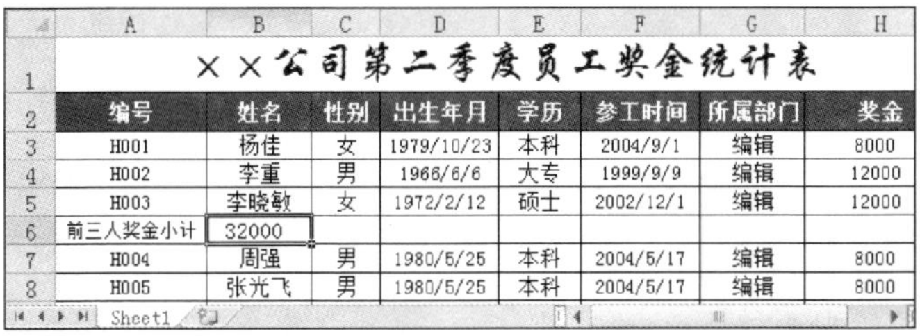

04 自动计算出结果

在已选单元格中系统根据输入的公式自动计算出结果，如图 12-53 所示。

05 选择单元格区域，选择【创建组】选项

No1 选择准备创建分级显示组的单元格区域，如选择"H3∶H5"单元格区域。

No2 选择【数据】选项卡。

No3 在【分级显示】组中单击【创建组】下拉按钮。

No4 在弹出的下拉列表框中选择【创建组】选项，如图 12-54 所示。

图 12-54

图 12-55

06 弹 出 对 话 框，选 择 【行】单选按钮

No1 弹出【创建组】对话框，在【创建组】区域中选择【行】单选按钮。

No2 单击【确定】按钮 ，如图 12-55 所示。

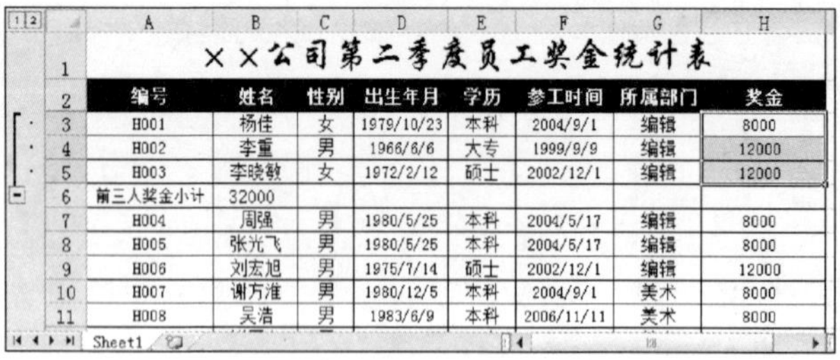

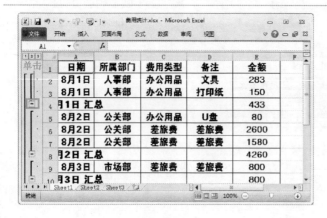

图 12-56

07 完成新建分级显示的操作

返回到工作表界面，可以看到工作表中选中的数据以组的形式显示，通过以上方法即可完成新建分级显示的操作，如图 12-56 所示。

12.5.2 隐藏与显示明细数据

在 Excel 2010 工作表中，用户可以根据实际的工作需要对分级显示的数据进行隐藏与显示，下面分别详细介绍。

1. 隐藏明细数据

在日常工作中，用户可以根据实际情况对暂时不需要查看的分级显示数据进行隐藏，下面详细介绍隐藏明细数据的操作方法。

01 单击左侧窗格中的【折叠】按钮

在已经创建分级显示的工作表中单击左侧窗格中的【折叠】按钮 ，如图 12-57 所示。

举一反三

将分类明细隐藏后，【折叠】按钮 会自动更改为【展开】按钮 。

图 12-57

图 12-58

02 完成隐藏明细数据的操作

将工作表中的【折叠】按钮 ■ 都单击完后,可以看到数据已经隐藏,通过以上方法即可完成将明细数据隐藏的操作,如图 12-58 所示。

2. 显示隐藏明细数据

如果用户准备查看隐藏的明细数据,可以选择将隐藏的数据显示出来,下面详细介绍显示隐藏明细数据的操作方法。

图 12-59

01 单击左侧窗格中的【展开】按钮

在隐藏明细数据的工作表中单击左侧窗格中的【展开】按钮 ■ ,如图 12-59 所示。

1 2 3		A	B	C	D	E
	1	日期	所属部门	费用类型	备注	金额
	2	8月1日	人事部	办公用品	文具	283
	3	8月1日	人事部	办公用品	打印纸	150
	4	8月1日 汇总				433
	5	8月2日	公关部	办公用品	U盘	80
	6	8月2日	公关部	差旅费	差旅费	2600
	7	8月2日	公关部	差旅费	差旅费	1580
	8	8月2日 汇总				4260
	9	8月3日	市场部	差旅费	差旅费	800
	10	8月3日 汇总				800
	11	8月4日	人事部	交通费用	出租车	53

图 12-60

02 完成显示隐藏明细数据的操作

将工作表中的【展开】按钮 ■ 都单击完后,可以看到隐藏的数据会显示出来,这样即可完成显示隐藏明细数据的操作,如图 12-60 所示。

12.6 实践案例与上机操作

本节导读

通过本章的学习,用户可以掌握数据处理与分析方面的知识及操作,下面通过几个实践案例进行上机操作,以达到巩固学习、拓展提高的目的。

12.6.1 使用【搜索】文本框搜索文本和数字

在对数据进行筛选时，通过【搜索】文本框也可以完成操作，但是通过该文本框只能筛选出一个数据，下面将详细介绍使用【搜索】文本框搜索文本和数字的操作方法。

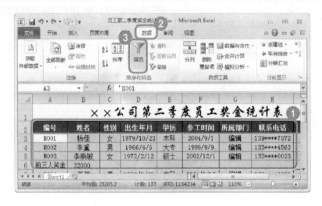

图 12-61

01 选择区域，单击【筛选】按钮

No1 将准备进行筛选的工作表区域选中。

No2 选择【数据】选项卡。

No3 单击【排序和筛选】组中的【筛选】按钮 ，如图 12-61 所示。

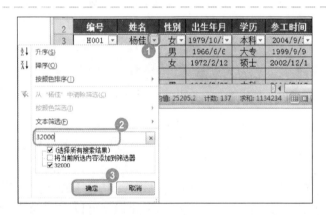

图 12-62

02 在【搜索】文本框中输入条件

No1 在标题处系统会自动添加一个下拉按钮，单击下拉按钮。

No2 弹出下拉列表框，在【搜索】文本框中输入搜索条件，则下方列表框中就会显示出相关数据。

No3 单击【确定】按钮 确定 ，如图 12-62 所示。

图 12-63

03 完成使用【搜索】文本框搜索的操作

返回到工作表中，可以看到通过搜索所筛选出的结果，这样即可完成使用【搜索】文本框搜索文本和数字的操作，如图 12-63 所示。

12.6.2 删除重复数据

使用删除重复数据功能可以自动搜索表格中的重复项，然后将表格中后面的重复数据删除，使用该功能可以帮助用户清理表格中的重复数据，下面将详细介绍删除重复数据的方法。

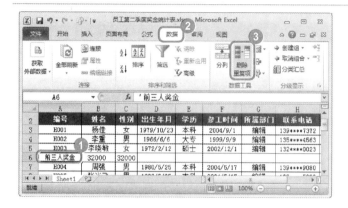

图 12-64

01 单击【删除重复项】按钮

No1 单击工作表中的任意单元格。

No2 选择【数据】选项卡。

No3 单击【数据工具】组中的【删除重复项】按钮，如图 12-64 所示。

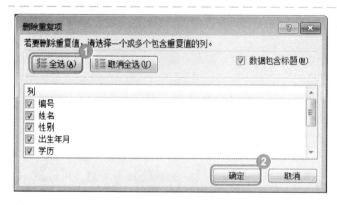

图 12-65

02 弹出对话框，单击【全选】按钮

No1 弹出【删除重复项】对话框，单击【全选】按钮 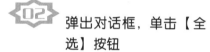 。

No2 单击【确定】按钮，如图 12-65 所示。

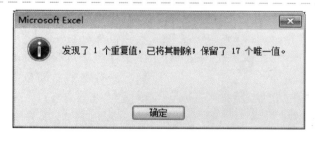

图 12-66

03 完成删除重复数据的操作

系统会弹出对话框，提示用户发现了重复值并将其删除，单击【确定】按钮 即可完成操作，如图 12-66 所示。

12.6.3 清除分级显示

在将数据分级显示后，如果准备不再使用分级显示，可以将其清除，这样不仅可以美化工作表，而且可以减少占用的磁盘空间，下面介绍清除分级显示的操作方法。

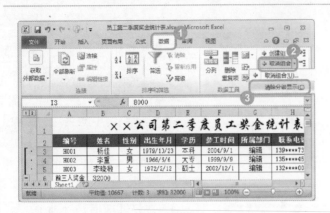

图 12-67

01 选择【清除分级显示】选项

No1 选择【数据】选项卡。

No2 在【分级显示】组中单击【取消组合】下拉按钮。

No3 在弹出的下拉列表框中选择【清除分级显示】选项，如图 12-67 所示。

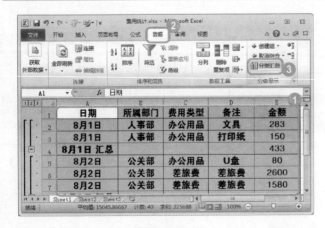

图 12-68

02 完成清除分级显示的操作

可以看到分级显示已被取消，这样即可完成清除分级显示的操作，如图 12-68 所示。

12.6.4 取消和替换当前的分类汇总

如果当前工作表中存在分类汇总，而用户又想取消并替换为其他分类汇总，可以使用替换当前分类汇总功能，下面详细介绍取消和替换当前分类汇总的操作方法。

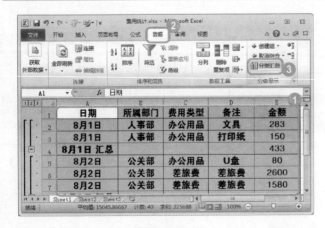

图 12-69

01 单击【分类汇总】按钮

No1 在工作表中选中准备取消和替换分类汇总的单元格区域。

No2 选择【数据】选项卡。

No3 在【分级显示】组中单击【分类汇总】按钮，如图 12-69 所示。

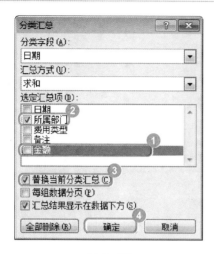

图 12-70

02 弹出对话框，设置分类汇总参数

No1 弹出【分类汇总】对话框，取消选择当前汇总方式复选框。

No2 选择准备使用的汇总方式复选框。

No3 选择【替换当前分类汇总】复选框。

No4 单击【确定】按钮 确定，如图 12-70 所示。

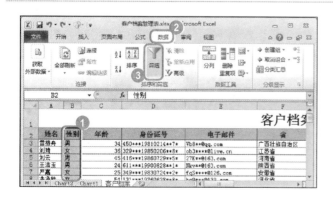

图 12-71

03 完成取消和替换当前的分类汇总的操作

　　返回到工作表界面，可以看到已经取消并替换了分类汇总，这样即可完成取消和替换当前的分类汇总的操作，如图 12-71 所示。

12.6.5 使用通配符进行模糊筛选

　　通配符是一种特殊语句，主要用星号"＊"代表任意多个字符，或者用问号"？"代替单个字符，下面详细介绍使用通配符进行模糊筛选的操作方法。

图 12-72

01 选中区域，单击【筛选】按钮

No1 在工作表中选中准备模糊筛选的单元格区域。

No2 选择【数据】选项卡。

No3 单击【排序和筛选】组中的【筛选】按钮，如图 12-72 所示。

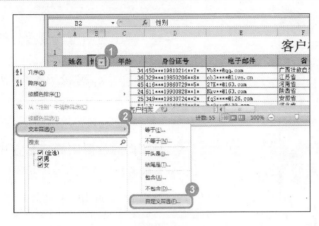

图 12-73

选择【自定义筛选】子菜单项

No1 系统会自动在单元格区域的第 1 行添加下拉按钮，单击该下拉按钮。

No2 弹出下拉菜单，选择【文本筛选】菜单项。

No3 在弹出的子菜单中选择【自定义筛选】子菜单项，如图 12-73 所示。

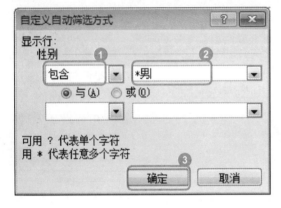

图 12-74

03 弹出对话框，输入通配符关键字

No1 弹出【自定义自动筛选方式】对话框，在【性别】下拉列表框中选择【包含】列表项。

No2 在【包含】文本框中输入"＊男"。

No3 单击【确定】按钮 确定 ，如图 12-74 所示。

图 12-75

04 完成使用通配符进行模糊筛选的操作

返回到工作表界面，可以看到工作表中只显示包含"男"的内容，通过以上方法即可完成使用通配符进行模糊筛选的操作，如图 12-75 所示。

12.6.6 按颜色排序

若表格中的内容多为文本内容，并且不同的内容被不同的颜色表示，在排序时就可以按颜色进行排序，下面将详细介绍按颜色排序的操作方法。

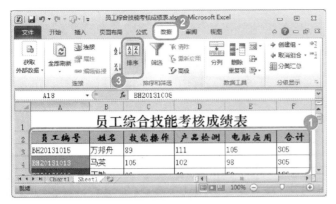

图 12-76

单击【排序和筛选】组中的【排序】按钮

No1 选中准备按颜色排序的单元格区域。

No2 选择【数据】选项卡。

No3 单击【排序和筛选】组中的【排序】按钮 ，如图 12-76 所示。

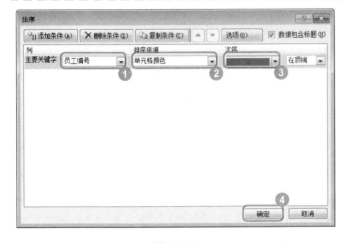

图 12-77

弹出对话框，设置排序参数

No1 弹出【排序】对话框，在【主要关键字】列表框中，选择【员工编号】列表项。

No2 在【排序依据】列表框中，选择【单元格颜色】列表项。

No3 在【次序】列表框中，选择准备进行排序的颜色列表项。

No4 单击【确定】按钮 确定 ，如图 12-77 所示。

	A	B	C	D	E	F
1	员工综合技能考核成绩表					
2	员工编号	姓名	技能操作	产品检测	电脑应用	合计
3	BH20131010	王敏	96	40	50	186
4	BH20131005	刘雪	140	113	102	355
5	BH20131011	杨晓莲	78	120	110	308
6	BH20131007	张林	65	40	90	195
7	BH20131015	万邦舟	89	111	105	305
8	BH20131013	马英	105	102	98	305
	BH20131013	张丽	120	90	114	323

图 12-78

完成按颜色排序的操作

返回到工作表界面，可以看到工作表中的内容按所选颜色排序了，通过以上方法即可完成按颜色排序的操作，如图 12-78 所示。

327

第13章

使用数据透视表和数据透视图

本章内容导读

本章主要介绍了数据透视表与数据透视图方面的知识，同时讲解了创建与编辑数据透视表、操作数据透视表中的数据、美化数据透视表和创建与操作数据透视图的相关操作，在本章的最后还针对实际的工作需要讲解了一些实例的上机操作。通过本章的学习，读者可以掌握使用数据透视表和数据透视图方面的知识，为进一步学习 Excel 2010 公式·函数·图表与数据分析的相关知识奠定了基础。

本章知识要点

- ☑ 认识数据透视表与数据透视图
- ☑ 创建与编辑数据透视表
- ☑ 操作数据透视表中的数据
- ☑ 美化数据透视表
- ☑ 创建与操作数据透视图

Section
13.1 认识数据透视表与数据透视图

本节导读

在 Excel 2010 中，使用数据透视表可以汇总、分析、浏览和提供摘要数据，数据透视图可以将数据透视表中的数据图形化，并且可以方便地查看、比较、分析数据的模式和趋势，本节将详细介绍数据透视表与数据透视图的相关知识。

13.1.1 认识数据透视表

数据透视表是一种交互式的表，可以进行计算，如求和与计数等。所进行的计算和数据与数据透视表中的排列有关。使用数据透视表可以深入分析数值数据，并且可以解决一些预料不到的数据问题，数据透视表有以下特点：

➢ 能以多种方式查询大量数据。

➢ 可以对数值数据进行分类汇总和聚合，按分类和子分类对数据进行汇总，创建自定义计算和公式。

➢ 展开或折叠要关注结果的数据级别，查看感兴趣区域的明细数据。

➢ 将行移动到列或将列移动到行（或"透视"），从而查看源数据的不同汇总结果。

➢ 对最有用和最关注的数据子集进行筛选、排序、分组和有条件地设置格式。

➢ 提供简明、有吸引力并且带有批注的联机报表或打印表。

13.1.2 认识数据透视图

数据透视图是以图形形式表示的数据透视表，和图表与数据区域之间的关系相同，各数据透视表之间的字段相互对应，如果更改了某一报表的某个字段位置，则另一报表中的相互字段位置也会改变。

在数据透视图中除具有标准图表的系列、分类、数据标记和坐标轴以外，数据透视图还有特殊的元素，如报表筛选字段、值字段、系列字段、项、分类字段等。

➢ 报表筛选字段用来根据特定项筛选数据的字段，使用报表筛选字段是在不修改系列和分类信息的情况下汇总并快速集中处理数据子集的捷径。

➢ 值字段来自基本源数据的字段，提供进行比较或计算的数据。

➢ 系列字段是数据透视图中为系列方向指定的字段。字段中的项提供单个数据系列的是系列字段。

➢ 项代表一个列或行字段中的唯一条目，且出现在报表筛选字段、分类字段和系列字段下拉列表中。

➢ 分类字段是分配到数据透视图分类方向上的源数据中的字段。分类字段为用来绘图的数据点提供单一分类。

在首次创建数据透视表时可以自动创建数据透视图，也可以通过数据透视表中现有的数据创建数据透视图。

13.1.3 数据透视表与数据透视图的区别

数据透视图中的大多数操作和标准图表一样，但是两者之间也存在差别，下面将详细介绍数据透视表与数据透视图的区别。

1. 交互

对于标准图表，为能查看到每个数据视图创建一张图表，但是不能交互，而对于数据透视图，只要创建单张图就可以通过更改报表布局或显示的明细数据以不同的方式交互查看数据。

2. 图表类型

标准图表的默认图表类型为簇状柱形图，按分类比较值，数据透视图的默认图表类型为堆积柱形图，比较各个值在整体分类总计中所占有的比例，可以将数据透视图类型更改为除XY散点图、股价图和气泡图之外的其他任何图表类型。

3. 图表位置

在默认情况下，标准图表嵌入在工作表中。数据透视图默认是创建在图表工作表上的，在数据透视图创建后，还可以将其重新定位在工作表上。

4. 源数据

标准图表可直接链接到工作表单元格中，数据透视图可以基于相关联的数据透视表中的几种不同数据类型。

5. 图表元素

数据透视图除包含与标准图表相同的元素外，还包括字段和项，用户可以通过添加、旋转或删除字段和项来显示数据的不同视图，标准图表中的分类、系列和数据分别对应用于数据透视图中的分类字段、系列字段和值字段。数据透视图中还可包含报表筛选，而这些字段中都包含项，这些项在标准图表中显示为图例中的分类标签或系列名称。

6. 格式

在刷新数据透视表时会保留大多数格式，但是不保留趋势线、数据标签、误差线及对数据系列的其他更改，标准图表只要应用了这些格式就不会将其丢失。

7. 移动或调整项的大小

在数据透视图中可以为图例选择一个预设位置并可更改标题的字体大小，但是无法移动或重新调整绘图区、图例、图表标题或坐标轴标题的大小，而在标准图表中可移动和重新调整这些元素的大小。

13.2 创建与编辑数据透视表

在 Excel 2010 中，数据透视表是一种对大量数据进行快速汇总和建立交叉列表的交互式表格，它不仅可以转换行和列以查看源数据的不同汇总结果，还可以根据需要显示区域中的细节数据。本节将详细介绍创建与编辑数据透视表的相关知识及操作方法。

13.2.1 创建数据透视表

创建数据透视表，首先要保证工作表中数据的正确性，第一要具有列标签，其次工作表中必须含有数字文本，下面详细介绍创建数据透视表的操作方法。

图 13-1

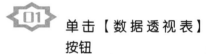

01 单击【数据透视表】按钮

No1 选择工作表中的任意单元格。

No2 选择【插入】选项卡。

No3 单击【表格】组中的【数据透视表】按钮，如图 13-1 所示。

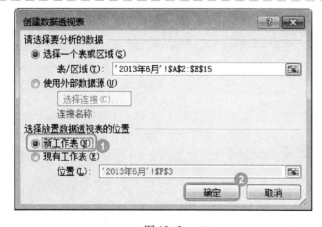

图 13-2

02 选择【新工作表】单选按钮

No1 弹出【创建数据透视表】对话框，在【选择放置数据透视表的位置】区域中选择【新工作表】单选按钮。

No2 单击【确定】按钮，如图 13-2 所示。

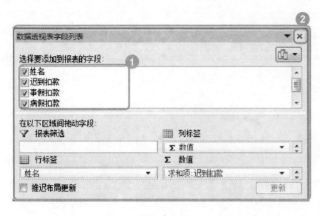

图 13-3

03 选择准备添加字段对应的复选框

No1 弹出【数据透视表字段列表】任务窗格，在【选择要添加到报表的字段】区域中选择准备添加字段对应的复选框。

No2 单击【关闭】按钮 ⊠，如图 13-3 所示。

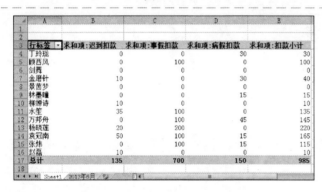

图 13-4

04 完成创建数据透视表的操作

　　系统会新建一个工作表并创建一个数据透视表，通过以上步骤即可完成在 Excel 2010 工作表中创建数据透视表的操作，如图 13-4 所示。

13.2.2 设置数据透视表字段

　　在创建好数据透视表之后，系统默认对数字文本进行求和运算，下面以求病假扣款的平均值为例详细介绍设置数据透视表中字段的操作方法。

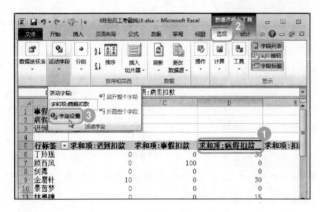

图 13-5

01 单击【字段设置】按钮

No1 选择准备求平均值的单元格，如 D5 单元格。

No2 选择【数据透视表工具】中的【选项】选项卡。

No3 在【活动字段】组中单击【字段设置】按钮 字段设置，如图 13-5 所示。

图 13-6

02 选择【平均值】列表项

No1 弹出【值字段设置】对话
框，选择【值汇总方式】
选项卡。

No2 在【计算类型】列表框中
选择【平均值】列表项。

No3 单击【确定】按钮，
如图 13-6 所示。

图 13-7

03 完成设置数据透视表中
字段的操作

返回到工作表中，在选中的
D5 单元格中系统会显示"平均值
项"，这样即可完成设置数据透视
表中字段的操作，如图 13 - 7
所示。

13.2.3 删除数据透视表

如果不再需要使用数据透视表，用户可以选择将其删除，数据透视表作为一个整体，是
允许删除其中部分数据的，下面将详细介绍删除数据透视表的操作。

图 13-8

01 选择【整个数据透视
表】菜单项

No1 单击数据透视表中的任意
单元格。

No2 选择【选项】选项卡。

No3 在【操作】组中单击【选
择】下拉按钮。

No4 弹出下拉菜单，选择【整
个数据透视表】菜单项，
如图 13-8 所示。

図 13-9

02 完成删除数据透视表的操作

系统会将整个数据透视表选中，然后按下键盘上的【Delete】键即可完成删除数据透视表的操作，如图 13-9 所示。

教你一招

清除数据

选择数据后，在【数据透视表工具】中选择【选项】选项卡，然后在【操作】组中单击【清除】按钮，从打开的下拉列表框中选择需要清除的内容即可。

Section

13.3 操作数据透视表中的数据

本节导读

在掌握了数据透视表的创建和编辑后，用户可以对数据透视表中的数据进行一些基本操作，如刷新数据透视表、数据透视表的排序、改变数据透视表的汇总方式以及筛选数据透视表中的数据等，本节将详细介绍数据透视表中数据的相关知识及操作方法。

13.3.1 刷新数据透视表

在创建数据透视表之后，如果对数据源进行了修改，用户可以对数据透视表进行刷新操作，以显示正确的数值，下面详细介绍刷新数据透视表的操作方法。

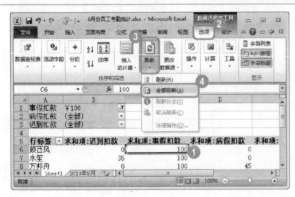

图 13-10

01 选择【全部刷新】菜单项

No1 单击数据透视表中的任意单元格。

No2 选择【选项】选项卡。

No3 在【数据】组中单击【刷新】下拉按钮。

No4 在弹出的下拉菜单中选择【全部刷新】菜单项，如图 13-10 所示。

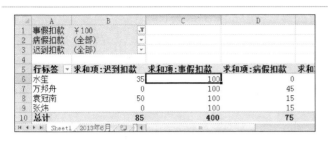

图 13-11

02 **完成刷新数据透视表的操作**

可以看到数据透视表中的数据重新刷新后发生改变，这样即可完成刷新数据透视表的操作，如图 13-11 所示。

13.3.2 数据透视表的排序

对数据进行排序是数据分析不可缺少的组成部分，对数据进行排序可以快速、直观地显示数据并帮用户更好地理解数据，下面详细介绍数据透视表排序的操作方法。

图 13-12

01 **选择【降序】菜单项**

No1 在数据透视表中单击【行标签】下拉按钮 ▾。

No2 在弹出的下拉菜单中选择【降序】菜单项，如图 13-12 所示。

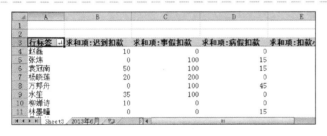

图 13-13

02 **完成数据透视表的排序的操作**

可以看到数据透视表中的数据已按降序排列，通过以上方法即可完成数据透视表排序的操作，如图 13-13 所示。

知识精讲

对值区域中的数据进行排序，可以选择数据透视表中的值字段，选择【数据】选项卡，在【排序和筛选】组中选择【升序】或者【降序】即可。

13.3.3 更改数据透视表的汇总方式

在 Excel 2010 工作表中，数据透视表的汇总方式有很多，下面以将销售（1）部二月份销售额设置为最大值为例详细介绍更改数据透视表汇总方式的操作方法。

图 13-14

01 单击【按值汇总】下拉按钮

No1 将【部门】设置为"销售（1）部"。

No2 单击【二月份】单元格。

No3 选择【选项】选项卡。

No4 单击【计算】组中的【按值汇总】下拉按钮。

No5 在弹出的下拉菜单中选择【最大值】菜单项，如图13-14所示。

图 13-15

02 完成更改数据透视表的汇总方式的操作

可以看到，二月份的汇总方式变为"最大的项"，通过以上方法即可完成更改数据透视表汇总方式的操作，如图13-15所示。

13.3.4 筛选数据透视表中的数据

在 Excel 2010 数据透视表中，用户可以根据实际工作需要筛选符合要求的数据，下面详细介绍筛选数据透视表中数据的操作方法。

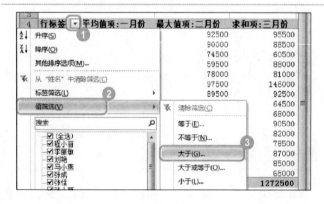

图 13-16

01 选择【值筛选】菜单项

No1 单击【行标签】下拉按钮。

No2 在弹出的下拉菜单中选择【值筛选】菜单项。

No3 在弹出的子菜单中选择【大于】子菜单项，如图13-16所示。

图 13-17

弹出对话框，设置相关参数

No1 弹出【值筛选】对话框，在【显示符合以下条件的项目】下拉列表中选择【三月份】列表项。

No2 在文本框中输入数值，如"90000"。

No3 单击【确定】按钮，如图 13-17 所示。

图 13-18

完成筛选数据透视表中数据的操作

返回到工作表中，可以看到数据已按照所要求的条件进行筛选，这样即可完成筛选数据透视表中数据的操作，如图 13-18 所示。

 知识精讲

选择【值筛选】菜单项，在弹出的子菜单中有 9 个值筛选条件，用户可以根据需要选择适合的条件进行筛选。

Section

13.4 美化数据透视表

本节导读

在创建数据透视表之后，用户可以通过更改数据透视表布局和应用数据透视表样式操作达到美化数据透视表的目的，本节将详细介绍美化数据透视表的相关知识及操作方法。

13.4.1 更改数据透视表布局

在创建完数据透视表之后，用户可以通过【数据透视表字段列表】任务窗格拖动字段更改字段所在的区域，也可以从相应字段展开的下拉列表中选择要移动到的位置，下面将详细介绍更改数据透视表布局的操作方法。

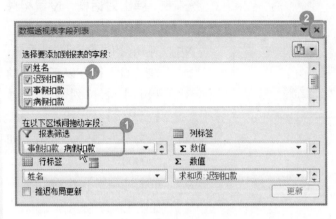

图 13-19

01 拖拽至【报表筛选】列表框中

No1 在创建完数据透视表后打开【数据透视表字段列表】任务窗格，按住鼠标左键，依次将【迟到扣款】、【事假扣款】和【病假扣款】复选项拖拽至下方的【报表筛选】列表框中。

No2 单击【关闭】按钮×，如图 13-19 所示。

	A	B	C
1	事假扣款	（全部）	
2	病假扣款	（全部）	
3	迟到扣款	（全部）	
4			
5	行标签	求和项:迟到扣款	求和项:事假扣款	求和项:事假扣款
6	丁玲珑	0	0
7	顾西风	0	100
8	剑舞	0	0
9	金磨针	10	0
10	景茵梦	0	0
11	林墨瞳	0	0

图 13-20

02 数据透视表的布局发生改变

可以看到，数据透视表的布局已经发生改变，【迟到扣款】、【事假扣款】和【病假扣款】字段已移动至工作表的顶部，如图 13-20 所示。

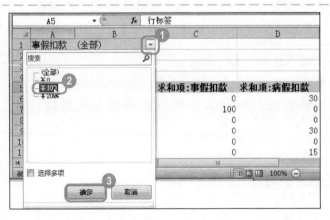

图 13-21

03 选择准备查看的扣款数额

No1 单击【事假扣款】右侧的下拉按钮。

No2 在弹出的下拉列表中选择准备查看的扣款数额，例如选择"100"。

No3 单击【确定】按钮，如图 13-21 所示。

图 13-22

04 完成更改数据透视表布局的操作

系统会自动显示扣款数额为"100"的所有员工，这样既可完成更改数据透视表布局的操作，如图 13-22 所示。

13.4.2　应用数据透视表样式

Excel 提供了多种自动套用格式，用户可以从中选择某种样式，将数据透视表的格式设置为需要的报表样式，下面详细介绍应用数据透视表样式的操作方法。

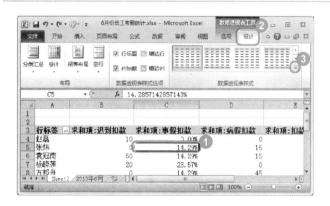

图 13-23

01 选择【设计】选项卡，单击【其他】按钮

No1 单击数据透视表中的任意单元格。

No2 选择【数据透视表工具】中的【设计】选项卡。

No3 在【数据透视表样式】组中单击【其他】按钮，如图 13-23 所示。

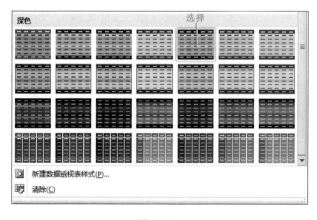

图 13-24

02 展开样式库，选择应用的样式

系统会展开一个样式库，用户可以在其中选择准备应用的数据透视表样式，如选择【深色】区域中的一个样式，如图 13-24 所示。

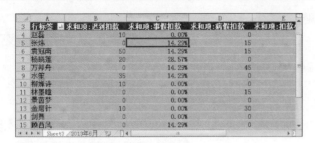

图 13-25

03 完成应用数据透视表样式的操作

可以看到数据透视表的样式已经发生改变，通过以上方法即可完成应用数据透视表样式的操作，如图 13-25 所示。

Section 13.5 创建与操作数据透视图

本节导读

虽然数据透视表具有较全面的分析汇总功能，但是对于一般使用人员来说，它的布局显得太凌乱，很难一目了然，而采用数据透视图可以让用户非常直观地了解所需要的数据信息。本节将详细介绍创建与操作数据透视图的相关知识。

13.5.1 使用数据区域创建数据透视图

在 Excel 2010 工作表中，用户可以使用数据区域创建数据透视图，下面将详细介绍使用数据区域创建数据透视图的操作方法。

图 13-26

01 选择【数据透视图】菜单项

No1 在工作表中选中准备创建数据透视图的单元格区域，即数据区域。

No2 选择【插入】选项卡。

No3 在【表格】组中单击【数据透视表】下拉按钮。

No4 在弹出的下拉菜单中选择【数据透视图】菜单项，如图 13-26 所示。

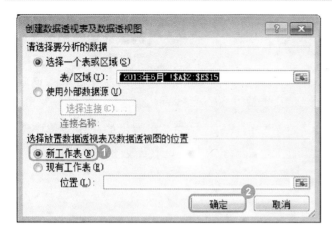

图 13-27

02 选择【新工作表】单选按钮

No1 弹出【创建数据透视表及数据透视图】对话框，在【选择放置数据透视表及数据透视图的位置】区域中选择【新工作表】单选按钮。

No2 单击【确定】按钮 确定，如图 13-27 所示。

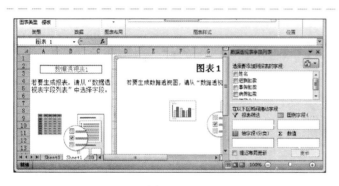

图 13-28

03 系统会自动创建一个工作表

系统会自动创建一个工作表，在工作表内会有【数据透视表】、【数据透视图】以及【数据透视表字段列表】任务窗格，如图 13-28 所示。

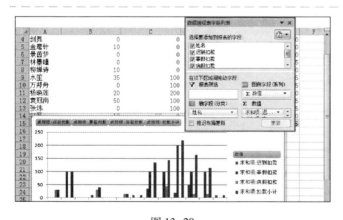

图 13-29

04 完成使用数据区域创建数据透视图的操作

在【数据透视表字段列表】任务窗格中选择准备使用的字段复选框，即可完成使用数据区域创建数据透视图的操作，如图 13-29 所示。

13.5.2 更改数据透视图类型

对于创建好的数据透视图，若用户觉得图表的类型不能很好地满足其所表达的含义，此时可以重新更改图表的类型，下面将详细介绍更改数据透视图类型的方法。

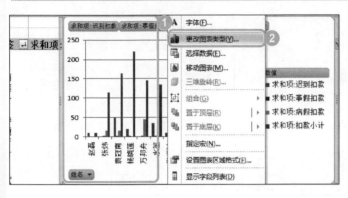

图 13-30

01 选择【更改图表类型】菜单项

No1 右键单击准备更改类型的数据透视图。

No2 在弹出的快捷菜单中选择【更改图表类型】菜单项，如图 13-30 所示。

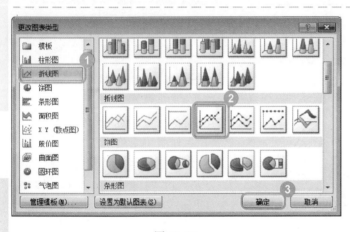

图 13-31

02 选择准备应用的图表类型

No1 弹出【更改图表类型】对话框，在图标类型列表框中选择准备更改的图表类型。

No2 在图表样式列表框中选择准备应用的样式。

No3 单击【确定】按钮 确定 ，如图 13-31 所示。

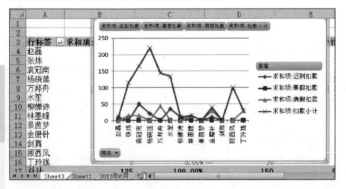

图 13-32

03 完成更改数据透视图类型的操作

返回到工作表界面，可以看到图表的类型以及样式发生了改变，通过以上步骤即可完成更改数据透视图类型的操作，如图 13 - 32 所示。

13.5.3 筛选数据

在创建完毕的数据透视图中包含了很多筛选器，使用这些筛选器可以筛选不同的字段，从而在数据透视图中显示不同的数据效果，下面将介绍筛选数据的方法。

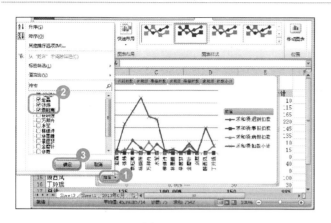

图 13-33

01 选择准备进行筛选的数据对应的复选框

No1 在创建好的图表中单击准备进行筛选数据的下拉按钮 ▾。

No2 在弹出的下拉列表中选择准备进行筛选的数据对应的复选框。

No3 单击【确定】按钮，如图 13-33 所示。

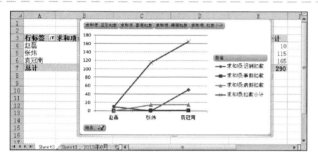

图 13-34

02 完成筛选数据的操作

可以看到已经将所选择的数据筛选出来，通过以上方法即可完成筛选数据的操作，如图 13-34 所示。

13.5.4 分析数据透视图

在 Excel 2010 工作表中可以使用切片器对透视图中的数据进行分析，下面以"部门"查看数据为例详细介绍分析数据透视图的操作方法。

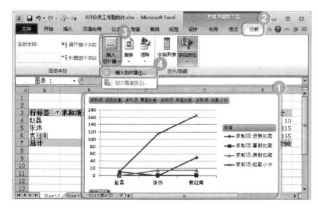

图 13-35

01 选择【插入切片器】菜单项

No1 选择准备分析数据的透视图。

No2 选择【分析】选项卡。

No3 单击【数据】组中的【插入切片器】下拉按钮。

No4 在弹出的下拉菜单中选择【插入切片器】菜单项，如图 13-35 所示。

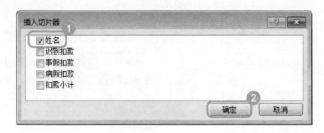

图 13-36

02 选择【姓名】复选框

No 1 弹出【插入切片器】对话框，在列表框中选择【姓名】复选框。

No 2 单击【确定】按钮 **确定** ，如图 13-36 所示。

图 13-37

03 选择准备查看的人名列表项

弹出【姓名】任务窗格，单击任意列表项，即可查看相应姓名的数据，如单击"丁玲珑"，如图 13-37 所示。

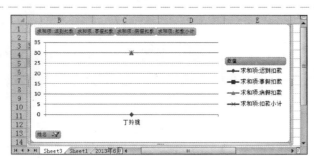

图 13-38

04 完成分析数据透视图的操作

此时在工作表中就可以看到图表中显示了"丁玲珑"的数据，通过以上方法即可完成分析数据透视图的操作，如图 13-38 所示。

Section
13.6 实践案例与上机操作

🔑 本节导读

通过本章的学习，用户可以掌握使用数据透视表和数据透视图方面的知识，下面通过几个实践案例进行上机操作，以达到巩固学习、拓展提高的目的。

13.6.1 设置数据透视表的显示方式

在默认情况下，数据透视表中的汇总结构都是以"无计算"的方式显示的，根据用户的不同需要可以更改这些汇总结果的显示方式，例如将汇总结构以百分比的形式显示，这样更有利于纵向比较各类别费用所占的百分比，下面将详细介绍设置数据透视表的显示方式的操作方法。

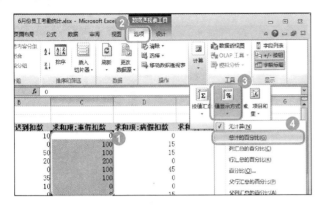

图 13-39

01 **单击【值显示方式】按钮**

No1 选择准备更改显示方式的单元格区域。

No2 选择【选项】选项卡。

No3 在【计算】组中单击【值显示方式】按钮。

No4 在弹出的下拉列表框中选择【总计的百分比】选项，如图 13-39 所示。

02 **完成设置数据透视表的显示方式的操作**

此时可以看到选中的单元格区域中的数据已经按照百分比的形式显示，这样即可完成设置数据透视表的显示方式的操作，如图 13-40 所示。

图 13-40

13.6.2 删除数据透视图

如果准备不再查看数据透视图中的数据信息，可以选择将其删除，以达到节省计算机资源的目的，下面详细介绍删除数据透视图的操作。

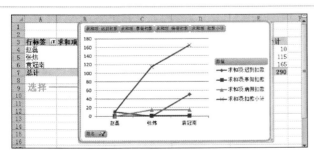

图 13-41

01 **选择准备删除的数据透视图**

在工作表中选择准备删除的数据透视图，然后按下键盘上的【Delete】键，如图 13-41 所示。

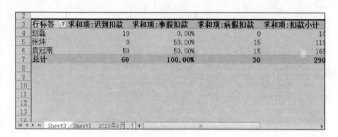

图 13-42

02 完成删除数据透视图的操作

可以看到数据透视图已经被删除，通过以上方法即可完成删除数据透视图的操作，如图 13-42 所示。

13.6.3 使用数据透视表创建透视图

在 Excel 2010 工作表中，用户还可以使用已经创建好的数据透视表来创建透视图，下面详细介绍使用数据透视表创建透视图的操作方法。

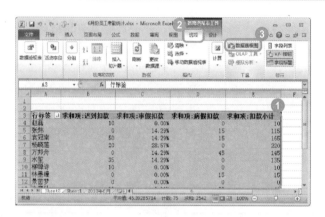

图 13-43

01 单击【数据透视图】按钮

No1 选中准备创建数据透视图的单元格区域。

No2 在【数据透视表工具】选项中选择【选项】选项卡。

No3 在【工具】组中单击【数据透视图】按钮 ，如图 13-43 所示。

图 13-44

02 选择准备应用的图表类型

No1 弹出【插入图表】对话框，选择【柱形图】选项卡。

No2 选择准备应用的图表类型，如"簇状柱形图"。

No3 单击【确定】按钮，如图 13-44 所示。

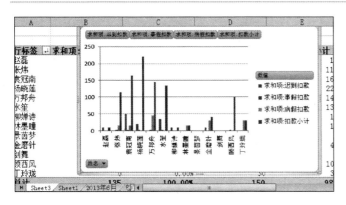

图 13-45

完成使用数据透视表创建透视图的操作

系统会自动弹出刚刚选择样式的图表，并显示选中单元格区域中的数据信息，通过以上方法即可完成使用数据透视表创建透视图的操作，如图 13-45 所示。

13.6.4 移动数据透视表

如果用户需要移动数据透视表，可以通过【移动数据透视表】按钮来实现，下面将详细介绍移动数据透视表的操作方法。

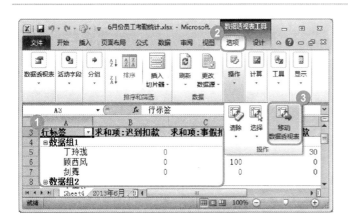
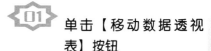

图 13-46

01 **单击【移动数据透视表】按钮**

No1 选择准备移动的数据透视表。

No2 在【数据透视表工具】中选择【选项】选项卡。

No3 单击【操作】组中的【移动数据透视表】按钮，如图 13-46 所示。

图 13-47

02 **弹出对话框，选择【新工作表】单选按钮**

No1 弹出【移动数据透视表】对话框，选择【新工作表】单选按钮

No2 单击【确定】按钮，如图 13-47 所示。

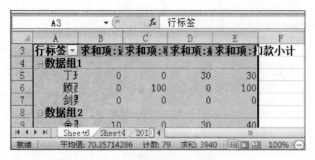

图 13-48

03 完成移动数据透视表的操作

可以看到系统自动创建了一个工作表，并将选择的数据透视表移动至该工作表中，这样即可完成移动数据透视表的操作，如图 13-48 所示。

13.6.5 对数据透视表中的项目进行组合

用户可以采用自定义的方式对字段中的项进行组合，以帮助隔离满足用户个人需要却无法采用其他方式（如排序和筛选）轻松组合的数据子集。下面将详细介绍对数据透视表中的项目进行组合的操作方法。

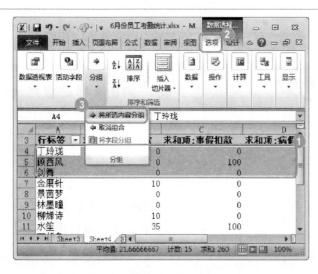

图 13-49

01 单击【将所选内容分组】按钮

No1 选择数据透视表中要分为一组的区域。

No2 在【数据透视表工具】中选择【选项】选项卡。

No3 在【分组】组中单击【将所选内容分组】按钮 ➡ 将所选内容分组，如图 13-49 所示。

行标签	求和项:迟到扣款	求和项:事假扣款	求和项:病假扣款	求和
⊟数据组1				
丁玲珑	0	0	30	
顾西凤	0	100	0	
剑舞	0	0	0	
⊟金磨针				
金磨针	10	0	30	
⊟景茵梦				
景茵梦	0	0	0	
⊟林墨瞳				
林墨瞳	0	0	15	
⊟柳婵诗				
柳婵诗	10	0	0	
⊟水笙				

图 13-50

02 选择区域上方出现了"数据组1"

此时可以看到选择区域上方出现了"数据组1"，表示所选择的区域自动分为一组，该组的名称为"数据组1"，如图 13-50 所示。

图 13-51

03 完成对数据透视表中的
项目进行组合的操作

使用同样的方法将其他的项
目进行组合，即可完成对数据透
视表中的项目进行组合的操作，
如图 13-51 所示。

13.6.6 导入外部数据创建数据透视表

在创建数据透视表时可以应用本工作簿中的数据资料，也可以导入外部的数据，下面将
详细介绍通过导入外部数据创建数据透视表的方法。

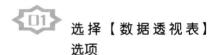

图 13-52

01 选择【数据透视表】
选项

No1 选择【插入】选项卡。

No2 单击【数据透视表】下拉
按钮。

No3 在弹出的下拉列表框中选
择【数据透视表】选项，
如图 13-52 所示。

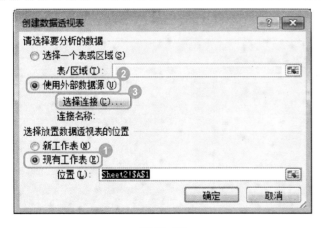

图 13-53

02 弹出对话框，单击【选
择连接】按钮

No1 弹出【创建数据透视表】
对话框，选择【现有工作
表】单选按钮。

No2 选择【使用外部数据源】
单选按钮。

No3 单击【选择连接】按钮
选择连接(C)...，如图 13-53
所示。

图 13-54

03 **弹出【现有连接】对话框,单击【浏览更多】按钮**

弹出【现有连接】对话框,选择要连接的文件,若需要浏览更多的文件,可以单击【浏览更多】按钮 浏览更多(B)...,如图 13-54 所示。

图 13-55

04 **弹出对话框,选择要导入的文件**

No1 弹出【选取数据源】对话框,在【查找范围】下拉列表中选择要导入数据保存的位置。

No2 选择要导入的文件。

No3 单击【打开】按钮 打开(O),如图 13-55 所示。

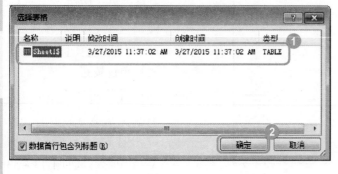

图 13-56

05 **弹出对话框,选择导入的工作表**

No1 弹出【选择表格】对话框,选择要导入的数据所在的工作表,这里选择"Sheet1$"工作表。

No2 单击【确定】按钮 确定,如图 13-56 所示。

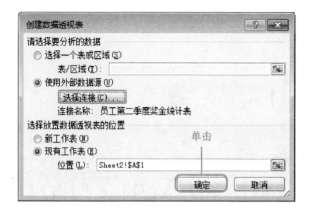

图 13-57

06 返回对话框，单击【确定】按钮

返回到【创建数据透视表】对话框中，可以看到在【选择连接】按钮下方显示了已经连接的外部数据源名称，单击【确定】按钮 ，如图 13-57 所示。

图 13-58

07 返回到初始工作表中

返回到最开始的工作表中，在工作表内会有【数据透视表】和【数据透视表字段列表】任务窗格，如图 13-58 所示。

图 13-59

08 完成通过导入外部数据创建数据透视表的操作

在【数据透视表字段列表】任务窗格中选择准备使用的字段复选框，即可完成通过导入外部数据创建数据透视表的操作，如图 13-59 所示。

 教你一招

选择数据透视表中的值

若用户只想选择数据透视表中的值，可以单击【操作】组中的【选择】按钮，然后在展开的下拉菜单中选择【值】菜单项。

第14章

人事信息数据统计分析

本章内容导读

人事信息管理是现代企业管理工作中不可缺少的一部分，也是适应现代化企业制度要求，以及推动企业劳动人事管理走向科学化、规范化的必要条件。人力资源部应及时做好人事数据的整理、汇总分析等工作，这些数据常常是企业做好各项决策的参考依据，因此处理好人事数据的整理工作意义重大。通过本章的学习，读者可以掌握人事信息数据统计分析方面的知识，从而达到巩固学习Excel 2010公式·函数·图表与数据分析的目的。

本章知识要点

☑ **制作人事信息数据表**
☑ **人事数据的条件求和计数**
☑ **分析员工学历水平**
☑ **人事数据表的两表数据核对**
☑ **统计不同年龄段的员工信息**

14.1 制作人事信息数据表

本节导读

人事信息数据表是企业进行人事信息管理的基础和依据，因此其一定要科学、准确、详细，并且有利于查找、利用，这样才能真正辅助企业管理者进行人事信息管理工作。本节将详细介绍制作人事信息数据表的相关知识及操作方法。

14.1.1 创建人事信息数据表

人事信息数据表中主要包括员工的基本信息，如姓名、性别、员工号、身份证号、联系方式等。下面将详细介绍创建人事信息数据表的操作方法。

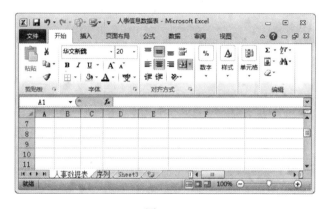

图 14-1

01 新建工作簿，重命名工作表

新建一个空白工作簿，并将其另存为"人事信息数据表"，将默认的前两个工作表标签分别重命名为"人事数据表"和"序列"，如图 14-1 所示。

图 14-2

02 输入表格标题和员工数据信息

选择"人事数据表"工作表，在相应的位置输入员工的基本信息，如序号、工号、任职部门、学历、身份证号、姓名、生日、性别、现任职位等标题及相关内容，如图 14-2 所示。

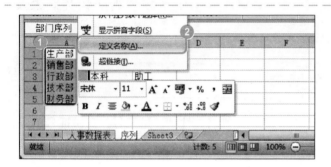

图 14-3

03 在"序列"工作表中输入信息

选择"序列"工作表，在 A1:C5 单元格区域中输入相应的数据信息，如图 14-3 所示。

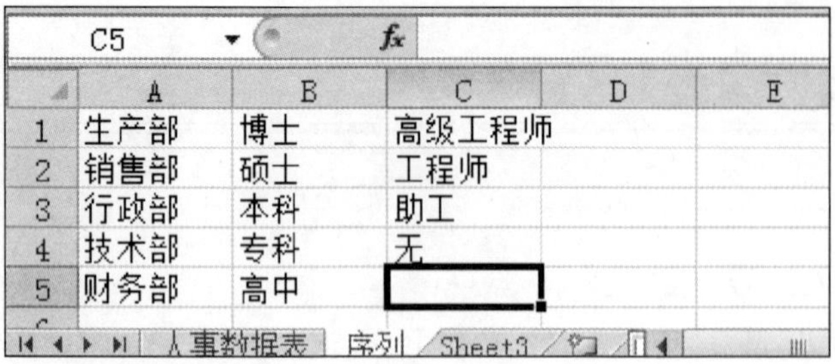

图 14-4

04 选择【定义名称】菜单项

No1 在"序列"工作表中选中 A1:A5 单元格区域，并使用鼠标右键单击。

No2 在弹出的快捷菜单中选择【定义名称】菜单项，如图 14-4 所示。

图 14-5

05 定义准备应用的名称

No1 系统会弹出【新建名称】对话框，在【名称】文本框中输入准备应用的名称，如"部门序列"。

No2 单击【确定】按钮 确定 ，即可将所选单元格区域定义为"部门序列"，如图 14-5 所示。

图 14-6

06 分别定义其他单元格区域的名称

使用同样的方法将 B1:B5 和 C1:C4 单元格区域分别定义为"学历序列"和"职称序列"，如图 14-6 所示。

图 14-7

07 单击【数据有效性】按钮

No1 返回到"人事数据表"工作表中，选中 D3 单元格。

No2 选择【数据】选项卡。

No3 在【数据工具】组中单击【数据有效性】按钮 ，如图 14-7 所示。

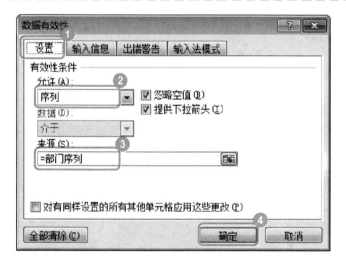

图 14-8

08 弹出对话框，设置有效性条件

No1 弹出【数据有效性】对话框，选择【设置】选项卡。

No2 单击【允许】下拉按钮，在下拉列表框中选择【序列】选项。

No3 在【来源】文本框中输入"=部门序列"。

No4 单击【确定】按钮 ，如图 14-8 所示。

图 14-9

09 复制数据有效性条件格式

返回到工作表中可以看到添加的结果，移动鼠标指针到 D3 单元格的右下角，当鼠标指针变成十字形状时向下拖动至 D32 单元格，即可完成对 D3:D32 单元格区域格式的复制，如图 14-9 所示。

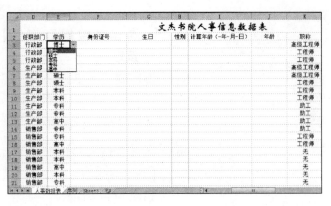

图 14-10

10 利用数据有效性添加部门信息

在"人事数据表"工作表中选择【任职部门】列的单元格，单击单元格后面的下拉按钮▾，从弹出的菜单中选择相应的部门，并在【学历】和【职称】等项中输入员工的具体信息，如图 14-10 所示。

图 14-11

11 输入员工的身份证信息

在 Excel 工作表中输入的数字若大于 11 位，则以科学记数法显示，为保证输入的身份证号完整显示，需要进行特殊处理。在工作表中选中 F3 单元格，在其中输入半角引号"'"，再输入身份证号，即可完整显示，用同样的方法输入其他员工身份证号，即可完成创建人事信息数据表的操作，如图 14-11 所示。

知识补充

在【数据有效性】对话框中，如果在【允许】列表框中选择了整数、小数、日期等项，则在【数据】列表框中可以选择相应的数据操作符，分别有介于、未介于、等于、不等于、大于、小于、大于或等于和小于或等于等。

14.1.2 从身份证号中提取生日、性别等有效信息

在输入好员工的身份证号的"人事数据表"工作表中，用户可以使用 Excel 相关函数从身份证号中提取员工的生日、性别等有效信息，下面将详细介绍其方法。

	G3	▾	fx	=--TEXT(MID(F3,7,6+(LEN(F3)=18)*2),"#-00-00")				
	A	B	C	D	E	F	G	H
1							文杰书院人	
2	序号	工号	姓名	任职部门	学历	身份证号	生日	性别 计算
3	1	A001	李灵筠	行政部	博士	121212198502217549	1985/2/21	
4	2	A002	冷文柳	行政部	本科	121212198508107548		
5	3	A003	阴露萍	行政部	本科	121212198512167544		
6	4	A004	樟兰歌	生产部	本科	121212198508187541		
7	5	A005	秦水芝	生产部	硕士	120105197610120034		
8	6	A006	李念儿	生产部	硕士	120102196908033168		
9	7	A007	文彩依	生产部	本科	120102194710011170		
10	8	A008	樟婵诗	生产部	本科	120110195903141829		
11	9	A009	顾莫言	生产部	专科	120102196811151712		
12	10	A010	任水寒	生产部	专科	120102198202281164		
13	11	A011	金磨针	生产部	高中	120110197505153922		
14	12	A012	丁玲珑	销售部	专科	120105198303253036		
15	13	A013	凌霜华	销售部	专科	120105198303253036		
16	14	A014	水笙	销售部	高中	120102196301201169		
17	15	A015	景岡梦	销售部	本科	120101197702221515		
18	16	A016	张林墨曈	销售部	本科	120102197405070726		
19	17	A017	华诗	销售部	高中	120101197805020725		

图 14-12

01 编制提取员工生日的公式

在"人事数据表"工作表中选择 G3 单元格，在其中输入公式" $=--\mathrm{TEXT}(\mathrm{MID}(\mathrm{F3},7,6+(\mathrm{LEN}(\mathrm{F3}=18)*2),"\#-00-00")"$ ，在 G3 单元格中将会显示输出的结果"1985/2/21"，如图 14-12 所示。

	G3	▾	fx	=--TEXT(MID(F3,7,6+(LEN(F3)=18)*2),"#-00-00")				
	A	B	C	D	E	F	G	H
1							文杰书院人事信息	
2	序号	工号	姓名	任职部门	学历	身份证号	生日	性别 计算年龄(-年-月-
3	1	A001	李灵筠	行政部	博士	121212198502217549	1985/2/21	
4	2	A002	冷文柳	行政部	本科	121212198508107548	1985/8/10	
5	3	A003	阴露萍	行政部	本科	121212198512167544	1985/12/16	
6	4	A004	樟兰歌	生产部	本科	121212198508187541	1985/8/18	
7	5	A005	秦水芝	生产部	硕士	120105197610120034	1976/10/12	
8	6	A006	李念儿	生产部	硕士	120102196908033168	1969/8/3	
9	7	A007	文彩依	生产部	本科	120102194710011170	1947/10/1	
10	8	A008	樟婵诗	生产部	本科	120110195903141829	1959/3/14	
11	9	A009	顾莫言	生产部	专科	120102196811151712	1968/11/15	
12	10	A010	任水寒	生产部	专科	120102198202281164	1982/2/28	
13	11	A011	金磨针	生产部	高中	120110197505153922	1975/5/15	
14	12	A012	丁玲珑	销售部	专科	120105198303253036	1983/3/25	
15	13	A013	凌霜华	销售部	专科	120105198303253036	1983/3/25	
16	14	A014	水笙	销售部	高中	120102196301201169	1963/1/20	
17	15	A015	景岡梦	销售部	本科	120101197702221515	1977/2/22	
18	16	A016	张林墨曈	销售部	本科	120102197405070726	1974/5/7	
19	17	A017	华诗	销售部	高中	120101197805020725	1978/5/2	

图 14-13

02 将所有员工的生日数据提取出来

在"人事数据表"工作表中选中 G3 单元格，移动鼠标指针到该单元格的右下角，当鼠标指针变成十字形状时拖拽至 G32 单元格，即可将所有员工的生日数据提取出来，如图 14-13 所示。

	H3	▾	fx	=IF(MOD(RIGHT(LEFT(F3,17)),2),"男","女")				
	A	B	C	D	E	F	G	H
1							文杰书院	
2	序号	工号	姓名	任职部门	学历	身份证号	生日	性别 计
3	1	A001	李灵筠	行政部	博士	121212198502217549	1985/2/21	女
4	2	A002	冷文柳	行政部	本科	121212198508107548	1985/8/10	
5	3	A003	阴露萍	行政部	本科	121212198512167544	1985/12/16	
6	4	A004	樟兰歌	生产部	本科	121212198508187541	1985/8/18	
7	5	A005	秦水芝	生产部	硕士	120105197610120034	1976/10/12	
8	6	A006	李念儿	生产部	硕士	120102196908033168	1969/8/3	
9	7	A007	文彩依	生产部	本科	120102194710011170	1947/10/1	
10	8	A008	樟婵诗	生产部	本科	120110195903141829	1959/3/14	
11	9	A009	顾莫言	生产部	专科	120102196811151712	1968/11/15	
12	10	A010	任水寒	生产部	专科	120102198202281164	1982/2/28	
13	11	A011	金磨针	生产部	高中	120110197505153922	1975/5/15	
14	12	A012	丁玲珑	销售部	专科	120105198303253036	1983/3/25	
15	13	A013	凌霜华	销售部	专科	120105198303253036	1983/3/25	
16	14	A014	水笙	销售部	高中	120102196301201169	1963/1/20	
17	15	A015	景岡梦	销售部	本科	120101197702221515	1977/2/22	
18	16	A016	张林墨曈	销售部	本科	120102197405070726	1974/5/7	
19	17	A017	华诗	销售部	高中	120101197805020725	1978/5/2	
20	18	A018	千漓	销售部	本科	120105197201193318	1972/1/19	
21	19	A019	剑舞	销售部	专科	120102195812231629	1958/12/23	

图 14-14

03 编制提取员工性别的公式

在"人事数据表"工作表中选中 H3 单元格，在其中输入公式" $=\mathrm{IF}(\mathrm{MOD}(\mathrm{RIGHT}(\mathrm{LEFT}(\mathrm{F3},17)),2),"男","女")"$ ，即可在 H3 单元格中输出结果"女"，如图 14-14 所示。

图 14-15

04 将所有员工的性别数据提取出来

在"人事数据表"工作表中选中 H3 单元格，移动鼠标指针到该单元格的右下角，当鼠标指针变成十字形状时拖拽至 H32 单元格，即可将所有员工的性别数据提取出来，如图 14-15 所示。

14.1.3 使用 DATEDIF 函数计算员工工龄

本小节介绍如何使用 DATEDIF 函数计算员工工龄，下面将介绍其操作方法。

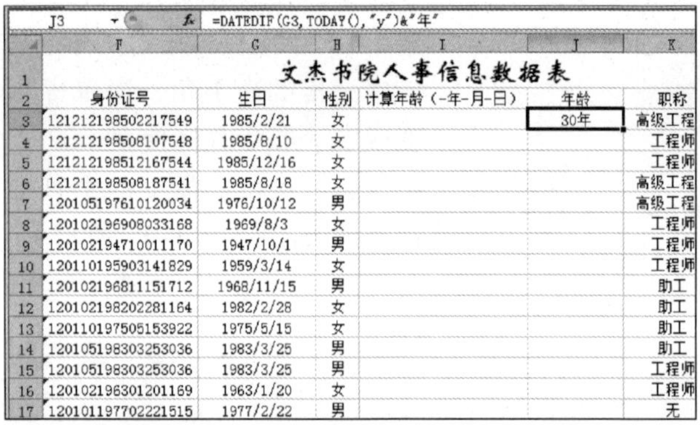

图 14-16

01 编制提取员工年龄的公式

在"人事数据表"工作表中选择 J3 单元格，在其中输入公式"=DATEDIF（G3，TODAY（），"y"）&"年""，在 J3 单元格中将会显示输出的结果"30 年"，如图 14-16 所示。

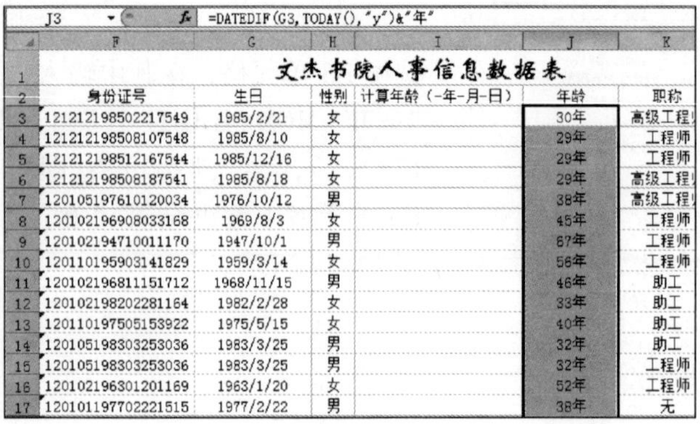

图 14-17

02 将所有员工的年龄数据提取出来

在"人事数据表"工作表中选中 J3 单元格，移动鼠标指针到该单元格的右下角，当鼠标指针变成十字形状时拖拽至 J32 单元格，即可将所有员工的年龄数据提取出来，如图 14-17 所示。

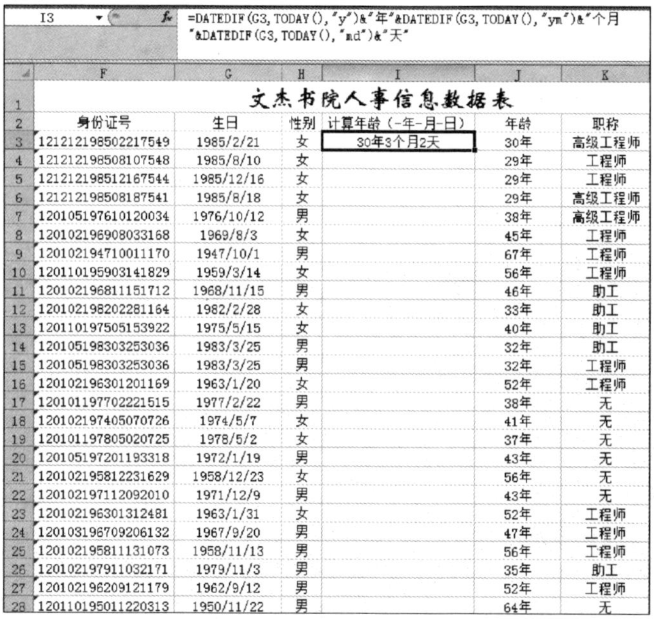

图 14-18

03 编制提取员工计算年龄的公式

下面将提取格式为"多少年多少个月多少天"的年龄，在"人事数据表"工作表中选择 I3 单元格，在其中输入公式"=DATEDIF（G3，TODAY（），"y"）&"年"&DATEDIF（G3，TODAY（），"ym"）&"个月"&DATEDIF（G3，TODAY（），"md"）&"天""，在 I3 单元格中将会显示输出的结果"30 年 3 个月 2 天"，如图 14-18 所示。

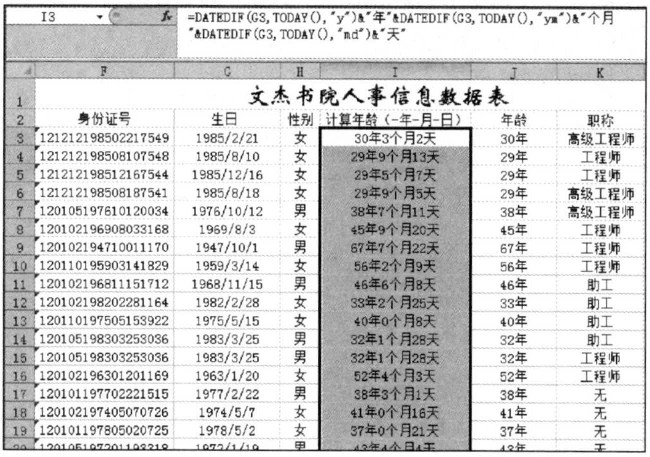

图 14-19

04 将所有员工的计算年龄提取出来

在"人事数据表"工作表中选中 I3 单元格，移动鼠标指针到该单元格的右下角，当鼠标指针变成十字形状时拖拽至 I32 单元格，即可将所有员工的计算年龄数据提取出来，如图 14-19 所示。

14.1.4 美化表格

在"人事信息数据表"表格的制作基本完成后，还需要对该表格进行一些美化操作，下面将详细介绍美化表格的操作方法。

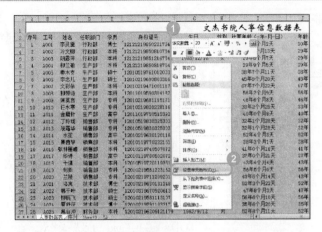

图 14-20

01 选择【设置单元格格式】菜单项

No1 在"人事数据表"工作表中选中所有单元格区域，并使用鼠标右键单击。

No2 在弹出的快捷菜单中选择【设置单元格格式】菜单项，如图 14-20 所示。

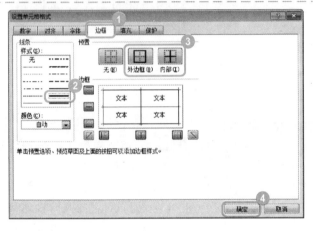

图 14-21

02 弹出对话框，设置表格的边框

No1 弹出【设置单元格格式】对话框，选择【边框】选项卡。

No2 在【线条】区域下方选择应用的线条样式。

No3 分别单击【外边框】和【内部】按钮。

No4 单击【确定】按钮，如图 14-21 所示。

学历	身份证号	生日	性别	计算年龄（-年-月-日）	年龄	职称
		文杰书院人事信息数据表				
博士	121212198502217549	1985/2/21	女	30年3个月2天	30年	高级工程师
本科	121212198508107548	1985/8/10	女	29年9个月13天	29年	工程师
本科	121212198512167544	1985/12/16	女	29年5个月7天	29年	工程师
本科	121212198508187541	1985/8/18	女	29年9个月5天	29年	高级工程师
硕士	120105197610120034	1976/10/12	男	38年7个月11天	38年	高级工程师
硕士	120102196908033168	1969/8/3	女	45年9个月20天	45年	工程师
本科	120102194710011170	1947/10/1	男	67年7个月12天	67年	工程师
本科	120110195903141829	1959/3/14	女	56年2个月9天	56年	工程师
本科	120102196811151712	1968/11/15	男	46年6个月8天	46年	助工
专科	120102198202281164	1982/2/28	女	33年2个月25天	33年	助工
高中	120110197505153922	1975/5/15	女	40年0个月8天	40年	助工
专科	120102198303253036	1983/3/25	男	32年1个月28天	32年	助工
专科	120105198303253036	1983/3/25	男	32年1个月28天	32年	工程师
高中	120102196301201169	1963/1/20	女	52年4个月3天	52年	工程师
本科	120101197702221515	1977/2/22	男	38年3个月1天	38年	无
本科	120102197405070726	1974/5/7	女	41年0个月16天	41年	无
高中	120101197805020725	1978/5/2	女	37年0个月21天	37年	无
本科	120105197201193318	1972/1/19	男	43年4个月4天	43年	无

图 14-22

03 调整表格

返回到工作表中可以看到应用边框后的表格效果。用户还可以移动鼠标指针至两列之间，当鼠标指针变成╫形状时拖动鼠标调整列宽；也可以移动鼠标指针到两行之间，当鼠标指针变成╫形状时拖动鼠标调整行高，如图 14-22 所示。

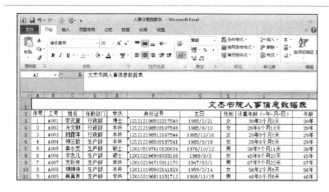

图 14-23

04 设置表格标题的字体和字号

在"人事数据表"工作表中选中 A1 单元格,然后选择【开始】选项卡,在【字体】组中将该单元格的字体设置为"华文隶书",将字号设置为"20",如图 14-23 所示。

图 14-24

05 设置文本的对齐方式

在"人事数据表"工作表中选中除 A1 单元格以外的数据,然后选择【开始】选项卡,在【对齐方式】组中分别单击【顶端对齐】按钮 和【文本左对齐】按钮 ,完成文本对齐方式的设置,这样即可完成制作人事信息数据表的操作,如图 14-24 所示。

Section

14.2 人事数据的条件求和计数

本节导读

人事数据的条件求和计数的应用非常广泛,如统计人事数据表中学历为本科的人员的人数是多少、某个年龄段的员工的人数是多少等,均可通过 Excel 函数中的函数条件求和计数加以解决,本节将详细介绍人事数据的条件求和计数的相关知识及操作方法。

14.2.1 人事数据的单字段单条件求和计数

在实际工作过程中,Excel 中的单字段条件求和可以用于提取人事数据表中学历为某一类型的员工人数和所有年龄在某一阶段的员工人数等,下面将详细介绍其操作方法。

J17	▼		fx				
▲	A	B	C	D	E	F	G	H
1	序号	姓名	性别	任职部门	学历	年龄	基本工资	
2	1	李灵黛	男	行政部	本科	40	2000	
3	2	冷文卿	女	行政部	本科	35	1800	
4	3	阴露萍	男	行政部	本科	27	1800	
5	4	柳兰歌	女	销售部	专科	25	1200	
6	5	秦水支	女	销售部	专科	23	1200	
7	6	李念儿	女	销售部	专科	25	1200	
8	7	文彩依	男	销售部	本科	36	1200	
9	8	柳婵诗	男	销售部	专科	30	1200	
10	9	顾莫言	女	技术部	本科	36	2500	
11	10	任水寒	男	技术部	硕士	27	2500	
12	11	金磨针	女	技术部	本科	40	2500	

图 14-25

01 创建一个工作簿，输入数据

创建一个名为"人事数据的条件求和与计数表"工作簿，在表格的相应单元格中输入员工的数据信息，如图 14-25 所示。

J2	▼		fx	=COUNTIF(E2:E20,"本科")					
▲	A	B	C	D	E	F	G	H	I	J
1	序号	姓名	性别	任职部门	学历	年龄	基本工资			
2	1	李灵黛	男	行政部	本科	40	2000		所有本科学历人数	7
3	2	冷文卿	女	行政部	本科	35	1800			
4	3	阴露萍	男	行政部	本科	27	1800			
5	4	柳兰歌	女	销售部	专科	25	1200			
6	5	秦水支	女	销售部	专科	23	1200			
7	6	李念儿	女	销售部	专科	25	1200			
8	7	文彩依	男	销售部	本科	36	1200			
9	8	柳婵诗	男	销售部	专科	30	1200			
10	9	顾莫言	女	技术部	本科	36	2500			
11	10	任水寒	男	技术部	硕士	27	2500			
12	11	金磨针	女	技术部	本科	40	2500			
13	12	丁玲珑	男	技术部	硕士	38	2500			
14	13	凌霜华	男	技术部	博士	42	2500			
15	14	水笙	女	生产部	高中	31	1600			
16	15	景薇梦	男	生产部	高中	26	1600			
17	16	张林墨曦	男	生产部	高中	27	1600			
18	17	华诗	女	生产部	本科	27	1600			
19	18	千湘	男	生产部	高中	26	1600			
20	19	剑舞	男	生产部	高中	25	1600			

图 14-26

02 编制求本科学历人数的公式

在工作表中选中 I2 单元格，在其中输入"所有本科学历人数"信息，再选中 J2 单元格，输入公式"=COUNTIF（E2：E20,"本科"）"，即可计算出所有员工中学历为本科的人数为"7"，如图 14-26 所示。

L2	▼		fx	=COUNTIF(F2:F20,">=35")						
▲	A	B	C	D	E	F	G	H	I	J	K	L
1	序号	姓名	性别	任职部门	学历	年龄	基本工资				
2	1	李灵黛	男	行政部	本科	40	2000		所有本科学历	7	年龄大于等于35岁人数	7
3	2	冷文卿	男	行政部	本科	35	1800				
4	3	阴露萍	男	行政部	本科	27	1800				
5	4	柳兰歌	女	销售部	专科	25	1200				
6	5	秦水支	女	销售部	专科	23	1200				
7	6	李念儿	女	销售部	专科	25	1200				
8	7	文彩依	男	销售部	本科	36	1200				
9	8	柳婵诗	男	销售部	专科	30	1200				
10	9	顾莫言	女	技术部	本科	36	2500				
11	10	任水寒	男	技术部	硕士	27	2500				
12	11	金磨针	女	技术部	本科	40	2500				
13	12	丁玲珑	男	技术部	硕士	38	2500				
14	13	凌霜华	男	技术部	博士	42	2500				
15	14	水笙	女	生产部	高中	31	1600				
16	15	景薇梦	男	生产部	高中	26	1600				
17	16	张林墨曦	男	生产部	高中	27	1600				
18	17	华诗	女	生产部	本科	27	1600				
19	18	千湘	男	生产部	高中	26	1600				
20	19	剑舞	男	生产部	高中	25	1600				

图 14-27

03 编制求年龄大于或等于 35 岁的人数的公式

在工作表中选中 K2 单元格，在其中输入"年龄大于等于 35 岁人数"信息，再选中 L2 单元格，在其中输入公式"=COUNTIF（F2:F20,">=35"）"，即可计算出所有员工中年龄大于等于 35 岁的人数为"7"，如图 14 - 27 所示。

假设有一个工作表在列 A 中包含一列任务，在列 B 中包含分配了每项任务的人员的名字，可以使用 COUNTIF 函数计算某人员的名字在列 B 中的显示次数，这样便可确定分配给该人员的任务数。

14.2.2 人事数据的单字段多条件求和计数

在实际工作过程中，大家还有可能会遇到要求统计人事信息中所有年龄在 35 ~ 40 岁之间的人数，这就涉及人事数据的单字段多条件求和操作，在 Excel 中可以借助 3 种不同的函数完成该操作，下面将详细介绍其操作方法。

图 14-28

01 借助 SUM 函数结合数组公式来实现

在工作表中选中 I5 单元格，在其中输入"年龄段在 35 ~ 40 岁之间的人数"信息，再选中 J5 单元格，在其中输入公式"= SUM((F2:F20 > = 30)*(F2:F20 < = 40))"，按下键盘上的【Ctrl】+【Shift】+【Enter】组合键，即可计算出年龄段在 35 ~ 40 岁之间的人数，如图 14-28 所示。

图 14-29

02 借助 COUNTIF 函数来实现

在工作表中选中 J6 单元格，在其中输入公式"= COUNTIF(F2:F20," > = 30")- COUNTIF(F2:F20," >40")"，即可计算出年龄段在 35 ~ 40 岁之间的人数为"8"，如图 14-29 所示。

J7 =SUMPRODUCT((F2:F20>=30)*(F2:F20<=40))

	A	B	C	D	E	F	G	H	I	J
1	序号	姓名	性别	任职部门	学历	年龄	基本工资			
2	1	李灵黛	男	行政部	本科	40	2000		所有本科学历人数	7
3	2	冷文卿	女	行政部	本科	35	1800			
4	3	阴露萍	男	行政部	本科	27	1800			
5	4	柳兰歌	女	销售部	专科	25	1200		年龄段在35~40岁之间的人数	8
6	5	秦水支	女	销售部	专科	23	1200			8
7	6	李念儿	女	销售部	专科	25	1200			8
8	7	文彩依	男	销售部	本科	36	1200			
9	8	柳婵诗	男	销售部	专科	30	1200			
10	9	顾莫言	女	技术部	本科	36	2500			
11	10	任水寒	男	技术部	硕士	27	2500			
12	11	金磨针	女	技术部	本科	40	2500			
13	12	丁玲珑	男	技术部	硕士	38	2500			
14	13	凌霜华	男	技术部	博士	42	2500			
15	14	水笙	女	生产部	高中	31	1600			
16	15	景茵梦	男	生产部	高中	26	1600			
17	16	张林墨瞳	男	生产部	高中	27	1600			
18	17	华诗	女	生产部	本科	27	1600			
19	18	千湄	男	生产部	高中	26	1600			
20	19	剑舞	男	生产部	高中	25	1600			

图 14-30

03 借助 SUMPRODUCT 函数来实现

在工作表中选中 J7 单元格，在其中输入公式“=SUMPRODUCT((F2:F20>=30)*(F2:F20<=40))”，即可计算出年龄段在 35~40 岁之间的人数为“8”，如图 14-30 所示。

14.2.3 人事数据的多字段多条件求和计数

在实际工作过程中，有时候需要在人事数据表中提取一些多条件的数据信息，如统计性别为男且年龄在 30 岁以上条件的人数，下面将详细介绍其操作方法。

I11 30

	A	B	C	D	E	F	G	H	I	J
1	序号	姓名	性别	任职部门	学历	年龄	基本工资			
2	1	李灵黛	男	行政部	本科	40	2000		所有本科学历人数	7
3	2	冷文卿	女	行政部	本科	35	1800			
4	3	阴露萍	男	行政部	本科	27	1800			
5	4	柳兰歌	女	销售部	专科	25	1200		年龄段在35~40岁之间的人数	8
6	5	秦水支	女	销售部	专科	23	1200			8
7	6	李念儿	女	销售部	专科	25	1200			8
8	7	文彩依	男	销售部	本科	36	1200			
9	8	柳婵诗	男	销售部	专科	30	1200		性别为男年龄在30岁以上人数	
10	9	顾莫言	女	技术部	本科	36	2500		男	
11	10	任水寒	男	技术部	硕士	27	2500		30	
12	11	金磨针	女	技术部	本科	40	2500			
13	12	丁玲珑	男	技术部	硕士	38	2500			
14	13	凌霜华	男	技术部	博士	42	2500			
15	14	水笙	女	生产部	高中	31	1600			
16	15	景茵梦	男	生产部	高中	26	1600			
17	16	张林墨瞳	男	生产部	高中	27	1600			

图 14-31

01 输入表格标题相关信息

在工作表中选中 I9 单元格，输入“性别为男年龄在 30 岁以上人数”信息，然后单击 I10 单元格，在其中输入“男”，单击 I11 单元格，在其中输入“30”，如图 14-31 所示。

J9 =SUMPRODUCT(($C$2:$C$20=I10)*($F$2:$F$20>I11))

	A	B	C	D	E	F	G	H	I	J
1	序号	姓名	性别	任职部门	学历	年龄	基本工资			
2	1	李灵黛	男	行政部	本科	40	2000		所有本科学历人数	7
3	2	冷文卿	女	行政部	本科	35	1800			
4	3	阴露萍	男	行政部	本科	27	1800			
5	4	柳兰歌	女	销售部	专科	25	1200		年龄段在35~40岁之间的人数	8
6	5	秦水支	女	销售部	专科	23	1200			8
7	6	李念儿	女	销售部	专科	25	1200			8
8	7	文彩依	男	销售部	本科	36	1200			
9	8	柳婵诗	男	销售部	专科	30	1200		性别为男年龄在30岁以上人数	4
10	9	顾莫言	女	技术部	本科	36	2500		男	
11	10	任水寒	男	技术部	硕士	27	2500		30	
12	11	金磨针	女	技术部	本科	40	2500			
13	12	丁玲珑	男	技术部	硕士	38	2500			
14	13	凌霜华	男	技术部	博士	42	2500			
15	14	水笙	女	生产部	高中	31	1600			
16	15	景茵梦	男	生产部	高中	26	1600			
17	16	张林墨瞳	男	生产部	高中	27	1600			
18	17	华诗	女	生产部	本科	27	1600			
19	18	千湄	男	生产部	高中	26	1600			
20	19	剑舞	男	生产部	高中	25	1600			

图 14-32

02 编制函数，统计人数

在工作表中选中 J9 单元格，在其中输入公式“=SUMPRODUCT(($C$2:$C$20=I10)*($F$2:$F$20>I11))”，即可在 J9 单元格中显示统计的人数为“4”，如图 14-32 所示。

14.2.4 DSUM 数据库函数的应用

使用 DSUM 数据库函数可以在工作表中对所需信息进行查询，该函数可以构成一个列表或数据库，下面将详细介绍其操作方法。

图 14-33

01 输入表格标题相关信息

在工作表中选中 I13 单元格，输入"多字段多条件：DSUM 数据库函数"；选中 I14、I15 单元格，分别输入"任职部门"和"生产部"；选中 J14、J15 单元格，分别输入"学历""本科"，选中 K14 单元格，输入"基本工资"，如图 14-33 所示。

图 14-34

02 编制 DSUM 函数公式进行计算

在工作表中选中 K15 单元格，在其中输入公式"= DSUM（A1：G20，K14，I14：J15）"，即可在 K15 单元格中显示计算结果"1600"，如图 14-34 所示。

Section

14.3 分析员工学历水平

本节导读

本节将以人事信息数据表为基础讲解如何在复杂数据中提取所需要的数据，同时制作符合需要的数据透视表和数据透视图，从而达到分析员工学历水平的目的。

14.3.1 制作员工学历透视表

制作员工学历透视表和透视图是在"人事信息数据表"工作簿的基础上实现的，下面将详细介绍制作员工学历透视表的操作方法。

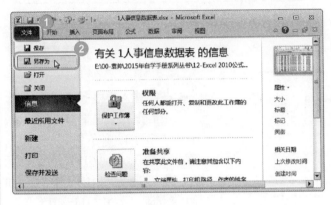

图 14-35

01 选择【另存为】选项

No1 打开"人事信息数据表"工作簿，选择【文件】选项卡。

No2 在打开的 Backstage 视图中选择【另存为】选项，如图 14-35 所示。

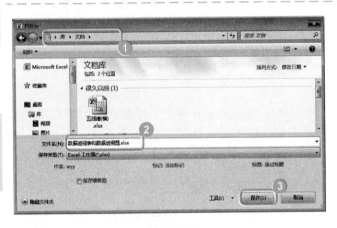

图 14-36

02 弹出对话框，设置保存参数

No1 弹出【另存为】对话框，选择准备保存的位置。

No2 在【文件名】文本框中输入"数据透视表和数据透视图"。

No3 单击【保存】按钮，如图 14-36 所示。

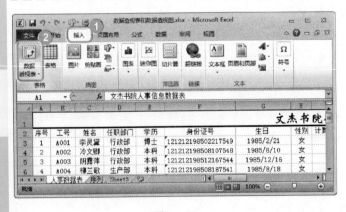

图 14-37

03 单击【数据透视表】按钮

No1 在"人事数据表"工作表中选择【插入】选项卡。

No2 在【表格】组中单击【数据透视表】按钮，如图 14-37 所示。

图 14-38

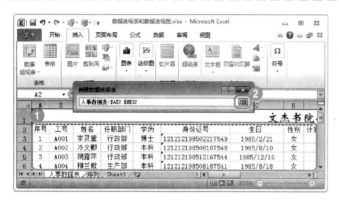

图 14-39

图 14-40

04 弹出对话框，单击【折叠】按钮

弹出【创建数据透视表】对话框，在【请选择要分析的数据】区域下方单击【选择一个表或区域】右侧的【折叠】按钮，如图 14-38 所示。

05 在工作表中选择要分析的数据源

No1 返回到"人事数据表"工作表中，选中 A2:N32 单元格区域。

No2 单击【创建数据透视表】对话框右下角的【展开】按钮，如图 14-39 所示。

06 选择【新工作表】单选按钮

No1 在【创建数据透视表】对话框中的【选择放置数据透视表的位置】区域下方选择【新工作表】单选按钮。

No2 单击【确定】按钮，如图 14-40 所示。

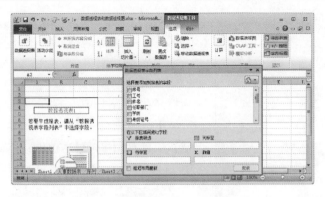

图 14-41

07 已创建了一个数据透视表的框架

返回到工作表界面,可以看到已经创建了一个数据透视表的框架,框架内容包括【数据透视表字段列表】任务窗格和数据透视表框架等,如图 14-41 所示。

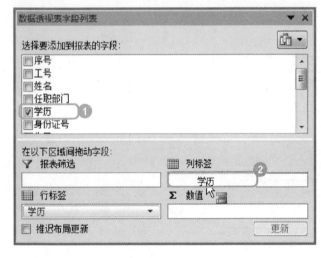

图 14-42

08 构建数据透视表的列标签内容

No1 在【数据透视表字段列表】任务窗格中的【选择要添加到报表的字段】区域下方选择【学历】复选框。

No2 按住鼠标左键不放拖动该复选框至工作表中【在以下区域间拖动字段】区域的【列标签】中,如图 14-42 所示。

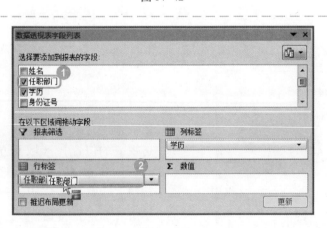

图 14-43

09 构建数据透视表的行标签内容

No1 在【数据透视表字段列表】任务窗格中的【选择要添加到报表的字段】区域下方选择【任职部门】复选框。

No2 按住鼠标左键不放拖动该复选框至工作表中【在以下区域间拖动字段】区域的【行标签】中,如图 14-43 所示。

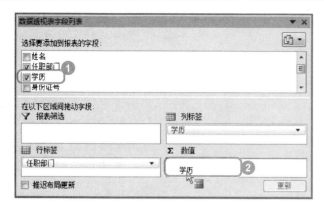

图 14-44

10 构建数据透视表的数值内容

No1 在【选择要添加到报表的字段】区域下方选择【学历】复选框。

No2 按住鼠标左键不放拖动该复选框至【在以下区域间拖动字段】区域下方的【数值】中，如图 14-44 所示。

图 14-45

11 完成制作数据透视表的操作

返回到工作表界面，可以看到已根据所设置的内容创建了一个数据透视表，如图 14-45 所示。

14.3.2 制作员工学历透视图

为了方便管理和查看员工学历的相关信息，用户还可以制作员工学历透视图，从而更加清晰地查找信息，下面将详细介绍制作员工学历透视图的操作方法。

图 14-46

01 选择【数据透视图】选项

No1 在"人事数据表"工作表中选择【插入】选项卡。

No2 在【表格】组中单击【数据透视表】按钮。

No3 在弹出的下拉列表中选择【数据透视图】选项，如图 14-46 所示。

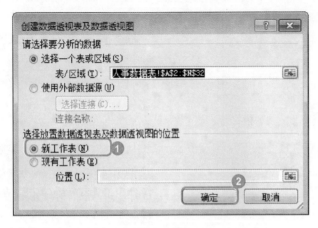

图 14-47

选择【新工作表】单选按钮

No1 弹出【创建数据透视表及数据透视图】对话框，在【选择放置数据透视表及数据透视图的位置】区域下方选择【新工作表】单选按钮。

No2 单击【确定】按钮 确定 ，如图 14-47 所示。

图 14-48

已创建了一个数据透视图的框架

返回到工作表界面，可以看到已经创建了一个数据透视图的框架，框架内容包括【数据透视表字段列表】任务窗格和数据透视图框架等，如图 14-48 所示。

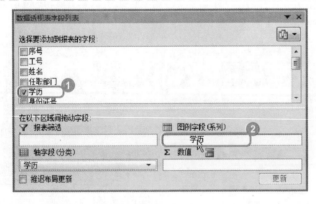

图 14-49

构建数据透视图的图例字段

No1 在【数据透视表字段列表】任务窗格的【选择要添加到报表的字段】区域下方选择【学历】复选框。

No2 按住鼠标左键不放拖动该复选框至工作表中【在以下区域间拖动字段】区域的【图例字段】中，如图 14-49 所示。

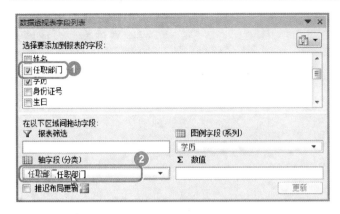

图 14-50

05 构建数据透视图的轴字段内容

No1 在【数据透视表字段列表】任务窗格的【选择要添加到报表的字段】区域下方选择【任职部门】复选框。

No2 按住鼠标左键不放拖动该复选框至工作表中【在以下区域间拖动字段】区域的【轴字段】中，如图 14–50 所示。

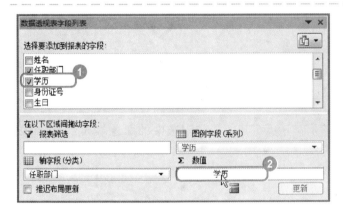

图 14-51

06 构建数据透视图的数值内容

No1 在【选择要添加到报表的字段】区域下方选择【学历】复选框。

No2 按住鼠标左键不放拖动该复选框至【在以下区域间拖动字段】区域下方的【数值】中，如图 14–51 所示。

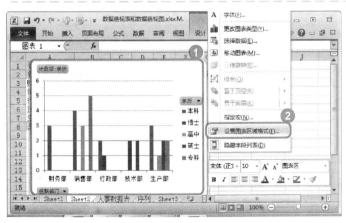

图 14-52

07 创建了一个数据透视图

No1 返回到工作表界面，可以看到已根据所设置的内容创建了一个数据透视图，使用鼠标右键单击该数据透视图。

No2 在弹出的快捷菜单中选择【设置图表区域格式】菜单项，如图 14-52 所示。

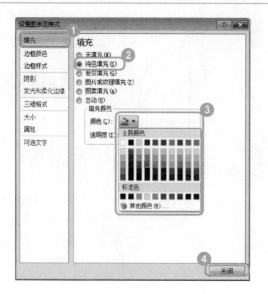

图 14-53

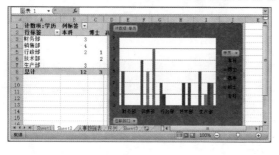

图 14-54

08 弹出对话框，设置填充颜色

No1 弹出【设置图表区格式】对话框，选择【填充】选项卡。

No2 在【填充】区域下方选择【纯色填充】单选按钮。

No3 单击【颜色】下拉按钮，在弹出的列表框中选择准备填充的颜色。

No4 单击【关闭】按钮，如图 14-53 所示。

09 完成制作数据透视图的操作

返回到工作表界面，可以看到创建的数据透视图已经应用了刚刚选中的颜色填充效果，通过以上步骤即可完成制作员工学历透视图的操作，如图 14-54 所示。

Section
14.4 人事数据表的两表数据核对

本节导读

企业人力资源部门需要经常核对员工的身份证号码、姓名、银行账号等信息，若核对的字符串较多且烦琐，则借助 Excel 提供的条件格式和一些相关的函数可以迎刃而解。本节将详细介绍人事数据表的两表数据核对的相关知识及操作方法。

14.4.1 利用"条件格式"核对两表数据

利用 Excel 提供的条件格式功能可以比照核对两表数据，下面将详细介绍其操作方法。

图 14-55

01 创建工作簿，输入相关信息内容

创建一个名为"数据表格对照表"的工作簿，将工作表"Sheet1"重命名为"条件格式"，在A1:I9单元格区域中分别输入表格的各个字段的标题内容，如图14-55所示。

图 14-56

02 输入员工的相关数据信息

在【工号】【任职部门】【姓名】【身份证号】等项目中输入相应的数据，并适当调整表格的列宽，使身份证号完整地显示出来，如图14-56所示。

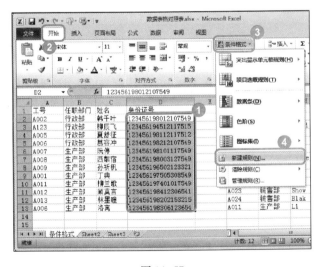

图 14-57

03 设置条件格式

No1 在【条件格式】工作表中选中D2:D13单元格区域。

No2 选择【开始】选项卡。

No3 在【样式】组中单击【条件格式】按钮。

No4 在弹出的下拉列表框中选择【新建规则】选项，如图14-57所示。

图 14-58

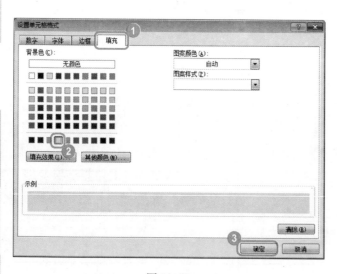

图 14-59

04 弹出对话框，设置相关规则参数

No1 弹出【新建格式规则】对话框，在【选择规则类型】区域下方选择【使用公式确定要设置格式的单元格】选项。

No2 在【为符合此公式的值设置格式】文本框中输入"$= NOT(OR(D2 = I\$2:I\$13))$"。

No3 单击对话框右下角的【格式】按钮，如图14-58所示。

05 弹出对话框，设置填充颜色

No1 弹出【设置单元格格式】对话框，选择【填充】选项卡。

No2 在【背景色】区域下方选择准备应用的颜色色块，如选择"黄色"。

No3 单击对话框右下角的【确定】按钮，如图14-59所示。

图 14-60

06 返回对话框，单击【确定】按钮

返回到【新建格式规则】对话框中，此时可以在【预览】区域中看到刚刚设置的背景色，单击【确定】按钮 [确定]，如图 14-60 所示。

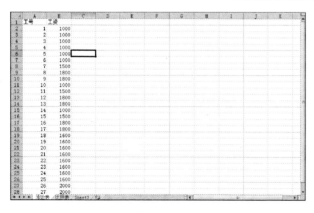

图 14-61

07 完成利用条件格式核对两表数据的操作

返回到工作表界面，可以看到背景颜色为"黄色"的单元格，这主要是因为身份证号与比照数据不同，这样即可完成利用条件格式核对两表数据的操作，如图 14-61 所示。

14.4.2 利用 VLOOKUP 函数核对两表数据

利用 VLOOKUP 函数可以比照核对两表数据，下面将详细介绍其操作方法。

图 14-62

01 创建工作簿，输入相关信息内容

创建一个新的工作簿，将工作表"Sheet1"和工作表"Sheet2"重命名为"原始表"和"比照表"，在【原始表】工作表中选中 A1：B28 单元格区域，并在其中输入相应的标题和数据，如图 14-62 所示。

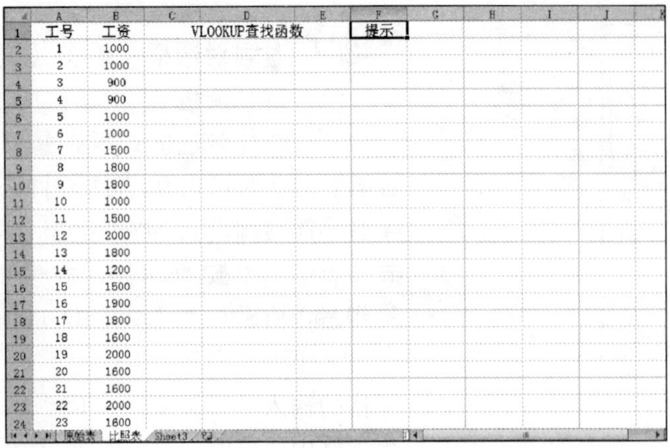

图 14-63

02 输入标题信息

在"比照表"工作表中选中 D1 工作表，在其中输入"VLOOK-UP 查找函数"，然后在 F1 单元格中输入"提示"，如 图 14-63 所示。

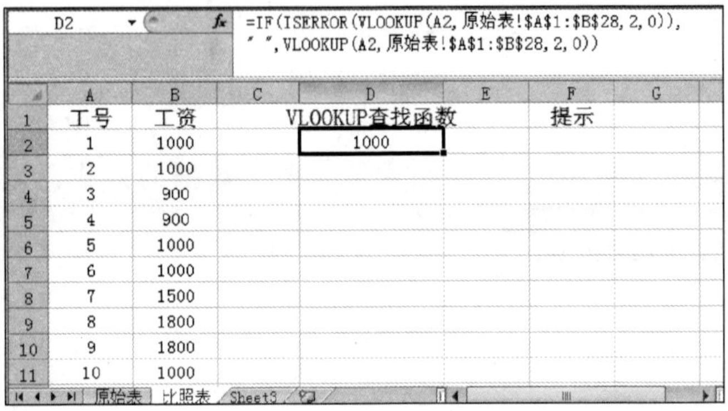

图 14-64

03 编制查找公式

在"比照表"工作表中选中 D2 单元格，在编辑栏中输入公式 "＝IF(ISERROR(VLOOKUP(A2, 原始!＄A＄1:＄B＄28,2,0)),"　"，VLOOKUP(A2, 原始表!＄A＄1:＄B＄28,2,0))"，此时在 D2 单元格中将会显示出输出结果"1000"，如图 14-64 所示。

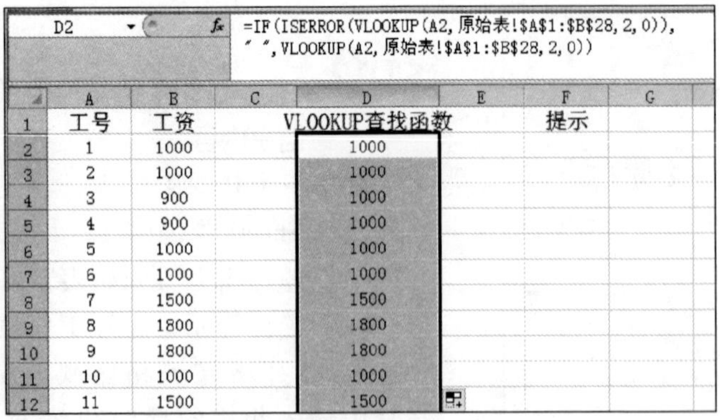

图 14-65

04 复制查找公式

在"比照表"工作表中选中 D2 单元格，移动鼠标指针到该单元格的右下角，当鼠标指针变成十字形状时拖拽至 D28 单元格，即可完成公式的复制，如图 14-65 所示。

图 14-66

05 编制提示公式

将"原始表"工作表中的数据输入到"比照表"工作表中,编制提示公式显示两种表格中不一致的数据信息。在"比照表"工作表中选中 F2 单元格,在编辑栏中输入公式" = IF (B2 < > D2,"有误","")",即可使 F2 单元格的输入结果为空白,因为 B2 单元格中的数值与 D2 单元格中的数值一致,如图 14-66 所示。

图 14-66

06 复制提示公式

在"比照表"工作表中选中 F22 单元格,移动鼠标指针到该单元格的右下角,当鼠标指针变成十字形状时拖拽至 F28 单元格,即可完成公式的复制,在显示结果中如果出现"有误",则说明两个单元格中的数据不一致,通过以上步骤即可完成利用 VLOOKUP 函数核对两工作表数据的操作,如图 14-67 所示。

图 14-67

Section
14.5 统计不同年龄段的员工信息

本节导读

统计不同年龄段员工信息可以帮助企业领导了解不同年龄段职工的人数情况,企业中如果人员比较多,则可以借助 Excel 中的相关函数来完成。本节将详细介绍统计不同年龄段员工信息的相关操作。

14.5.1 使用 COUNTIF 函数统计分段信息

使用 COUNTIF 函数可以在数据表中按照不同的需要统计相关的数据信息，下面将详细介绍在人事信息数据表中统计不同年龄段的员工人数的操作。

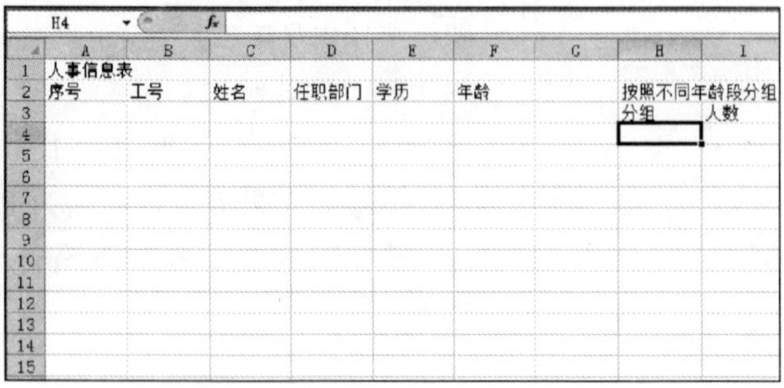

	A	B	C	D	E	F	G	H	I
1	人事信息表								
2	序号	工号	姓名	任职部门	学历	年龄		按照不同年龄段分组	
3								分组	人数

图 14-68

01 创建工作簿，输入表格标题内容

创建一个名称为“统计不同年龄段员工信息表”的工作簿，在 A1:I3 单元格区域中分别输入表格各字段的标题内容，如图 14-68 所示。

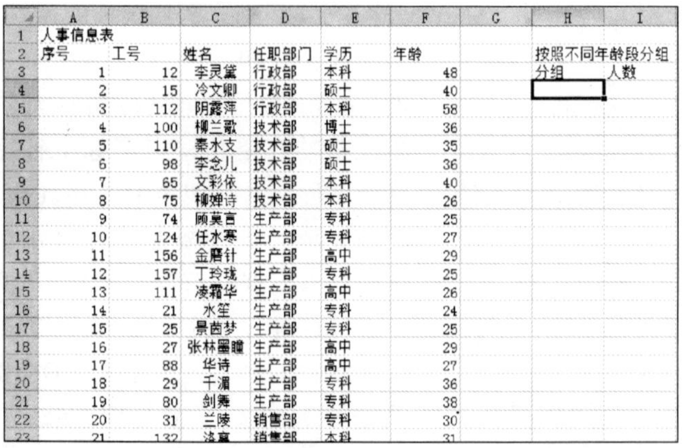

	A	B	C	D	E	F	G	H	I
1	人事信息表								
2	序号	工号	姓名	任职部门	学历	年龄		按照不同年龄段分组	
3	1	12	李灵黛	行政部	本科	48		分组	人数
4	2	15	冷文卿	行政部	硕士	40			
5	3	112	阴露萍	行政部	本科	58			
6	4	100	柳兰歌	技术部	博士	36			
7	5	110	秦水支	技术部	硕士	35			
8	6	98	李念儿	技术部	硕士	36			
9	7	65	文彩依	技术部	本科	40			
10	8	75	柳婵诗	技术部	本科	26			
11	9	74	顾莫言	生产部	专科	25			
12	10	124	任水寒	生产部	专科	27			
13	11	156	金磨针	生产部	高中	29			
14	12	157	丁玲珑	生产部	专科	25			
15	13	111	凌霜华	生产部	高中	26			
16	14	21	水笙	生产部	专科	24			
17	15	25	景茵梦	生产部	专科	25			
18	16	27	张林墨瞳	生产部	高中	29			
19	17	88	华诗	生产部	高中	27			
20	18	29	千湄	生产部	专科	36			
21	19	80	剑舞	生产部	专科	38			
22	20	31	兰陵	销售部	专科	30			

图 14-69

02 输入员工的详细信息

在“Sheet1”工作表中选中 A3 单元格，在其中输入员工的序号，在其他单元格中输入员工的工号、姓名、任职部门、学历以及年龄等，然后在 H2:I8 单元格区域中预留出用于输出统计结果的区域，如图 14-69 所示。

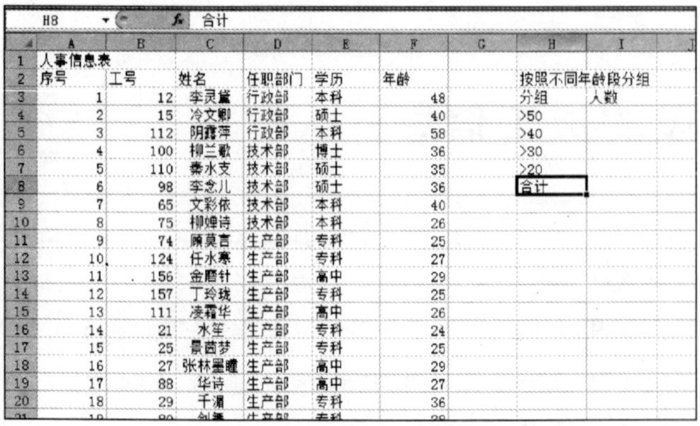

	A	B	C	D	E	F	G	H	I
1	人事信息表								
2	序号	工号	姓名	任职部门	学历	年龄		按照不同年龄段分组	
3	1	12	李灵黛	行政部	本科	48		分组	人数
4	2	15	冷文卿	行政部	硕士	40		>50	
5	3	112	阴露萍	行政部	本科	58		>40	
6	4	100	柳兰歌	技术部	博士	36		>30	
7	5	110	秦水支	技术部	硕士	35		>20	
8	6	98	李念儿	技术部	硕士	36		合计	
9	7	65	文彩依	技术部	本科	40			
10	8	75	柳婵诗	技术部	本科	26			
11	9	74	顾莫言	生产部	专科	25			
12	10	124	任水寒	生产部	专科	27			
13	11	156	金磨针	生产部	高中	29			
14	12	157	丁玲珑	生产部	专科	25			
15	13	111	凌霜华	生产部	高中	26			
16	14	21	水笙	生产部	专科	24			
17	15	25	景茵梦	生产部	专科	25			
18	16	27	张林墨瞳	生产部	高中	29			
19	17	88	华诗	生产部	高中	27			
20	18	29	千湄	生产部	专科	36			

图 14-70

03 输入分段信息

选中 H4 单元格，在其中输入“>50”，然后选中 H5:H7 单元格区域，分别在其中输入“>40”“>30”“>20”，同时在 H8 单元格中输入“合计”，如图 14-70 所示。

图 14-71

04 统计年龄在 50 岁以上的人数

在"Sheet1"工作表中选中 I4 单元格,在编辑栏中输入公式"= COUNTIF($F$3:$F$27,H4)",即可统计出员工年龄在 50 岁以上的人数,如图 14-71 所示。

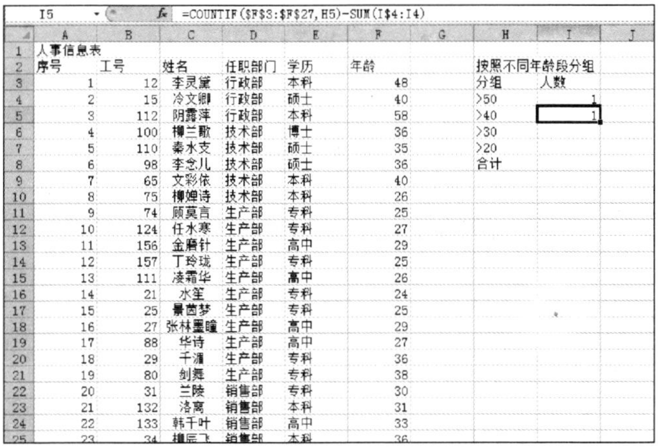

图 14-72

05 统计出员工年龄在 40 岁以上且小于 50 岁的人数

在"Sheet1"工作表中选中 I5 单元格,在编辑栏文本框中输入公式"= COUNTIF($F$3:$F$27,H5)- SUM(I$4:I4)",即可统计出员工年龄在 40 岁以上且小于 50 岁的人数,如图 14-72 所示。

图 14-73

06 复制公式

在"Sheet1"工作表中选中 I5 单元格,移动鼠标指针到该单元格的右下角,当鼠标指针变成十字形状时拖拽至 I7 单元格,即可完成公式的复制,从而将年龄大于 30 小于 40 和年龄大于 20 小于 30 的员工人数统计出来,如图 14-73 所示。

图 14-74

07 编制合计分段信息公式

在"Sheet1"工作表中选中 I8 单元格,在编辑栏中输入公式 "= SUM(I4:I7)",即可在 I8 单元格中显示计算结果,通过合计分段求和公式可合计分段的员工人数,该数据可被作为合计数来核对统计分段信息公式正确与否,如图 14-74 所示。

14. 5. 2 使用 FREQUENCY 函数统计分段信息

使用 Excel 函数中的 FREQUENCY 函数也可以统计不同年龄段员工人数的信息,下面将详细介绍其操作方法。

FREQUENCY 函数的基本说明信息如下。

➢ 基本功能:计算目标数值在某个区域内出现的次数,再返回一个垂直数组。

➢ 语法结构:FREQUENCY(data_array,bins_array)

➢ 参数说明:data_array 是数据源,可以是一个数组或对一组数值的引用。bins_array 是分段点,可以是一个区间数组或对区间的引用,该区间用于对 data_array 中的数值进行分组。

图 14-75

01 输入相应的表格标题信息

在"Sheet1"工作表中选中 H13:I19 单元格区域,在其中输入相应的表格标题信息,如图 14-75 所示。

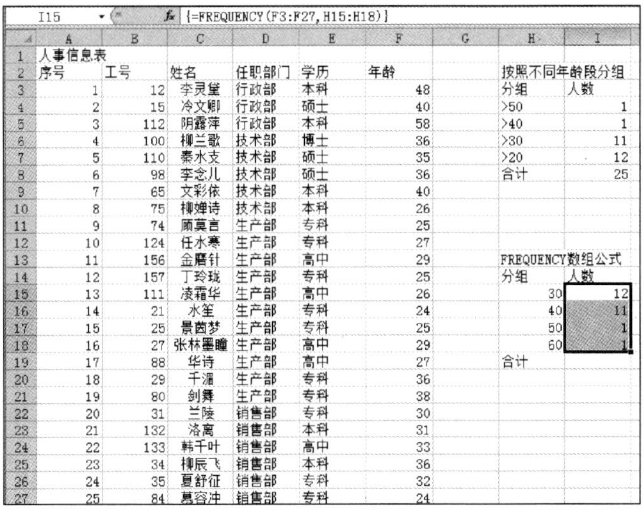

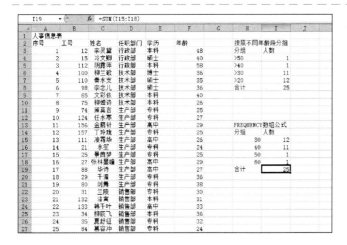

I15 {=FREQUENCY(F3:F27,H15:H18)}

	A	B	C	D	E	F	G	H	I
1	人事信息表								
2	序号	工号	姓名	任职部门	学历	年龄		按照不同年龄段分组	
3	1	12	李灵黛	行政部	本科	48		分组	人数
4	2	15	冷文卿	行政部	硕士	40		>50	1
5	3	112	阴露萍	行政部	本科	58		>40	1
6	4	100	柳兰歌	技术部	博士	36		>30	11
7	5	110	秦水支	技术部	硕士	35		>20	12
8	6	98	李念儿	技术部	硕士	36		合计	25
9	7	65	文彩依	技术部	本科	40			
10	8	75	柳婵诗	技术部	本科	26			
11	9	74	顾莫言	生产部	专科	25			
12	10	124	任水寒	生产部	专科	27			
13	11	156	金磨针	生产部	高中	29		FREQUENCY数组公式	
14	12	157	丁玲珑	生产部	专科	25		分组	人数
15	13	111	凌霜华	生产部	高中	26		30	12
16	14	21	水笙	生产部	专科	24		40	11
17	15	25	景茵梦	生产部	专科	25		50	1
18	16	27	张林墨瞳	生产部	高中	29		60	1
19	17	88	华诗	生产部	高中	27		合计	
20	18	29	千湄	生产部	专科	36			
21	19	80	剑舞	生产部	专科	38			
22	20	31	兰陵	销售部	专科	30			
23	21	132	洛离	销售部	本科	31			
24	22	133	韩千叶	销售部	高中	33			
25	23	34	柳辰飞	销售部	本科	36			
26	24	35	夏舒征	销售部	专科	32			
27	25	84	慕容冲	销售部	专科	24			

图 14-76

02 FREQUENCY数组公式的编制

在“Sheet1”工作表中选中I15单元格，向下拖拽至I18单元格，选中I15:I18单元格区域。然后在编辑栏中输入公式“=FREQUENCY(F3:F27, H15:H18)”，按下键盘上的【Ctrl】+【Shift】+Enter】组合键，此时在I15:I18单元格区域的单元格中将分别显示输出结果，如图14-76所示。

I19 =SUM(I15:I18)

	A	B	C	D	E	F	G	H	I	J
1	人事信息表									
2	序号	工号	姓名	任职部门	学历	年龄		按照不同年龄段分组		
3	1	12	李灵黛	行政部	本科	48		分组	人数	
4	2	15	冷文卿	行政部	硕士	40		>50	1	
5	3	112	阴露萍	行政部	本科	58		>40	1	
6	4	100	柳兰歌	技术部	博士	36		>30	11	
7	5	110	秦水支	技术部	硕士	35		>20	12	
8	6	98	李念儿	技术部	硕士	36		合计	25	
9	7	65	文彩依	技术部	本科	40				
10	8	75	柳婵诗	技术部	本科	26				
11	9	74	顾莫言	生产部	专科	25				
12	10	124	任水寒	生产部	专科	27				
13	11	156	金磨针	生产部	高中	29		FREQUENCY数组公式		
14	12	157	丁玲珑	生产部	专科	25		分组	人数	
15	13	111	凌霜华	生产部	高中	26		30	12	
16	14	21	水笙	生产部	专科	24		40	11	
17	15	25	景茵梦	生产部	专科	25		50	1	
18	16	27	张林墨瞳	生产部	高中	29		60	1	
19	17	88	华诗	生产部	高中	27		合计	25	
20	18	29	千湄	生产部	专科	36				
21	19	80	剑舞	生产部	专科	38				
22	20	31	兰陵	销售部	专科	30				
23	21	132	洛离	销售部	本科	31				
24	22	133	韩千叶	销售部	高中	33				
25	23	34	柳辰飞	销售部	本科	36				
26	24	35	夏舒征	销售部	专科	32				
27	25	84	慕容冲	销售部	专科	24				

图 14-77

03 编制合计分段信息公式

在“Sheet1”工作表中选中I19单元格，在其中输入公式“=SUM(I15:I18)”，即可在I19单元格中显示输出的结果，如图14-77所示。